高速网络态势感知与安全防御

吴　桦　程　光　胡晓艳　著

东南大学出版社
SOUTHEAST UNIVERSITY PRESS
·南京·

内容简介

本书面向高速网络中的海量流量，结合骨干网中非对称路由和网络流量加密的真实场景，介绍基于流量分析的高速网络态势感知方法。包括高速网络中慢速端口扫描检测、DDoS攻击检测、DoH隧道攻击检测、物联网设备识别、服务流量分类、服务器状态感知以及隐蔽通道流量识别。最后给出了防御DDoS攻击的系统实现方法。本书内容针对高速网络实时流量处理需求给出了可实际应用的技术方案，适用于高等院校、科研院所的教学和研究，对相关领域的开发人员也具有参考价值。

图书在版编目(CIP)数据

高速网络态势感知与安全防御/ 吴桦，程光，胡晓艳著. —南京：东南大学出版社，2023.11

ISBN 978-7-5766-0942-4

Ⅰ.①高… Ⅱ.①吴… ②程… ③胡… Ⅲ.①计算机网络—安全技术 Ⅳ.①TP393.08

中国国家版本馆CIP数据核字(2023)第209647号

责任编辑：张　煦　责任校对：子雪莲　封面设计：王　玥　责任印制：周荣虎

高速网络态势感知与安全防御

Gaosu Wangluo Taishi Ganzhi Yu Anquan Fangyu

著　　者：吴桦　程光　胡晓艳

出版发行：东南大学出版社

出 版 人：白云飞

社　　址：南京市四牌楼2号（邮编：210096　电话：025-83794844）

网　　址：http://www.seupress.com

电子邮件：101004845@seu.edu.cn

经　　销：全国各地新华书店

印　　刷：广东虎彩云印刷有限公司

开　　本：700mm×1000mm　1/16

印　　张：18.75

字　　数：270千字

版　　次：2023年11月第1版

印　　次：2023年11月第1次印刷

书　　号：ISBN 978-7-5766-0942-4

定　　价：78.00元

本社图书若有印装质量问题，请直接与营销部调换。电话：025-83791830

前 言

网络态势感知通过对数据的分析获知网络运行状态和安全态势，在网络发生异常之前检测到事件并进行积极的防御。全方位的态势感知要求网络管理者能从多种数据源获取数据，并得到网络节点、终端甚至用户的配合，但在实际运行时管理者往往无法具备这些条件，导致系统无法发挥作用。因此本书专注于通过网络流量分析对高速网络进行态势感知。使用网络流量信息进行态势感知只需要对网络的管理权限，不要求端系统和用户的配合，对网络管理者来说更具有可行性。此外，通过对网络流量分析进行的态势感知，不会对网络运行状态造成干扰，可以获得网络用户和攻击者的真实状况。

本书旨在探讨基于流量分析的高速网络实时态势感知和防御技术及其应用，为读者提供全面、系统的解决方案，帮助他们更好地理解高速网络中流量分析面临的关键问题及解决方案，以及可以使用的防御方法。本书的方法注重对高速网络的实时监测，以提高网络管理和维护的效率。通过系统分析各种网络流量的特点，深入研究如何在高速网络上进行实时态势感知。同时，本书将帮助读者深入地理解网络防御的原理与实现，并能够在实践中灵活应用相关技术，提高网络防御的效率和精度，保障网络的安全和稳定。

本书的技术方案使用真实网络数据进行训练和测试，所提方案具有较好的实际参考意义。然而，本书涉及的内容不可能涵盖所有已知网络安全事件的解决方案，随着网络技术的发展和新型协议的不断出现，网络流量特征会不断变化，相应分析技术也需要不断深入改进，同时也会出现新的研究问题。因此，本书旨在为网络安全研究者和相关领域开发人员提供研究的思路，在推动高速网络实时态势感知和防御方面起到抛砖引玉的作用。

第1章首先介绍了本书选题背景及意义，然后着重介绍了基于流量分析进行高速网络态势感知面临的挑战。

第2章介绍了高速网络中慢速端口扫描检测方法。首先介绍了基于端口扫描特点选取的流量特征，然后介绍了对流量特征进行记录和快速提取的方法，使用机器学习训练出的分类模型可在高速网络流量中识别出慢速扫描，实验结果表明该方法能够以可接受的内存消耗在高速网络中检测持续时间超过60天的慢速端口扫描。

第3章介绍了面向高速网络中存在IP欺骗的DDoS攻击进行细粒度检测的方法。首先分析了DDoS攻击中存在的IP地址欺骗现象，以及DDoS攻击的流量特征，然后介绍了特征统计方法和检测方法，并用实验验证。实验结果表明该方法在面对高速网络中具有IP欺骗的DDoS攻击时，可以不受IP欺骗的影响，有效识别攻击流量。

第4章针对DDoS扫段攻击的特点，提出了基于多层次网络信息融合的DDoS攻击检测方法。对该方法的整体架构设计、多层次DDoS攻击检测模型的训练方法和实时检测方法进行了详细的介绍。实验结果表明，在仅使用很小内存的情况下，该方法能快速、准确地检测出传统的DDoS泛洪攻击和新型的DDoS扫段攻击，并且具备良好的实时性能。

第5章介绍了基于单向流特征的DoH隧道攻击检测方法。详细介绍了该方法的整体设计、特征选择和模型训练，并进行了实验验证，结果表明该方法能在攻击者使用不同的隧道攻击工具和不同的DoH查询时间间隔的情况下，仍能在主干网背景流量中准确检测出DoH隧道攻击。

第6章介绍了基于深度学习的高速网络中物联网设备识别方法，该方法利用物联网设备独特的周期性流量传输模式，基于时间粒度提取可伸缩流速率作为特征。通过搭建深度学习模型，充分学习设备流量的时空特征，实现优秀的分类性能。实验结果表明，该方法在高速网络场景下，能够对物联网设备流量进行准确识别。

第7章介绍了针对高速网络中流量服务分类方法，该方法通过网络服务流的数据包大小分布概率构建流量特征，使用两阶段聚类算法(Two-Stage Cluster Algoithm, TSC)来对高速网络流量的特征进行聚类。实验结果表明，该方法可以应用在高速网络的服务分类任务中，也可以对异常流量进行识别。

第8章针对现有网络中丢包测量面临的问题，介绍了服务器的丢包率感知方法。该方法分析了流量中能够反映丢包状态的特征，使用数据流方法快速从抽样流量数据中提取出反映丢包状态的流量特征，然后利用机器学习训练的分类模型构建了丢包检测模型。实验结果表明，该方法可以部署在软路由上对网络中的丢包情况进行准确实时的检测。

第9章在分析两类常用的Tor混淆技术工作原理的基础上，提出了识别Tor混淆流量的方法。首先针对两类混淆技术的通信过程进行了分析，选择了可用的特征，然后设计了数据结构用于对流量进行快速处理并提取特征，使用机器学习训练的分类模型可以在高速网中Tor流量极低的场景中准确识别出Tor流量。

第10章分析了当前高速网络中DDoS攻击防御方法存在的问题，提出了一种细粒度自适应的DDoS攻击限速防御方法。实验结果表明，该方法在面对具有IP欺骗的DDoS攻击时可以实现有效防御，可以根据实际网络情况实现对限速策略的自适应生成与更新，同时相比于整体限速策略不会影响正常流量端口的流量传输，实现了对DDoS攻击的细粒度防御。

第11章分析了当前动态目标防御技术应用于DDoS防御存在的问题，然后详细介绍了基于软件定义端址跳变的DDoS攻击防御方法。实验结果表明，该方法可以实现对DDoS攻击主动防御和被动防御，对可信用户正常使用网络的影响可忽略不计。

本书主要是作者在高速网络态势感知和安全防御领域研究成果的总结，保留了作者指导学生参与的科研项目相关科研成果和论文。在编写过程中，东南大学的邵梓菱、张晅阁、庄幼琼、江初晴、樊星萌、隋玉平、刘亚、郭树一、陈廷政、陈晰颖、祝成飞、韩振、张翰廷、陈锦锋、杨富豪、王苏越、陈清、梁络嘉等研究生一起参与了本书的编写和修订工作，全书由吴桦统稿。

本书得到了国家重点研发项目“1.6 6G无线网络安全架构关键技术(2020YFB1807503)”、国家自然科学基金联合重点项目“面向高速端边云网络的加密流量智能识别与态势感知方法研究(U22B2025)”、国家自然科学基金面上项目“复杂新型网络协议下的加密流量精细化分类方法研究(62172093)”等项目的支持，在此一并感谢。

吴桦

2023年10月于南京东南大学九龙湖校区

目 录

第1章

绪论

1.1 选题背景及意义

随着互联网技术的不断进步和普及，网络攻击已成为网络安全领域中一个备受关注的挑战。高速网络的数据量和流量已急剧增长，网络攻击手段也在不断升级和改进，因此高速网络的实时态势感知和防御变得尤为重要。

高速网络中的实时态势感知是指对网络中各种活动和状态进行及时、全面、准确的监测、分析和识别，并及时采取有效的措施应对。通过实时态势感知，可以及早预警和发现网络攻击行为，并及时采取措施进行防御和处置，避免重大的网络安全事件的发生。

本专著旨在探讨高速网络实时态势感知和安全防御的问题，详细介绍高速网络中多种常见攻击和状态的感知技术。这些技术包括慢速端口扫描检测、DDoS(Distributed Denial of Service)检测、IoT(Internet of Things)设备识别、流量分类、服务器状态感知以及隐蔽通道流量检测等。通过对这些技术的深入解析，可以使读者更好地了解高速网络感知技术的进展，以及如何利用相应的技术进行实时监测和网络管理，从而提高网络运行的安全性和稳定性。

高速网络实时态势感知和安全防御可以为网络管理者提供精准、全面的网络监测和管理手段，提高网络管理效率和质量。在国家安全和经济发展方面，高速网络实时态势感知和安全防御也起到了至关重要的作用。通过对网络威胁的及时发现和应对，可以有效地保护国家关键信息基础设施的安全，维护国家安全和社会稳定。同时，也可以保障网络经济的健康发展，提升数字经济的竞争力。

1.2 面临的挑战

1.2.1 高速的网络链路

随着网络技术的不断发展和普及，网络链路也日益高速化，网络应用也日益丰富多样。但是，这些变化也带来了许多挑战，其中最大的一项挑战就是海量的网络流量。

如今，各种网络应用层出不穷，如社交媒体、在线视频、电子商务等。这些网络应用的发展促使了互联网传输速度的不断提高和网络带宽的增加，从而使得海量流量的传输成为可能。此外，随着物联网技术的不断发展，越来越多的设备可以通过互联网进行连接和通信，例如智能家居、智能手表、智能车辆等。这些设备不仅可以收集环境数据、运动数据等信息，还可以进行互相之间的通信及控制。这就导致了数据交换量急剧增加，网络流量呈现爆炸性增长，并且类型也不断增加，具有相似特征的流量在海量流量里并存，这使得在海量的网络流量中准确、及时地识别出特定的流量变得尤为困难，进一步地，高速网络中的应用识别和物联网设备识别的难度也随之增加。可见,研究高效的流量测量方案,提出科学有效的流量分类方法,是高速网络态势感知中一项重要的任务。

其次,网络链路的高速化也给网络态势感知的相关设施和技术带来了挑战。网络链路的高速化导致网络数据传输速度变快,对网络设备处理能力的要求也提高了。如果网络设备处理能力跟不上链路速度的提高,就会出现数据拥塞、延迟、丢失等问题。此外,网络链路的高速化也会影响网络态势感知的准确性。例如,丢包率是感知网络服务质量的重要参数,而高速的网络链路给丢包率检测带来了许多挑战。高速网络链路的带宽非常大,需要丢包检测系统具有足够的处理能力和存储能力,以便能够在短时间内对海量的数据进行记录和跟踪。又比如,一些隐蔽的攻击方法基于特定的协议漏洞对设备进行攻击,其攻击流量数量小而且隐蔽在海量流量里,从海量流量中感知这些攻击的存在需要对海量数据进行过滤。因此,研究网络态势感知技术的过程中,需要考虑网络高速化带来的诸多难题,以保障态势感知的准确性和可靠性。

因此,随着网络的高速化和流量的增加,网络管理员们需要引入更先进的网络安全监测工具、更高效的数据采集方案,构建出更准确的流量特征向量,以便及时监测网络态势并采取对应的措施。同时,也需要注重研究实用、低消耗的流量测量方案,以确保网络实时态势感知的可行性和准确性。

1.2.2 非对称路由

由于传统单路径网络性能低且可靠性差,大多数主干网已转向多路径网络[1]。多路径网络能够为流量提供多条可选网络路径,为了进一步提升链路的使用率和网络的传输效率,策略路由和负载均衡技术在多路径网络中得到广泛应用。负载均衡技术的应用可以实现流量的均衡传输,这就使得同一条流的上行数据和下行数据可能经过不同的网络路径,其表现为在同一个网络节点上只能观察到某个方向上的流量,这种现象称之为非对称路由。随着网络拓扑结构日趋复杂化,高速网络中普遍存在非对称路由的现象。非对称路由指在双向流中报文前往和返回经过的网络路径不一样。非对称路由也给当前的网络态势感知和防御带来了挑战。

首先,由于数据的往返路径不同,导致网络中的监测设备无法准确地获取和分析网络中完整的流量信息,从而影响对网络性能的评估和诊断。在网络态势感知过程中,网络管理者获取到的流量通常来自单个测量节点,因为多节点的流量收集方式需要更多的技术和协作成本,也涉及各个网管域内的管理信息共享,实现起来非常困难。因此,如何利用从单个节点采集的网络流量来进行实时态势感知和防御是一项重要任务。

其次,非对称路由还可能增加网络攻击检测的复杂度和难度,使得网络安全防护变得更加困难。现有的大部分安全检测算法使用了网络流量的双向统计特点,非对称路由场景下,当前基于双向流的攻击检测或流量识别方法准确性会降低。例如,对于基于双向流的检测方法,它们通常需要同时监控流量两个方向的统计特征,在非对称路由下,采集点可能无法采集到双向流量从而难以得到需要的统计特征。此外,由于这些双向流往返路径不同,也可能会被监测点误判为是单向流,而某些情况下,单向流量是网络攻击的一种表现,因此对网络监测造成误判。

可见,非对称路由给网络态势感知带来了很多挑战,需要针对这些挑战进行研究,提出相应的解决方案和技术手段。

1.2.3 加密的网络流量

流量加密是一种用于保护用户在线交互内容的安全技术。它通过使用加密算法将传输的数据转换为不可读的形式,以防止第三方窃取或截取敏感信息。加密网络流量可以在传输过程中保护数据的机密性和完整性,从而提高网络应用的安全性能。然而,流量加密同时也给网络态势感知带来了一些挑战。

首先,由于流量加密,传统的协议识别的方法无法有效区分不同类型的加密流量,使得网络管理员不能快速准确地识别出网络中传输的数据类型。在互联网时代早期,许多学者致力于使用传统的深度包检测(Deep Packet Inspection,DPI)方法,进而使用规则匹配对应用流量进行分类,但是流量完全加密后,负载完全随机化,无法使用有效明文信息进行匹配。可见,流量加密增加了对新的流量分类技术的需求。

其次，攻击者可以利用加密流量的隐蔽性来隐藏自己的攻击行为，如通过将攻击流量伪装成合法流量，使得网络管理员难以发现恶意攻击行为，从而影响网络的安全性，例如使用洋葱路由 Tor(The Onion Router)的流量。Tor 是一种匿名化网络，在这个网络中，用户的连接请求和数据传输都会被加密并经过多次随机中转，从而隐藏用户的真实 IP 地址和网络活动信息，保护用户的隐私安全。但是，在 Tor 网络中也存在着许多非法交易网站，也就是常说的暗网市场，这给网络监管带来了极大挑战。此外，也有恶意流量伪装成合法的加密应用流量传输。DoH(DNS over HTTPS)在通信过程中基于 HTTPS(Hypertext Transfer Protocol Secure)发送 DNS 查询请求，并从可信 DoH 服务器获取查询结果。使用 DoH 服务时，明文 DNS 查询被封装在 HTTPS 流量中，并通过 443 端口转发至具有 DoH 解析功能的 DNS 服务器。合法使用 DoH 能够保护用户隐私并提升网络安全水平，但 DoH 也可能带来新的安全问题。引入 DoH 协议后，攻击者可以通过建立 DoH 隧道与受控端的恶意软件保持通信，传输控制指令和窃取隐私信息[2]，这会对网络安全产生巨大威胁。

因此，在进行网络态势感知过程中，应采取适当措施应对流量加密的问题，以便更好地识别网络中的应用流量，实现更加准确的流量分类。

1.2.4　多样的网络攻击手段

随着互联网的普及和社会对互联网依赖程度的加深，网络攻击已经成为一个严重的问题。并且，随着技术的不断进步，网络攻击的类型和方式也在不断演变和改变。从最初的蠕虫攻击，到后来的 DDoS 攻击、木马病毒、钓鱼攻击以及不断涌现的新型攻击手段，网络攻击形式越来越多样化，攻击方式也更加复杂。这种趋势使得网络防御面临着巨大的挑战，需要不断跟进和升级防御手段，以避免网络安全事件对个人和组织造成的不良影响。

在网络攻击过程中，端口扫描是第一步，攻击者利用扫描工具寻找目标主机开放的端口，以便进一步探测漏洞和潜在的攻击路径。攻击者可利用这些开放端口的漏洞或弱点，进一步入侵被攻击的系统。通常情况下，端口扫描会在短时间内触发大量发送到不同端口的请求。在这种情况下，可以通过简单的机制轻松地检测端口扫描，例如计算每个源 IP 地址在某个特定的时间间隔内请求的端口数。但是，一些攻击者会通过执行缓慢的端口扫描来掩盖他们的意图。他们以较长的时间间隔(例如，每几秒或每几分钟)[3]向目标主机发送探测数据包。在慢速端口扫描攻击中，极少数端口扫描数据包与大量正常数据交错。由于慢速扫描的探测间隔很长且不确定，因此很难从正常流量中识别它们。由于它们的隐蔽性，慢速端口扫描可以欺骗大多数现有的入侵检测系统(Intrusion Detection Systems, IDS)[4][5]。因此，检测慢速端口扫描，特别是那些持续数十天的端口扫描，是一项重要且具有挑战性的任务。

攻击者在获得目标系统的足够信息后，可以执行各种网络攻击。DDoS 攻击是一种常见的网络攻击手段，攻击者通过控制多台僵尸主机向目标服务器发送大量无效请求，导致目标服务器无法正常工作，从而使得服务不可用，给企业和用户带来重大的经济损失和安全威胁。DDoS 攻击也是黑客攻击中最难以防范的一种攻击方式之一，因为攻击者往往可以使用多种绕过防护的技术手段。另外，根据绿盟科技和电信安全联合发布的《2021 年 DDoS 攻击态势报告》[6]，2021 年内包含多种泛洪攻击类型的混合 DDoS 攻击事件大幅增长，较 2020 年增长了 80.8%。在实际攻击过程中，攻击者灵活变换攻击方式，结合传输层直接泛洪攻击(如 SYN Flood 和 UDP Flood)、网络层直接泛洪攻击(如 ICMP Flood)和反射放大型攻击(如 NTP Reflection Flood)等多种攻击类型发起大规模攻击，以实现快速压倒受害者的目的。可见，不断增长的攻击规模和混合 DDoS 攻击的出现对 DDoS 攻击检测方案带来了更高的要求。

为了避免 DDoS 攻击对企业、网络和用户等造成严重的损失，必须采用有效的 DDoS 攻击防御措施保障网络安全。然而，由于 DDoS 攻击的方式变幻莫测、攻击来源多样化，且攻击流量巨大，在高速网络态势中，DDoS 攻击防御需要消耗巨大的成本，并且可能存在误判、漏报等情况。通过对网络流量的实时监控和分析，可以及时发现异常流量并采取相应的防御措施，避免 DDoS 攻击对系统造成严重的影响。因此，引入低成本且高效的 DDoS 防御技术在网络态势中具有非常重要的作用。

综上所述，复杂多变的网络攻击给网络态势感知和安全防御带来了巨大挑战。网络攻击手段不断更新，攻击方式不断变化，攻击者采用的技术和手段也越来越高端化、智能化。一些网络攻击隐蔽性强，往往难以识别和追踪，攻击者也常常采用伪装手段和掩盖轨迹，增加了检测的难度。因此，高速网络态势感知和安全防御需要具备高效精准的监测、分析和响应能力，以应对不断变化的威胁。

1.3 关键技术

人工智能技术在网络态势感知中已经被广泛使用。面对高速网络中的海量数据，复杂多样的上层应用逻辑，以及日益更新的网络协议，人工智能可以使用各种算法，通过学习网络流量中的模式，构建模型对网络流量进行识别、检测和分析，为决策提供指导。将人工智能技术应用到网络态势感知中，需要解决两个关键问题：有效数据集的构建和特征的高效提取。

1.3.1　数据集的构建

人工智能算法以数据为核心，训练和测试数据集决定了模型的适用范围。在真实网络中进行数据采集并准确标注不仅工作量很大，而且在一些情况下无法得到准确标签，因此现有研究成果主要使用公开数据集。但是，可供研究者使用的公开数据集并不多，更新速度也很慢。即使是最新的研究成果，用的数据集也可能是若干年前的数据集。

公开数据集和真实场景中的数据集并不一定具有同样的特征。为了能够提供更加高效和安全的服务，互联网中不同层次的公开协议持续更新优化，此外，不同厂商还会使用自己研发的非公开协议，这些协议的变化都会影响真实场景中的数据，应用软件设计逻辑的不同，甚至软件的版本更新也可能会导致传输数据特征发生变化。上述原因导致使用公开数据集构建的模型无法直接应用到真实的网络管理中。

除了使用公开数据集，也有很多研究者自己采集数据进行模型训练。研究者安装软件的最新版本，在局域网的边界采集应用的流量数据并打标签。这样采集的数据也存在一定问题。首先是接入环境带来的限制，因为网络接入环境，硬件配置对数据传输特征会有影响，例如边缘网络中采集到的双向流量，在骨干网中传输时，可能会通过不同的路径，如果使用边缘网络采集的数据集中的双向流量特征训练出模型，在骨干网的关键节点中就可能无法直接使用。其次，在边缘节点采集的数据，用户群体比较少，应用类型也比较少，因此使用这样的数据集训练的模型无法在骨干网主干节点准确地对流量进行分类和管理。

为了获得有效的数据集，需要考虑数据集的采集环境、协议与应用的使用场景，数据集的采集环境需要尽可能接近最终模型的应用场景。此外，也可以根据实际情况辅助使用数据生成技术和数据增强技术。

1.3.2　高速数据处理技术

网络链路速率的不断提高和网络数据流的剧增带来的海量数据，使得实时处理高速数据尤为困难。能够高效快速地处理数据从而提取特征数据是模型最终可以在现网环境使用的必要条件。一些研究基于现有的公开数据集，有可能忽视在现网中提取信息面临的处理速度问题，使得模型移植到现网时无法实时给出结果。为了减少对高速海量数据处理所需要的计算和存储资源，及时提取出特征，可以使用多种方法。

1）流量抽样技术

抽样已经成为网络管理的重要组成部分。抽样技术的使用能够以较低的资源消耗获得有关整体的某些特征。好的抽样方法能够最大程度地减少信息损失，同时减少需要收集的数据量。

流量抽样通常是利用随机采样方法或规则采样方法，通过捕获数据包的头部信息或者完整数据来生成采样数据。它的目的是为了解决在大规模网络环境下监测和分析网络流量的问题，同时减少对网络带宽的影响。流量抽样的采样率取决于所需信息的精度和可信度，以及捕获的流量数量与存储容量之间的平衡。通常，流量抽样技术可以避免因收集所有数据而导致的巨大存储和处理开销。在本书探讨的场景中，由于高速网络中的流量非常庞大，直接对每个数据包进行分析和处理会消耗大量的计算资源。采用流量抽样技术可以将数据处理量减少到可承受的范围内。

下面，将介绍几种常见的抽样方式。

(1) 简单随机抽样：简单随机抽样是指随机地从总体中抽取一定数量的样本，保证每一个单元内样本有相同的概率被抽取。这种方法具有代表性、可比性和无偏性等优点，但在总体规模较大时，会增加调查难度和成本。它适合应用于总体规模较小的调研、数据收集和样本研究等。

(2)分层抽样：分层抽样是将总体按照一定的标准分成若干层，然后在每层中随机抽取一定数量的样本进行调查。这种方法可以减小抽样误差、提高统计效率，但需要事先确定好样本分层依据和分层比例。它适合应用于总体结构相对复杂且需要对各层特征进行分析的调研、数据收集和样本研究等。

(3) 整群抽样：整群抽样指将总体划分成若干个群体，然后随机选择若干个群体进行抽样。这种方法可以减小抽样误差和提高抽样效率，但需要保证每个群体内的异质性尽可能小，同时抽样后需要进行群体内的分层抽样。它适合应用于总体结构比较简单，但需要考虑群体之间差异性的调研、数据收集和样本研究等。

(4) 系统抽样：系统抽样是指按照一定的规律以固定间隔从总体中抽取样本。这种方法可减小随机误差，但可能会引入周期性误差，影响抽样的代表性和可比性。它适合应用于总体规模较大，要求抽样原则简单明了，而且具有代表性和可比性的调研、数据收集和样本研究等。

在真实网络环境中，流量抽样被广泛应用于网络监测、安全分析、网络运营和故障排除等方面。其优点包括可以帮助节省存储空间和处理时间等资源，并提高数据的可扩展性、可管理性和可靠性。但是，流量抽样也可能会牺牲一些精度，因此需要选择合适的抽样率以平衡精度和资源需求。

抽样虽然直接的降低了数据规模，但是如果降低规模后不能对数据情况进行较为精确的预测，那抽样就失去了意义。在某些网络测量场景当中，我们希望对具有同一特征的数据报文进行抽样，此时，基于哈希的抽样可以实现对于同样的特征的个体做出同一决策。

2）数据流技术

高速网络中，网络流具有实时性、连续性、无界性等特点，这需要对数据处理的算法只能对数据流执行一次计算，而且必须保证使用有限的计算和内存资源就能完成。数据流技术是高速网络流量测量的重要方法，其具有如下三个特点：算法需要的空间在可接受范围内；对流量的处理和统计更新时间必须简单、迅速；对于统计结果的查询提取必须要满足一定的精度。为了满足这些特点，数据流技术大量使用了哈希技术，并设计优化的数据结构存储数据流的统计特征。常用的数据流技术根据存储结构主要分为 Bitmap、Bloom Filter、Sketch 三类。这三种类型不仅各自具有不同的特点，每种类型也有多种优化算法，以适应不同的应用需求。

本书一些章节主要使用了 Sketch 技术，此处做简单介绍。Sketch 技术是一种基于哈希函数的网络测量技术。它通过对数据包头部进行哈希运算，生成一个固定大小的摘要，从而实现高速、低消耗的数据包统计。Sketch 技术主要有以下几个重要组成部分：

- 哈希函数：Sketch 技术依赖于哈希函数，将数据包的关键信息（如源地址、目的地址、端口号等）映射为一个固定大小的哈希值。常见的哈希函数有 MurmurHash、SHA-1 等。
- 桶(Bucket)：Sketch 技术将哈希值映射到一个桶中，每个桶都存储着一份摘要信息。通常一个桶只能存储一个摘要，因此在内存使用效率上要求比较高。
- 计数器(Counter)：每个桶还包含一个或多个计数器，用于记录经过映射到该桶的数据包统计值。

在实际应用中，Sketch 技术通常被用于网络中的流量计数和流量估计等任务。通过对数据流中的数据包中提取的键值进行哈希运算，并将结果累加到相应的统计桶中，可以得到快速、准确的流量统计数据。

由于 Sketch 能将庞大的数据压缩在较小的空间中，因此被广泛用于高速环境下的网络测量。常见的 Sketch 结构有 Count-Min Sketch(CM)[7]、Conservative Update Sketch (CU)[8]、Count Sketch (CS)[9]等。但是，现有

的 Sketch 难以满足具有复杂特性的网络流量的测量要求。在高速网络态势感知的过程中,若要用 Sketch 记录和快速提取流量的多维特征,需要根据研究目标设计 Sketch 的数据结构。

本书后续章节中对高速数据统计的主要结构是基于 Count-Min Sketch (CM)进行改进设计的,在此简要介绍 CM。图 1.1 展示了 CM 的结构,它使用 d 个独立的哈希函数 $h_1, h_2, \cdots, h_d$ 将到达的数据包的输入项 c 映射到每行的一个计数器,被映射到的计数器会被更新,更新方式就是简单地增加计数器的值,因此 Count-Min Sketch 可以被用于统计流量大小。在进行查询操作时,由于哈希冲突会导致一些计数器的值大于它们真实的值,所以 Count-Min Sketch 会返回与 c 相关的计数器的最小值作为估计值。

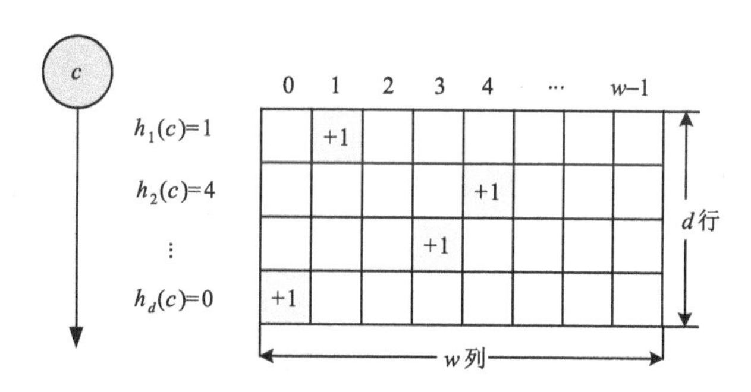

图 1.1 Count-Min Sketch 的结构

3) 特征提取技术

特征是原始数据经过一定处理后得到的数值向量,在网络流量分析和识别领域,使用机器学习模型进行训练时,需要首先提取出特征作为模型的输入。特征的有效性直接影响了分类器的性能。为了准确快速地检测出高速网络中的各种流量,需要选取有效的流量特征。有些方法使用了深度学习,与机器学习不同的是,深度学习将特征提取与分类模型结合到一个整体的框架里面,可以自动学习数据特征。但是深度学习运算复杂,需要更多存储空间和处理时间。

识别模型要在现网高速环境中能够实际应用,特征提取的效率必须被评估。为了提高效率,要求有效特征的数目应该足够少,并且特征提取的速度要高于现网数据到达的速度。为了实现此目标,特征必须结合识别目标的流量特点进行选择，与数据流技术紧耦合以达到最高的提取效率。特征提取过程中，非对称路由场景，流量加密现象，以及多变的网络攻击手段都需要被考虑到，以保证方法的实用性。

1.4 本章小结

有效且及时的态势感知是实施网络安全防御的基础，网络带宽的快速发展使得高速网络中的态势感知面临着新的问题，本章介绍了高速网络中的态势感知面临的挑战以及相关技术，为本书后续章节的展开提供了背景。

第2章

高速网络中慢速端口扫描检测

2.1 端口扫描概述

网络技术迅速发展的同时也随之出现了众多网络安全隐患。攻击者通常利用网络系统的漏洞对目标主机或目标网络发起一系列网络攻击。端口扫描是一种用于发现网络系统漏洞的常见技术。在入侵系统之前,攻击者将通过启动端口扫描来收集有关目标主机或网络的信息。与基于IP欺骗的攻击不同,端口扫描器使用其真实IP地址发送一组探测数据包以收集受害者的响应。攻击者收到的响应为其提供了一些有用的信息,包括活动IP地址、可用服务和协议类型。根据收集到的信息,攻击者可以进一步发起一些具有高度破坏性的网络攻击,如分布式拒绝服务(Distributed Denial-of-Service, DDoS)攻击和蠕虫传播。端口扫描通常是网络信息收集过程中的第一步,可以提供有关目标系统架构和服务的重要信息。因此,端口扫描的早期检测对于防止网络系统遭受严重破坏至关重要。

本章提出了一种高速网络中的慢速端口扫描检测方法，由于该方法使用了机器学习技术，为了后续进行更具针对性的特征选择，本节将从三个方面对端口扫描技术进行分类介绍。

2.1.1 基于扫描目标分类

根据不同的扫描目标，端口扫描可以被分为以下三个类别：

(1) 水平扫描：扫描主机扫描多台不同主机的同一个端口；

(2) 垂直扫描：扫描主机扫描另一台主机的不同端口；

(3) 混合扫描：同时对受害主机执行水平扫描和垂直扫描。

如图 2.1 和图 2.2 所示，当水平扫描发生时，一台源主机（Sip 1）会向多台不同的目标主机（Dip 1, Dip 2, …, Dip N）的相同端口（Dpt 1）发送探测数据包；当垂直扫描发生时，一台源主机（Sip 1）会向另一台主机（Dip 1）的不同端口（Dpt 1, Dpt 2, …, Dpt N）发送探测数据包。在下文中，Sip 和 Dip 分别代表源主机和目的主机，Dpt 代表目的端口。

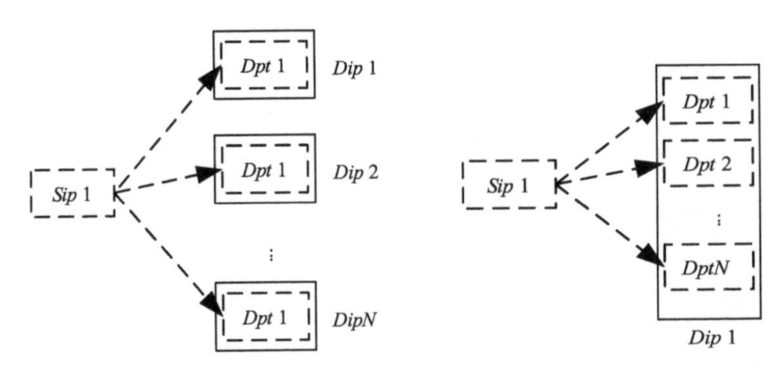

图 2.1　水平扫描示意图　　图 2.2　垂直扫描示意图

2.1.2 基于扫描流量协议分类

通常来说，主机在网络中使用 TCP 协议或 UDP 协议进行通信，基于此，攻击者可以发起 TCP 扫描或 UDP 扫描，且最常见的 TCP 扫描类型是 TCP SYN 扫描。

本章重点研究 TCP SYN 扫描和 UDP 扫描的检测方案。TCP SYN 扫

描利用 TCP 三次握手的原理，攻击者发送一个带有 SYN 标志位的 TCP 数据报文，如果受害者主机返回一个 RST 响应，则表示扫描的端口是关闭的。如果受害者主机返回一个 SYN-ACK 响应，则表示扫描的端口是打开的，这时攻击者将发送一条带有 RST 标志的消息以取消连接过程。由于受害者主机的日志记录系统不会记录 TCP SYN 扫描的连接尝试，因此网络防御者很难检测到这种类型的扫描。

此外，一些攻击者还会发起 UDP 扫描。UDP 是一种无连接且不可靠的协议。因此，如果探测消息被发送到一个打开的 UDP 端口，攻击者不会收到任何响应。如果探测消息被发送到目标主机关闭的端口，受害者通常会用一个 ICMP 不可达的消息进行响应。因此，UDP 扫描的信息获取主要依赖于接收到的 ICMP 不可达的消息。

2.1.3　基于扫描速率分类

根据不同的扫描速率，端口扫描可以大致分为快速端口扫描和慢速端口扫描，但是二者之间并没有绝对的分界线。Nmap 对本地网络一台主机的默认扫描（nmap 〈hostname〉）间隔为 0.2 秒。尽管目前对于慢速端口扫描还没有明确的定义，但是之前关于端口扫描的研究可以为本章提供一些参考。Nisa 等人[10]在文章中提到，慢速端口扫描的探测间隔可能是 10 秒、20 秒或者一整天。Ring 等人[11]使用探测间隔为 15 秒的扫描流来进行慢速端口扫描检测。因此，基于先前的研究，可以认为探测间隔大于 10 秒的端口扫描为慢速端口扫描。慢速端口扫描可以欺骗大多数现有的入侵检测系统（Intrusion Detection Systems，IDS）[12][13]。由于扫描器在一次端口扫描中会探测目标主机或目标网络成千上万个端口，所以一次完整的慢速端口扫描可能会持续几十天。因此，极长的持续时间是慢速端口扫描的特点之一。

2.2　常用端口扫描执行工具介绍

为了对网络空间的主机服务、漏洞信息进行探测，人们开发出了一些网络扫描工具，例如 Nmap、Zmap 和 Masscan，用于对网络进行高效率的扫描。网络管理员可以利用这些工具识别网络中存在的安全漏洞，以便及时采取措施加强网络安全。但是，这些扫描工具也可能被黑客用来发起端口扫描攻击。

Nmap[14]，即 Network Mapper，最初是 Linux 系统下的网络扫描和嗅探工具包。它是一款功能齐全且容易扩展的端口扫描工具，可以用来探测网络上主机开放的端口，是网络管理员常用的软件之一，一般被用于评估网络系统的安全性。Nmap 也常被黑客用来搜集待攻击的网络主机信息，以确定下一步的攻击计划。Nmap 的基本功能包括三个：一是探测网络中的主机是否在线；二是扫描目标主机的端口，获得其提供了哪些网络服务；三是推断主机所使用的操作系统。由于 Nmap 扫描过程中基于 TCP/IP 协议栈传输探测数据包，并且会在网络状态不好时重传探测数据包，因此 Nmap 的扫描速度相较于其他扫描工具并不快。Nmap 提供了 6 个时间模板，在实际使用中，采用－T 选项加数字(0—5) 或名称以选择不同的时间模板。6 个时间模板的名称(代表数字)分别为：Paranoid (0)、Sneaky (1)、Polite (2)、Normal(3)、Aggressive (4)和 Insane (5)。前两种模式用于躲避入侵检测系统，在 Polite 模式下，Nmap 降低了扫描速度，从而使用更少的带宽和目标主机资源。Normal 是 Nmap 的默认扫描模式，因此－T3 代表未做任何优化。在 Aggressive 模式下，Nmap 假设用户网络稳定可靠，因此扫描速度有所加快。在 Insane 模式下，Nmap 假设用户的网络速度特别快，或者不介意为了快速完成扫描而牺牲隐蔽性，此模式下的扫描速率比 Aggressive 模式下更快。

与 Nmap 一样，Zmap[15]也是一款漏洞扫描工具，其特点在于速度快，在 1Gbps 带宽下，Zmap 能够在 45 分钟内完成对全网的扫描。Zmap 直接在网络层进行数据包的收发，因此扫描速率较 Nmap 大大提升。此外 Zmap 使用无状态的扫描技术，不会记录发出的数据包信息，节省了大量扫描时间。

Masscan[16]同样也采用了无状态扫描技术，且结合高并发技术，从而进一步提高的扫描速率。

2.3 总体框架

本章提出的方法旨在检测常见的六种端口扫描，具体包括 TCP 水平扫描、TCP 垂直扫描、TCP 混合扫描、UDP 水平扫描、UDP 垂直扫描、UDP 混合扫描。对于 TCP 扫描，只检测最常见的 TCP SYN 扫描。对于水平、垂直和混合扫描的具体原理已在 2.1 节中介绍，这里不再赘述。

本章提出了一种高速网络中基于 Sketch 的慢速端口扫描检测方法（a sketch-based Method for Detecting Slow Port Scans in high-speed networks，MD-SPS）。MD-SPS 通过对输入的流量经 Sketch 处理得到流量特征，再采用机器学习技术训练分类模型，得到一个多分类器。在检测时，待检测的流量经抽样和 Sketch 处理后，得到的特征被输入训练好的分类器，从而实现端口扫描检测。MD-SPS 的整体框架图如图 2.3 所示。

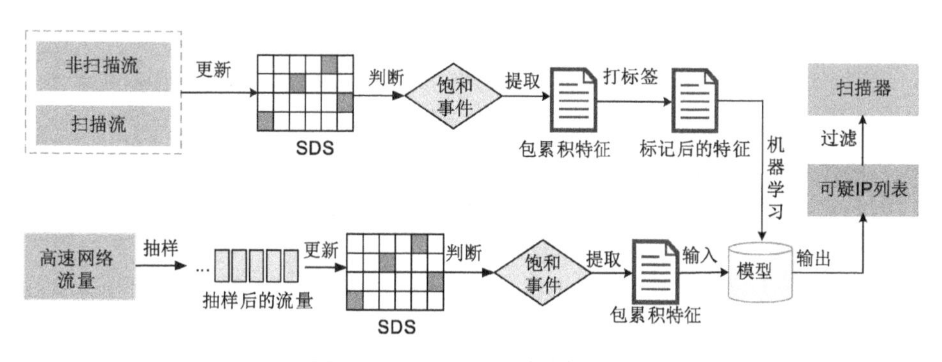

图 2.3　MD-SPS 的整体框架图

在离线训练阶段，为了获得有标签的数据集，通过将端口扫描流量和局域网内捕获的非扫描流量混合在一起，然后利用所设计的扫描检测 Sketch（Scan Detection Sketch，SDS）记录流量特征，SDS 中记录的特征在触发饱和事件时被提取出来，提取后的特征在打上标签后用于训练机器学习模型，该模型可以被用于检测未知流量中的端口扫描器。

在实际应用阶段，为了解决高速网络带宽高、流量大带来的高存储开销问题，MD-SPS 一边对高速网络流量进行抽样，一边利用 SDS 记录抽样后流量的特征，当 SDS 桶中的统计信息触发饱和事件时，提取流量特征。接着，这些特征被输入训练好的模型，模型可以识别出当前流量中的可疑 IP，同时标识出具体的扫描类型。这些可疑 IP 并不会直接被判定为扫描器，它们需在下一阶段按照预定规则进行过滤后方可输出扫描器的 IP 列表。

在扫描器追踪阶段，根据上一阶段产生的可疑 IP 列表，通过过滤、提取，最终获得端口扫描器的 IP 地址。

2.4 特征提取方法

本节介绍针对端口扫描检测的特征选择过程，并阐述基于 Sketch 的特征提取方法。

2.4.1 特征选择过程

本章研究的慢速端口扫描检测方法拟应用于高速网络的抽样场景下，因此所选特征的有效性应不受扫描速率和抽样的影响。同时，有效特征的数目应该足够少，以保证特征提取的速度。首先，本方法引入了包累积特征(Packet Accumulation Feature, PAF)的概念。PAF 是指到达流的包数达到阈值 θ 时获得的特征，本章中流被定义为由一系列具有相同的 2 元组(源/目标 IP 地址，协议)的数据包组成的网络流。为了清晰起见，把累积 θ 个包的时间间隔称为一个 epoch。本方法选取的特征如表 2.1 所示，下文将详述特征选择的过程。

表 2.1　端口扫描检测选取的特征

特征名称	描述
Asy_Sp	某主机在一个 epoch 内发送的数据包数
Asy_Dp	某主机在一个 epoch 内接收的数据包数
Asy_Ss	某主机在一个 epoch 内发送的带有 SYN 标志的数据包数
Asy_Ds	某主机在一个 epoch 内接收的带有 SYN 标志的数据包数

（续表）

特征名称	描述
Dsp_dip	目的 IP 分散度
Dsp_dpt	目的端口分散度

1）流量的非对称性

当扫描发生时，扫描主机发送出去的数据包要远多于接收到的数据包。需要注意的是，这种不对称性的成立建立在当前扫描主机在执行扫描的同时没有像正常主机一样访问网络上的其他主机。由于 Sketch 是一种可以汇聚流信息的结构，因此可以在众多网络流量中较精确地记录某台主机在一个 epoch 中发送和接收到了多少个数据包。这种非对称性适用于检测 TCP 扫描和 UDP 扫描，因此 Asy_Sp 和 Asy_Dp 被选择用于检测端口扫描的特征。

对于 TCP SYN 扫描，攻击者利用 TCP 三次握手的机制，向受害者主机发送第一次握手包来观察受害者端口的开放情况。由于握手包都带有 SYN 标志，因此选择某主机在一个 epoch 内发出和接收的带有 SYN 标志的数据包数作为两个重要特征。即使之前已经选择了 Asy_Sp 和 Asy_Dp 两个非对称性特征，但是 Asy_Ss 和 Asy_Ds 可以让 TCP 扫描更容易地被检测出来，提升检测精度。

2）目的 IP 地址分散度

对于水平扫描、垂直扫描和混合扫描，因其扫描目标不同，所以它们的目的 IP 分散度也不相同。目的 IP 分散度可以被理解为互异目的 IP 的数目。水平扫描是扫描不同主机的同一个端口，因此它的目的 IP 各不相同，即分散度高。垂直扫描是扫描同一台主机的不同端口，因此它的目的 IP 只有一个，即分散度低。混合扫描包含了水平扫描和垂直扫描的特点，因此目的 IP 也具有高分散度。

3）目的端口分散度

与目的 IP 分散度类似，水平扫描的目标端口只有一个，因此它的目的端口分散度低。垂直扫描的目的端口分散度高，混合扫描同时具有水平扫描和垂直扫描的特点，因此目的端口具有高分散度。表 2.2 总结了水平扫描、垂直扫描、混合扫描目的 IP 分散度和目的端口分散度的特点。

表 2.2 不同类型端口扫描分散度的特点

	水平扫描	垂直扫描	混合扫描
目的 IP 分散度	高	低	高
目的端口分散度	低	高	高

以上所选特征结合了不同类型端口扫描的特点，能区分不同类型的端口扫描，且有效性不会受抽样和端口扫描速率的影响。另外，这些特征可以提取自单向流量，因此在非对称路由场景下仍然适用。

2.4.2 基于 Sketch 的特征提取过程

高速网络具有流量数目大、传输速率快的特点，直接记录、提取流量的统计特征是不现实的，尤其是在面对慢速端口扫描检测这种场景。前文提到，慢速端口扫描的持续时间通常比较久，那就说明检测慢速扫描需要保存长时间的流量统计信息。传统的特征提取方式存在两个主要缺点。一方面，从流量中直接提取统计信息要求较高的计算资源且消耗时间，这不利于快速处理流量，影响检测速率。另一方面，记录长时间的流量信息需要消耗较大的存储空间。因此，为了解决以上问题，实现流量特征的快速记录和提取，本方法设计了端口扫描检测 Sketch(Scan Detection Sketch，SDS)。

1) SDS 的整体设计

如图 2.4 所示，SDS 可以被看作是一个 d 行 w 列的二维数组桶结构，每个桶由四个计数器（Ss，Ds，Sp，Dp）和两个哈希表（$HDip$，$HDpt$）共同组成。SDS 与两个哈希函数相关联：(i) h_1：这个哈希函数负责定位每行应被更新的桶的位置。在本方法中，h_1 是由 $farmhash$[17] 实现的，它具有很快的散列速度。(ii) h_2：这个哈希函数在更新哈希表的时候起作用。具体地，它被用于将 Dip 或者 Dpt 映射到 SDS 桶中的哈希表中。它可以通过很多常见的哈希函数实现，如 SHA-1。这两种哈希函数的用法会在下面内容中详细给出。

当一个数据包到达时，它的（IP 地址，协议）会被提取出来作为键值 $flowkey$，接着用 h_1 对 $flowkey$ 进行哈希运算，得到一串哈希值，该哈希值

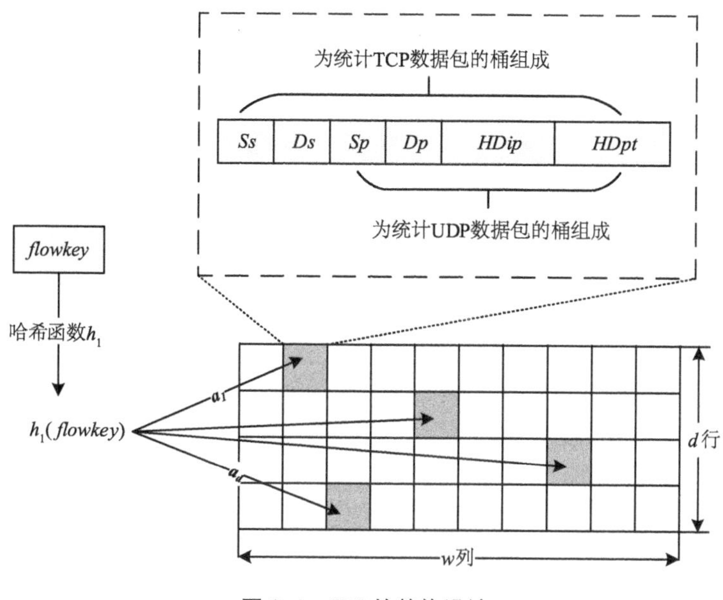

图 2.4　SDS 的整体设计

被划分成 d 个部分(a_1, a_2, …, a_d),分别对应着 d 行中被映射的桶的位置。这些被映射到的桶会更新其桶中计数器和哈希表相应的值,当桶中的统计信息达到一定阈值时触发饱和事件,此时流量特征被提取出来作为一条特征向量,提取出的特征可以用于机器学习模型的训练。需要强调的是,每个数据包的(源 IP,协议)和(目的 IP,协议)将分别提取为 $flowkey$ 并分别映射到 SDS, 因此每个数据包会被处理两次。

2) SDS 的桶组成

表 2.3 展示了关于 SDS 的计数桶组成的详细信息,所有被选择的特征都可以从桶中的值获得。如表 2.1 所示,SDS 的桶包含两种类型的组合元素,即计数器表和哈希表。SDS 桶中的计数器与 Sketch 中的计数器相同,并且计数值是通过在更新过程中进行递增来获得的。此外,桶中的每个哈希表实际上都是一个 16 比特的位图[18],其初始位的值都设置为 0。

如图 2.4 所示,对于 TCP 和 UDP 数据包,SDS 更新不同的计数器和哈希表组合。当 SDS 处理 TCP 数据包时,桶中的 Ss, Ds, Sp, Dp, $HDip$, $HDpt$ 将被更新。在处理 UDP 数据包时,将更新桶中的 Sp, Dp, $HDip$, $HDpt$。

表 2.3 SDS 的桶组成

名称	类型	大小(字节)	描述	对应的累积特征
Sp	计数器	1	记录一个 IP 发出的数据包数量	*Asy_Sp*
Dp	计数器	1	记录一个 IP 收到的数据包数量	*Asy_Dp*
Ss	计数器	1	记录一个 IP 发出的带有 SYN 标志的数据包数量	*Asy_Ss*
Ds	计数器	1	记录一个 IP 收到的带有 SYN 标志的数据包数量	*Asy_Ds*
HDip	哈希表	2	当 *flowkey* 为(源 IP,协议)时,记录一个当前 *flowkey* 的目的 IP 分散度	*Dsp_dip*
HDpt	哈希表	2	当 *flowkey* 为(源 IP,协议)时,记录一个当前 *flowkey* 的目的端口分散度	*Dsp_dpt*

3) SDS 的基本操作

SDS 支持两种基本操作:(1) *Update*,它更新当前 *flowkey* 所映射的桶,它包括两个子操作:*UpCounter*(*cname*)和 *UpHtable*(*hname*),*cname* 指的是计数器的名称,*hname* 指的是哈希表的名称。(2) *Extract*,它返回由当前 *flowkey* 和对应的累积特征所组成的特征向量。

像常见的 Sketch 一样,SDS 在更新计数器时只是简单的递增。如图 2.5 所示,在更新哈希表 *HDip* 时,当前数据包的目的 IP 地址会被提取出来作为键值 *key*,*key* 经哈希函数 h_2 处理之后得到一个哈希值 $h_2(key)$,为了将其映射到 16 位的哈希表中,提取 $h_2(key)$的前 4 个比特,从而定位哈希表中的一个位置,若该位置上的值为 0,则该位置上的比特值更新为 1,若该位置上的值为 1,则比特值保持不变。同理,在更新哈希表 *HDpt* 时,当前数据包的目的端口被提取出来,经哈希函数 h_2 处理后得到一个哈希值,再提取其前 4 个比特定位应被更新的比特位。鉴于哈希函数的抗冲突性,键值 *key* 的分散度可以通过哈希表中 1 的分布反映出来,因此分散度可以用数值表达,它的计算公式为 $D_{HT}=\sum_{i=0}^{15}HT[i]$,其中 D_{HT} 代表分散度,*HT* 代表 16 位的哈希表。

注意只有当 *flowkey* 为(源 IP,协议)时,两个哈希表才会被更新,否则

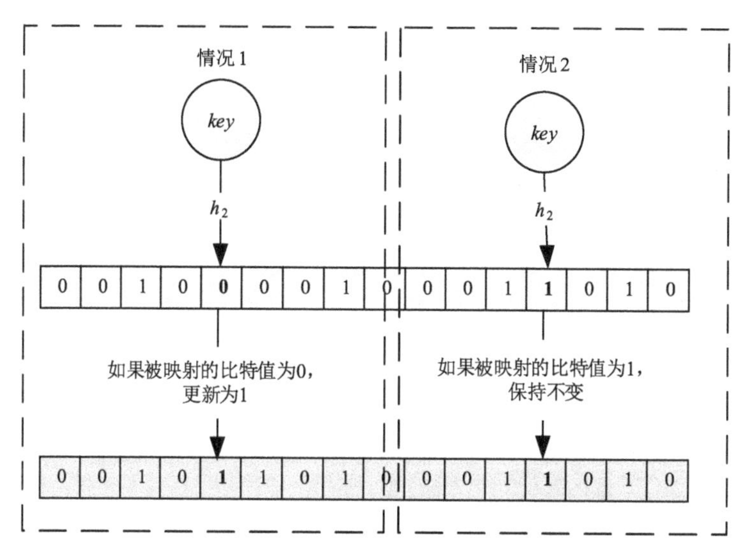

图 2.5　哈希表更新的过程

只更新计数器，这是因为本方法只关注目的 IP 的分散度。算法 2.1 展示当 *flowkey* 为（源 IP，协议）时 *Update* 操作的执行过程。如算法 2.1 所示，每个桶中所有的计数器和哈希表被初始化为 0，对于每个数据包，首先检查它的协议，如果它是一个 TCP 报文，则进一步检查它的 SYN 标志是否为 1，如果为 1，就对计数器 *Ss* 加 1（第 1—7 行）。此外，无论是 TCP 报文还是 UDP 数据报，*Sp* 计数器都会被更新（第 8—9 行）。由于此时的 *flowkey* 是（源 IP，协议），因此两个哈希表都会被更新（第 10—12 行）。当 *flowkey* 为（目的 IP，协议）时更新过程类似，只是不更新哈希表。

算法 2.1　SDS *Update* 操作的执行过程

Input： 数据包标识 *flowkey*（源 IP，协议）
1　A←h_1(*flowkey*)；
2　将 A 切分成 d 个部分，即 $a_1, a_2, \cdots, a_d$
3　**if** 协议为 TCP 且 TCP 包的 SYN 标志为 1 **then**
4　　**for** i=1 to d **do**
5　　　$UpCounter(Ss_{i,ai})$；
6　　**end for**

（续表）

```
7   end if
8   for i=1 to d do
9       UpCounter(Sp_{i,ai});
10      UpHtable(HDip_{i,ai});
11      UpHtable(HDpt_{i,ai});
12  end for
```

算法 2.2　SDS *Extract* 操作的执行过程

```
    //该操作只有在饱和事件发生时才会执行
1   feature_vector=[flowkey];
2   for CT in [Ss,Ds,Sp,Dp] do
3       CT_min←与当前 flowkey 相关的 d 个桶中计数器的最小值
4       feature_vector.append(CT_min);
5   end for
6   for HT in [HDip,HDpt] do
7       HT_min←与当前 flowkey 相关的 d 个桶中的哈希表执行与操作
8       D_HTmin← Σ_{i=0}^{15} HT_min[i];
9       feature_vector.append(D_HTmin)
10  end for
11  extract feature_vector;
    //回收桶
12  for CT in [Ss,Ds,Sp,Dp] do
13      CT_{i,ai}←CT_{i,ai}−CT_min,1<=i<=d;
14  end for
15  for HT in [HDip,HDpt] do
16      Empty HT_{i,ai},1<=i<=d;
17  end for
```

Extract 操作的执行有一个触发条件叫做饱和事件。当一个桶里的 Sp 和 Dp 的总和达到阈值 θ 时，这个桶被视作为饱和。当一个 *flowkey* 所对应

的 d 个桶全部都饱和时，饱和事件发生。这种机制使得由 SDS 提取出来的特征恰好是包累积特征。因此，一个 epoch 也可以被看作是触发饱和事件所花费的时间。

算法 2.2 展示了 $Extract$ 操作执行的过程。当饱和事件发生时，当前的 $flowkey$ 会被保存在一个特征向量里(第 1 行)。然后，这 d 个桶里的计数器和哈希表的最小值将被加入特征向量中，这是为了尽可能解决哈希冲突的问题。计数器的最小值 CT_{min} 指的是 d 个桶中计数器的最小值(第 2—5 行)，哈希表的最小值指的是 d 个桶中的哈希表经与运算得到的哈希表的分散度的值(第 6—10 行)。需要强调的是，只有当饱和事件发生时，触发饱和的 $flowkey$ 才会随着特征一起被提取出来，这种机制有利于追踪扫描器的 IP 地址。

一旦特征向量被提取(第 11 行)，与当前 $flowkey$ 相关的 d 个桶将被回收利用。计数器的回收方式是减去 CT_{min}(第 12—14 行)，哈希表的回收方式是清空(第 15—17 行)。这一机制有利于 SDS 长时间监测网络流量。

当 SDS 桶中 Sp 和 Dp 的总和达到阈值 θ 时，桶被视为饱和。在本节中讨论阈值的选择。

阈值表示 SDS 在一个 epoch 中处理了多少个 key，而互异 key 的数量影响着哈希表的分散度。为了得到占满 16 位的哈希表需要多少个互异的 key，本方法进行了 100 000 次测试。在每次测试中，随机产生不同的 key 值并将它们映射到哈希表中。当哈希表刚好被占满时，记录此时互异的 key 的数目。图 2.6 展示了填满哈希表所需不同 key 的概率密度函数(Probability Density Function，PDF)。令 X 为所需不同 key 的数目，μ 为 X 的平均值，σ 为 X 的标准差。如图 2.6 所示，X 可以被大致看作高斯分布，记为 $X \sim N(\mu, \sigma^2)$。因此，可以用相应的高斯分布曲线来进行数据分析。

计算 100 000 次实验数据的平均值 μ 和标准差 σ，μ 的值为 54.13，σ 的值为 18.68，即 $X \sim N(54.13, 18.68^2)$。鉴于端口扫描中目的 IP 或目的端口的分散性，在一个 epoch 内 SDS 处理的不同的 key 的数量约等于 θ，而对于正常流量，SDS 在一个 epoch 内处理的不同 key 的数量要少得多。为了更好地区分两种流量，θ 应当能够以高概率填满哈希表。计算得到 $P(X<$

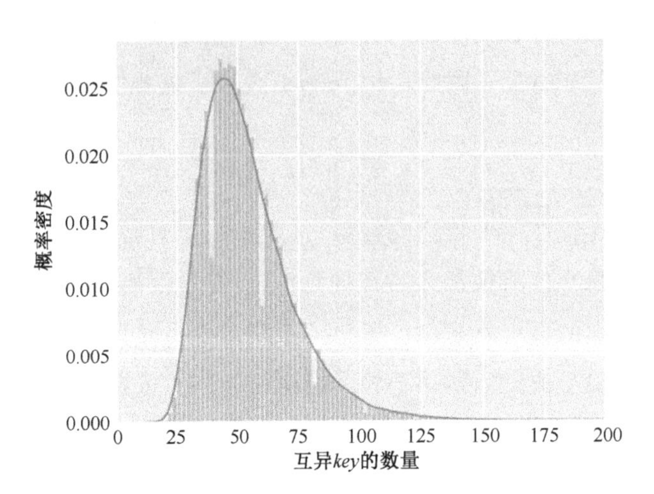

图 2.6　填满哈希表所需互异 *key* 的概率密度函数

78.07)=90%。这意味着当θ大约为78.07且*key*几乎各不相同时，哈希表有90%以上的概率被填满。

需要注意的是，如果θ被设置得过大(如200)，正常流量中的也有可能有很多不同的*key*，这不利于将扫描流量从正常流量中区分开来。因此，最终选择80为阈值，在这种情况下，16位的哈希表有高概率被填满，因为$P(X<80)=91.7\%$。

2.5　机器学习模型训练与应用

基于用SDS提取的特征，本方法利用机器学习技术训练分类模型，在实际应用时，待检测流量经SDS处理提取特征，模型识别出流量中可能为扫描器的可疑IP地址，接着，采取一些措施对可疑IP地址进行过滤筛选，得到最终的扫描器IP列表。

2.5.1　模型训练

随机森林(Random Forest, RF)是网络流量分类领域中最常用的算法

之一，它可以在短时间内实现对大量数据快速有效的分类。此外，随机森林具有抗过拟合和抗噪声能力，且具有训练速度快的优点。因此，随机森林十分适合用于具有复杂流量的高速网络场景。本方法选择随机森林算法训练分类模型以实现端口扫描检测。

在使用 SDS 提取完特征后，根据 *flowkey* 对这些特征打上标签。为了训练一个适用于 TCP 和 UDP 的多分类器，本方法将传输层协议号(记为 $proto\_num$)作为特征之一。因此，该方法中使用的所有特征为：Asy_Sp，Asy_Dp，Asy_Ss，Asy_Ds，Dsp_dip，Dsp_dpt 和 $proto\_num$。

2.5.2　模型应用

由于在执行 *Extract* 操作时，*flowkey* 也被记录下来，因此可以根据模型输出的可疑 IP 列表经过滤得到最终的扫描器 IP。鉴于网络流的长度不同，每条流产生的特征向量的条数也不同，在一个 IP 对应多条特征向量的情形下，可能存在一条流既被检测为扫描流又被检测为正常流的情况，因此，需要采取一定的过滤措施。

在本方法中，根据以下原则报告扫描器 IP：(1)对于一个 *flowkey* 对应的特征向量，如果$标签数_{异常}>标签数_{正常}$，则该 *flowkey* 被报告为扫描器；(2)对于一个 *flowkey* 对应的特征向量，如果$标签数_{正常}\geqslant 标签数_{异常}$，则该 *flowkey* 被报告为正常流。

2.6　慢速端口扫描检测实例

基于文中所提方法，本节介绍慢速端口扫描检测的实验及结果分析。

2.6.1　数据集介绍

实验使用四条流量踪迹(traffic trace)，称为 trace A、trace B、trace B+和 trace C。表 2.4 给出了这 4 个 trace 的具体描述。

表 2.4　流量踪迹的具体描述

名称	日期	时长	数据包数	*flowkey* 数目	数据来源
trace A	N/A	N/A	72 181 256	1 788 289	MAWI 公开数据集，Nmap 以及校园网流量
trace B	20190409	24 h	16 326 998 375	2 603 039	MAWI 公开数据集
trace B+	N/A	24 h	16 327 214 375	2 725 191	MAWI 公开数据集
trace C	20200603	15 min	453 043 378	330 206	MAWI 公开数据集

（1）**trace A** 被用作训练集且具有完整的基础事实(ground truth)，即该数据集中哪些流量是扫描流哪些流量是正常流是已知的。它是非扫描流和扫描流的混合流量，其中非扫描流量是从校园网络中收集的，大约占总数据包数量的 80%，扫描流量占另外的 20%。本方法结合了两种方式来获得不同类型的扫描流量：一是使用 Nmap 来生成，二是从 MAWI 工作组(MAWI Working Group)于 2021 年 4 月 10 日捕获的流量中提取。MAWI 数据集是一个公开数据集，是从一个 10Gbps 的互联网交换链接捕获的骨干网络流量。trace A 包含 72 181 256 个数据包。

（2）**trace B** 是从 MAWI 公开数据集获取的 24 小时的踪迹，该数据具有基础事实。它是在 2019 年 4 月 9 日在采集点 G 上被捕获的。trace B 包含 16 326 998 375 个数据包。

（3）**trace B+**被用作检测慢速端口扫描的测试集。它是 trace B 和一些生成的慢速扫描流量的混合流量。在这里，将 trace B 视为 trace B+的背景流量。首先，为每种类型的扫描生成 5 个扫描器。接下来，在扫描流中插入 10 到 15 秒的时间间隔以模拟慢速端口扫描。最后，生成的慢速扫描流与 trace B 混合得到 trace B+。为了使慢速扫描流贯穿 24 小时的踪迹，每个扫描器的数据包数量应该大约为 24×3 600 s/扫描时间间隔。这么做可以得到持续时间大约为 24 小时的慢速端口扫描流。表 2.5 展示了生成的慢速扫描流的详细信息。

（4）**trace C** 是从 MAWI 公开数据集中提取的 15 分钟的踪迹，没有基础事实。它是在 2020 年 6 月 3 日在采集点 G 被捕获的。trace C 包含 453 043 378个数据包。

表 2.5　生成的慢速扫描流量的详细信息

序号	扫描类型	扫描器数量	扫描速度	为每个扫描器生成的数据包数	在 trace B+中的比例
1	TCP 水平扫描	5	每 10 秒扫描一个端口	8 640	0.000 53‰
2	TCP 垂直扫描	5	每 12 秒扫描一个端口	7 200	0.000 44‰
3	TCP 混合扫描	5	每 15 秒扫描一个端口	5 760	0.000 35‰
4	UDP 水平扫描	5	每 10 秒扫描一个端口	8 640	0.000 53‰
5	UDP 垂直扫描	5	每 12 秒扫描一个端口	7 200	0.000 44‰
6	UDP 混合扫描	5	每 15 秒扫描一个端口	5 760	0.000 35‰

2.6.2　评价指标介绍

trace B 是从真实世界中捕获的 24 小时流量，MAWI 工作组并没有为该数据集提供标签。因此，倘若本方法有效，那么分类模型除了能检测出自行生成的慢速端口扫描流，必然也能检测出 trace B 中的一些未被标记的端口扫描流量。由于基础事实的缺失，借助程序人工验证所有被报告的扫描器。如图 2.7 所示，模型报告的扫描器包括了真正的扫描器和误报的扫描器。其中真正的扫描器又包括所生成的扫描器和 trace B 中未被标记的扫描器。最终选择以下指标来评估本方法的有效性：

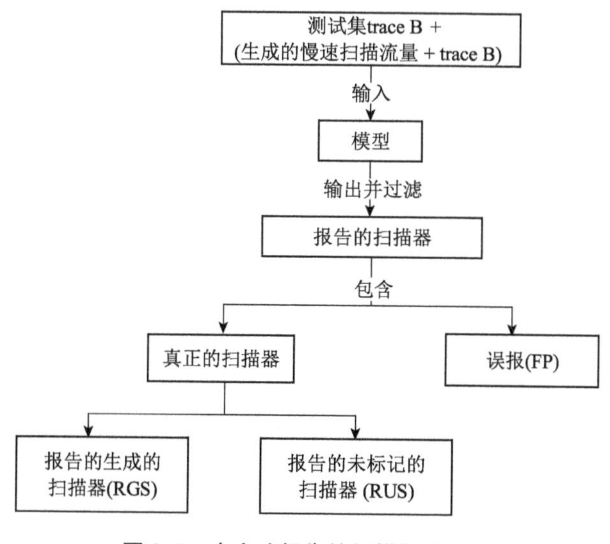

图 2.7　本方法报告的扫描器的组成

(1) 报告的生成的扫描器(Reported Generated Scanner,**RGS**):由本方法检测出的自行生成的扫描器数量。

(2) 报告的未标记的扫描器(Reported Unlabeled Scanner,**RUS**):由本方法检测出的背景流量中的扫描器数量。

(3) 误报(False Positives,**FP**):非扫描器被错误报告为扫描器的数量。

此外,还考虑了以下指标:

(4) 相对误差(Relative Error):$\frac{|M-m|}{m}$,此处 M 代表由 SDS 提取的特征向量的数目,m 代表真实的特征向量的数目。SDS 中的哈希冲突会导致特征向量被提前提取出来,进一步导致 M 的值会大于 m。这个评价指标反映了 SDS 中哈希冲突的严重程度,被用于评估 SDS 的估计准确性。

2.6.3 抽样率选择

本方法结合抽样技术以减少待处理的网络流量,节省计算和存储资源。然而,不可否认的是,抽样会导致流信息的丢失。因此,本节通过实验确定抽样率对实验结果的影响,从而在后续实验中选择合适的抽样率。

由于抽样会丢失一些数据包,所以它会导致一些短流无法触发饱和事件。短流相对于长流来说,其更容易受到抽样的影响,因为它们的数据包数量较少。如果抽样率被设置得太低(例如 1/256),那么一些短流所剩的可处理数据包寥寥无几,甚至完全没有。为了选择合适的抽样率,开展实验以探究抽样率 $1/p$、流长度 n 以及特征向量数目(Number of Feature Vectors, *NoFV*)的关系。

首先,产生并标记 4 条不同长度的流,它们的数据包数目分别为:10 000,15 000,20 000 和 25 000。接着,设置 1/8、1/16、1/32、1/64、1/128 五种抽样率并用 SDS 处理以上四条流,目的是研究在不同的抽样率下,不同长度的流可以被提取出多少条特征向量。如图 2.8 所示,对于同一条流,随着抽样率的降低,能被提取出来的特征向量条数越少。对于一条包含 10 000 个数据包的流来说,即使在抽样率被设置为 1/128 的情况下,仍可以提取出一条特征向量。基于这些被提取的特征向量,模型可以检测出该条流是正常流还是端口扫描流。但是,如果抽样率被设置地再低一些(如 1/256),包数低于 10 000 的流将很可能无法被提取出特征向量,这是因为在低抽样率

的情况下，这些流的可处理数据包数不足以触发饱和事件。

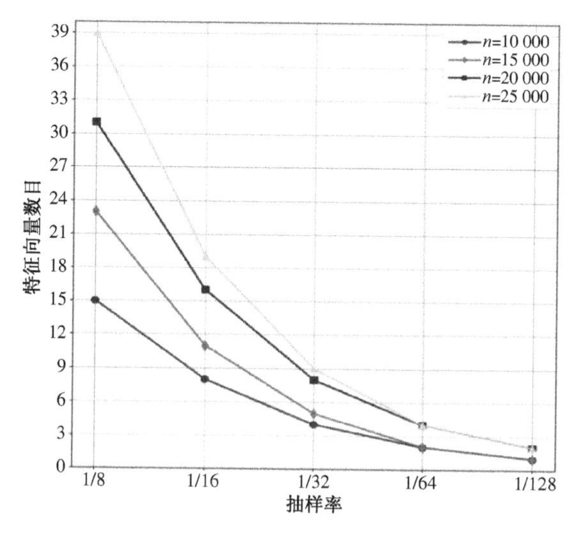

图 2.8　不同长度流在不同抽样率下特征向量的数目

进一步地，使用包数×抽样率（n/p）作为横坐标，特征向量数目 $NoFV$ 作为纵坐标去拟合数据。Python 中的 polyfit 和 poly1d 函数被用于拟合数据，拟合优度达到 99%。图 2.9 绘制了原始值的散点图曲线和拟合曲线。公式 2.1 为拟合的曲线方程。

$$NoFV = 0.0125\frac{n}{p} - 0.306 \qquad \text{公式 2.1}$$

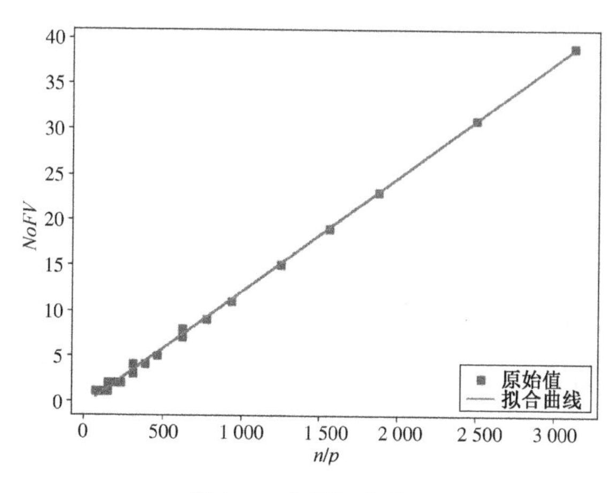

图 2.9　曲线拟合结果

可以发现 n/p 和 $NoFV$ 之间存在线性关系。n 的增加或 p 的减少都可以增加 $NoFV$。因此，当希望检测到更多的短扫描流时，应当提高抽样率。

2.6.4 内存消耗

与其他基于 Sketch 的方法类似，SDS 在经长期使用后，必然会发生许多哈希碰撞，哈希碰撞会对测量结果产生负面影响。因此，当使用 SDS 时，需要将碰撞率限制在一个较低的水平，以达到理想的检测效果。

当两个或更多的长流被映射到同一个桶时，提取的特征向量中很可能包含错误的 *flowkey* 或者是完全不准确的特征。相比之下，短流由于其数据包的数量较少，因此对哈希冲突统计结果的影响较小。因此，必须关注流量中的长流计数（Count of Long Flows，*CLF*）。计算 24 小时 trace B+在不同抽样率下的 *CLF*，结果如表 2.6 所示。

表 2.6　不同抽样率下的 *CLF* 和 *Me*

抽样率	*CLF*	*Me*
1/8	438 057	128 MB
1/16	355 941	128 MB
1/32	238 549	128 MB
1/64	222 380	128 MB

如在第 2.4 节中介绍，SDS 是由一个 d 行 w 列的二维数组桶组成。对于 SDS 中的任何长流，它与其他流发生哈希碰撞的概率可以由公式 2.2 计算得到，其中 P_{hc} 指的是碰撞率，e 指的是自然对数。

$$P_{hc}=\left[1-\left(1-\frac{1}{w}\right)^{CLF-1}\right]^{d}\approx(1-e^{-\frac{CLF}{w}})^{d} \qquad \text{公式 2.2}$$

在 SDS 中，每个桶由四个计数器和两个哈希表组成，共占用 8 个字节。在所有的实验中，将 d 设置为 4。假设最大允许碰撞率为 0.000 1，可以根据公式 2.2 计算 w 的值。但是，由于 w 表示 SDS 中每行的桶数，所以在实际分配中，它被设置为 2 的幂次方。因此，可以使用 $2^{\lceil \log_2 w \rceil}$ 来计算 SDS 中每行的实际桶数。最后，可以得到 SDS 所占用的内存（记为 Me），Me 可以用公式 2.3 计算得到。

$$Me = 2^{\lceil \log_2 w \rceil} \times 4 \times 8 \text{ byte} \quad \text{公式 2.3}$$

表 2.6 为不同抽样率下的 Me。可以看出，在 1/64 的抽样率下，SDS 只需要分配 128 MB 的 Me 就可以监测 24 小时的高速网络流量，且碰撞率不超过 0.000 1。此外，即使设置较高的抽样率 1/8，SDS 所需的 Me 仍然是 128 MB。因此可以得出结论，在处理 24 小时的高速网络流量时，抽样率的增加对 SDS 所需的内存没有明显的影响。

2.6.5　Sketch 的估计准确性

本方法使用相对误差来评估 SDS 的估计精度。虽然碰撞率和相对误差密切相关，但它们并不相同。具体来说，碰撞的严重程度可以通过相对误差的值直观地反映出来。本节中，使用 24 小时的 trace B+进行实验且设置不同的抽样率和内存大小来得到相对误差。

当内存大小固定时，较低的抽样率会导致较高的相对误差。这是因为长流的特征向量数量比其他流的特征向量受采样的影响较小。因此，当抽样率降低时，$|M-m|$ 的减少量小于 m，进而导致相对误差的增加。

此外，如图 2.10 所示，相对误差随着内存的增大而减小。当内存大于或等于 64 MB 时，在所有采样时的相对误差几乎为 0。此外，当内存设置为

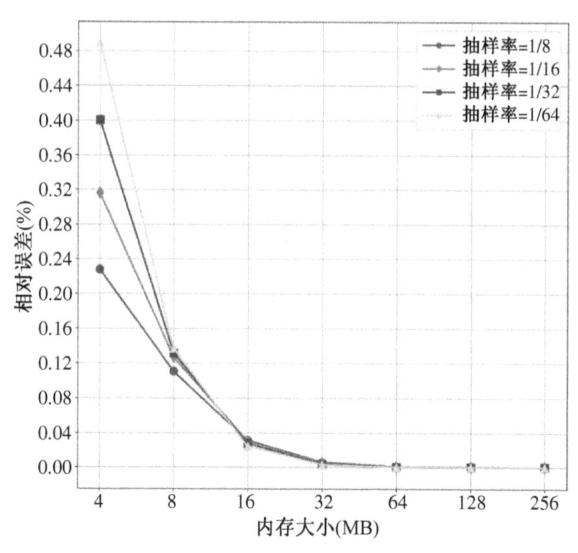

图 2.10　不同内存大小下的相对误差

16 MB时，相对误差小于 0.05%。尽管如此，还是期望相对的误差几乎为 0，因为相对误差的微小增加可能会大大增加误报率。因此，在接下来的实验中，将内存设置为 64 MB，以确保低相对误差和低碰撞率。

2.6.6 抽样率对检测性能的影响

根据图 2.8 和公式 2.1，可以得知抽样率过低会导致无法提取一些短流的特征向量。因此，本实验在四个相对较高的抽样率下评估所提方法的准确性，即 1/8、1/16、1/32 和 1/64。在本实验中，使用 trace B+作为测试集。

从表 2.7 可以观察到，在四个抽样率下，该模型可以检测到生成的所有不同类型的扫描器，这说明本方法可以有效地检测高速网络中的慢速端口扫描攻击。

除了自行生成的扫描器，模型还检测出了背景流量中没有标签的端口扫描器且识别出了它们的具体类型。表 2.7 中展示的 RUS 值反映了模型检测背景流量中扫描器的数量。可以看到背景流量中存在大量的扫描器。对于每一种扫描，RUS 的值随着抽样率的降低减少，这是因为低抽样率会导致一些短流无法触发饱和事件，从而导致 SDS 不会提取这些短流的特征向量，因此模型也就无法检测出它们。

如表 2.7 所示，模型检测 TCP 扫描时没有任何误报，这是因为在构建特征集时，将带有 SYN 标志的进出数据包数量作为特征之一，这相当于过滤了 TCP 流量且只研究握手数据。因此，正常流量很少会被误判为 TCP 扫描流量。此外，实验发现 TCP 垂直扫描的 RUS 为 0，为了探究这一结果，分析了大量的由 MAWI 工作组提供的日常流量统计信息，发现 MAWI 数据集总是包含非常少量的 TCP 垂直扫描器，并且每个扫描器只包含 200～300 个扫描数据包。因此，TCP 垂直扫描的 RUS 为 0 很可能是因为抽样导致这些短流无法被检测到。

表 2.7　不同抽样率下的检测结果

扫描类型	抽样率	RGS	RUS	FP
TCP 水平扫描	1/8	5	306	0
	1/16	5	127	0

（续表）

扫描类型	抽样率	RGS	RUS	FP
TCP 水平扫描	1/32	5	73	0
	1/64	5	46	0
TCP 垂直扫描	1/8	5	0	0
	1/16	5	0	0
	1/32	5	0	0
	1/64	5	0	0
TCP 混合扫描	1/8	5	92	0
	1/16	5	38	0
	1/32	5	20	0
	1/64	5	16	0
UDP 水平扫描	1/8	5	77	0
	1/16	5	50	2
	1/32	5	45	2
	1/64	5	42	5
UDP 垂直扫描	1/8	5	3	0
	1/16	5	2	0
	1/32	5	2	0
	1/64	5	2	0
UDP 混合扫描	1/8	5	37	0
	1/16	5	33	0
	1/32	5	29	0
	1/64	5	26	1

然而，在 UDP 水平扫描和 UDP 混合扫描的检测结果中，仍存在少量的 FP。这些错误的判断是由抽样引起的。对于 UDP 水平扫描，如果主机正在与其他大量的服务器通信，并在 24 小时内访问相同的 UDP 服务，即使主机向每个端口发送多个数据包，采样也会导致目的 IP 分散，目的端口集中。类似地，对于 UDP 混合扫描，如果一个主机在 24 小时之内经常访问其他主机的大量不同服务，抽样会导致目的端口和目的 IP 都分散，从而导致了误报。

幸运的是，这种情况可以通过提高抽样率来缓解，因为在高抽样率下的测量结果可以更准确地反映目的端口和目的 IP 的分散度。

2.6.7 SDS 的处理速度

本章研究的目标应用场景是高速网络，因此 SDS 应当能够有实时处理高速网络流量的能力。为了评估 SDS 处理高速网络流量的速度，测量了 SDS 处理 24 小时的 trace B+的速率，即 SDS 每秒处理的数据包数量，以 Mpps 为单位。另外还测量了 SDS 的比特率，即 SDS 每秒处理的数据字节数，以 Gbps 为单位。

图 2.11(a)展示了 SDS 在不同抽样率下的数据包处理速率。数据包处理速率随着抽样率的降低而升高。当抽样率设置为 1/64 时，数据包处理速率可以达到 10 Mpps。这意味着当抽样率设置为 1/64 时，SDS 只需要花费 0.45 个小时便可以处理持续时间为 24 小时的高速网络流量。

图 2.11(b)展示了 SDS 在不同抽样率下的数据处理速率。如图所示，随着抽样率的降低，数据处理速率继续增加。当抽样率设置为 1/64 时，数据处理速率达到 96.3 Gbps。此外，即使抽样率设置为 1/8，数据处理速率也可以达到 26.1 Gbps。因此，SDS 可以应用于高速网络中并实现实时流量处理。

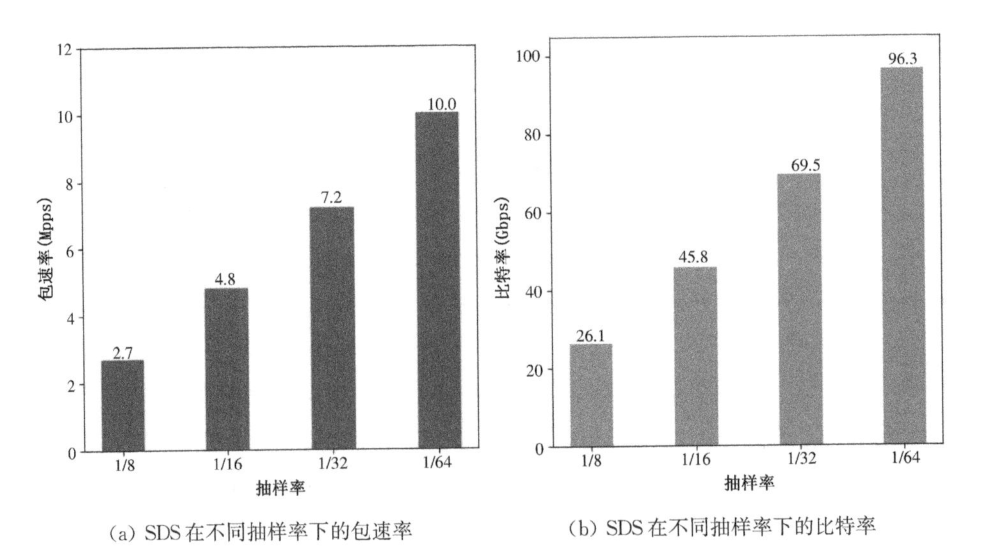

(a) SDS 在不同抽样率下的包速率

(b) SDS 在不同抽样率下的比特率

图 2.11 SDS 的处理速度

2.6.8　SDS 长时间监控网络流量的能力

由于慢速端口扫描的探测间隔较长，一次完整的慢速端口扫描可能会持续几天甚至几十天。而 Sketch 作为一种固定大小的数据结构，在使用一段时间后需要清空，否则其中的哈希冲突会严重影响检测结果。因此，SDS 需要具备长时间监控网络流量的能力。为了评估 SDS 监控高速网络流量的时长，计算了 SDS 在不同抽样率和不同内存下可以连续使用的时间。

假设最大的可接受哈希冲突率为 0.000 1，首先根据公式 2.2 可以计算出 SDS 在不同 w 下可以处理的长流数量 CLF_m。接着，用 $\frac{CLF_m}{CLF}$ 可以计算出 SDS 在不清空的情况下可以持续监控网络流量的时间（记作 T_m）。由于表 2.8 中 CLF 使用的是 24 小时的 trace B+的结果，因此 T_m 的单位为天。

表 2.8　不同内存下 SDS 可以持续监控网络流量的时长

抽样率	w	Me(MB)	CLF_m	T_m(天)
1/8	2^{22}	128	442 080	1.01
	2^{23}	256	884 159	2.02
	2^{25}	1 024	3 536 637	8.07
	2^{27}	4 096	14 146 549	32.29
1/16	2^{22}	128	442 080	1.24
	2^{23}	256	884 159	2.48
	2^{25}	1 024	3 536 637	9.94
	2^{27}	4 096	14 146 549	39.74
1/32	2^{22}	128	442 080	1.85
	2^{23}	256	884 159	3.71
	2^{25}	1 024	3 536 637	14.83
	2^{27}	4 096	14 146 549	59.30
1/64	2^{22}	128	442 080	1.99
	2^{23}	256	884 159	3.98
	2^{25}	1 024	3 536 637	15.90
	2^{27}	4 096	14 146 549	63.61

表 2.8 展示了在相同的抽样率下，Me 越大，T_m 越大。这是因为内存越大，SDS 中发生冲突的概率就越小，因此 SDS 可以监控更长时间的流量。当抽样率设置为 1/64 时，SDS 只需要 4 096 MB 的内存便可以持续监控超过 60 天的高速网络流量且期间不需要清空。尽管 4 096 MB 的内存相对较大，但是考虑到如今硬件的开销较低，所以当有必要监测主干网网络端口扫描事件时，这个内存开销是可接受的。

事实上，只要 Me 足够大，SDS 可以被部署在高速网络中去检测持续更长时间的流量，这是因为 SDS 在提取特征向量之后会被回收利用。因此，所提方法可以检测持续时间较长的慢速端口扫描。

2.7 本章小结

本章介绍了一种高速网络中慢速端口扫描检测方法。首先，基于端口扫描的特点，本方法选取了若干个流量特征，这些特征不受扫描速率和抽样的影响；接着根据所选特征，设计了扫描检测 Sketch（SDS）用于流量特征的快速提取；然后，利用随机森林算法训练机器学习模型。在实际应用时，待检测流量根据预设的抽样率进行抽样，抽样后流量的特征由 Sketch 提取，接着将提取出的特征输入机器学习模型进行检测，但是，由于一个 IP 地址可能对应着多条特征向量，因此模型输出的可疑 IP 列表并不直接被认定为扫描器，这些可疑 IP 需要按照规则过滤之后方可得到最终报告的扫描器 IP 列表。实验结果表明该方法能够以可接受的内存消耗检测持续时间超过 60 天的慢速端口扫描。

第 3 章

高速网络中 DDoS 攻击检测

3.1 DDoS 泛洪攻击

分布式拒绝服务(Distributed Denial of Service, DDoS)攻击是一种针对网络系统的恶意攻击方式,攻击者通过控制大量分布在不同地理位置的僵尸主机,利用网络协议的漏洞或缺陷,向同一目标系统连续发送海量网络数据,以耗尽其网络带宽、服务器系统资源和应用资源,从而造成服务的瘫痪。其中,DDoS 泛洪攻击最为常见,攻击者通过向目标系统发送大量数据,使其资源被淹没,无法为用户提供正常的服务,UDP Flood 攻击和 SYN Flood 攻击是典型的泛洪攻击手段。

3.1.1 UDP Flood 攻击

UDP Flood 是一种常见的 DDoS 攻击手段,攻击者会向受害者的指定端口发送大量 UDP 数据报,以压倒设备的处理和响应能力,最终导致服务瘫痪。攻击者通过向僵尸主机网络发送攻击指令，控制其向受害者发动攻击。正常情况下，服务器会检查端口是否打开，是否有网络应用在监听请求，如果有则将UDP数据报转交给网络应用进行处理响应，但当大量UDP数据报涌入时，目标设备的系统资源很快被耗尽，从而导致服务失效。如果该端口没有运行的网络应用，服务器则会发送ICMP分组进行响应，以通知发送方目的端口不可达。在服务过程中，服务器需要使用CPU、内存等大量系统资源，用于检查并响应每个接收到的UDP数据报，当UDP Flood攻击发生时，大量的UDP数据报涌入，使得目标的资源很快耗尽，最终导致服务瘫痪。

攻击者通常还会使用IP欺骗技术，使用虚假的源IP地址作为UDP数据报的源地址，以避免暴露僵尸网络等设备的实际位置，同时也可以避免受害服务器返回的大量响应分组对攻击者产生影响。在UDP Flood攻击中，攻击者也会使用多种方法来增强攻击效果，例如使用分布式的攻击方式、针对不同的端口进行攻击等。

3.1.2　SYN Flood攻击

SYN Flood攻击属于网络层的攻击。SYN Flood攻击的原理为攻击者控制僵尸网络向目标主机发送大量伪造的TCP连接请求，使其无法正常处理合法的连接请求，从而导致拒绝服务(Denial of Service, DoS)的攻击。

SYN Flood攻击利用了TCP协议中通过三次握手来建立连接的过程。TCP连接的建立需要三次握手，即客户端发送SYN报文到服务器，服务器回复SYN+ACK报文，客户端再回复ACK报文，建立连接。在SYN Flood攻击中，攻击者会发送大量经过源IP地址伪造的SYN报文给目标主机，目标主机会为每个SYN报文回复一个SYN+ACK报文，同时消耗资源维护此半连接状态[19]。但由于伪造的SYN报文并不是真正的请求，攻击者并不会回复ACK报文，或者这些伪造的IP地址和端口号通常都是不存在的或已经关闭的主机和端口，从而导致目标主机在等待ACK报文时占用大量资源，伪造的IP地址也使得攻击者很难被追踪和阻止。SYN Flood攻击的危害主要表现为拒绝服务，攻击者通过向目标主机发送大量的伪造TCP连接请求，使目标主机无法处理正常的连接请求，导致网络服务的瘫痪。在实际

应用中，SYN Flood 攻击往往会导致服务不可用或者响应延迟，严重影响网络的稳定性和可靠性。

3.2 DDoS 攻击中的 IP 地址欺骗

IP 地址欺骗技术[20]，又称 IP 伪装或 IP 伪造，是一种网络攻击技术，旨在掩盖攻击者真实 IP 地址，目的要么是隐藏发送方的身份，要么是冒充其他计算机系统，或者两者兼具，伪装成其他合法 IP 地址以进行网络攻击或绕过某些网络安全措施，IP 欺骗示意图如图 3.1 所示。该技术可以被用于多种恶意行为，如拒绝服务攻击、网络钓鱼、恶意软件传播等。常见形式包含局域网欺骗（ARP 欺骗[21]），随机 IP 欺骗，反向代理欺骗等。其中随机 IP 欺骗被 DDoS 泛洪攻击广泛使用，攻击者通过使用大量虚假 IP 地址，向目标服务器发送请求，达到干扰或拒绝服务的目的，这些 IP 地址可以是随机生成的，也可以是从某个 IP 地址池中随机选取的。攻击者通过随机化这些 IP 地址，可以使攻击更加难以被检测和追踪，它们的 IP 地址也会不断变化，从而使目标难以确定攻击来源的真实 IP 地址。

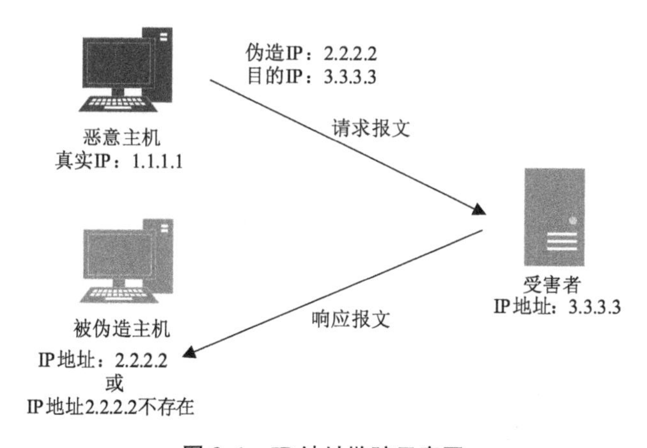

图 3.1　IP 地址欺骗示意图

攻击者可以使用多种方式来实现 IP 地址伪造，其中包括但不限于以下几种：

（1）程序生成随机 IP 地址：攻击者可以使用程序生成大量的随机 IP 地址。这些 IP 地址不仅要满足合法 IP 地址的格式要求，还要具有一定的分布特征，以增加攻击的成功率。

（2）使用代理服务器：攻击者可以使用代理服务器，将自己的真实 IP 地址隐藏起来，并伪装成代理服务器的 IP 地址，从而达到欺骗的目的。攻击者可以使用多个代理服务器，以增加攻击的隐蔽性和匿名性。代理服务器有匿名代理、透明代理等不同类型，匿名代理是比较难以被追踪的，而透明代理则容易被发现和防御。

（3）利用僵尸网络[22]：僵尸网络是指攻击者通过利用感染的计算机形成的网络，从而实现对目标计算机或网络的攻击。攻击者通过一系列手段，如利用漏洞、恶意软件等方式，将自己的恶意代码植入受害者计算机中，从而控制这些计算机，形成一个由被感染的计算机构成的僵尸网络，攻击者利用这些僵尸计算机来发送 IP 地址欺骗请求。

3.3 DDoS 攻击检测方法

对于高速网络中的 DDoS 攻击检测需要面对以下问题。首先，由于高速网络中网络带宽大，流量传输速率快，在高速网络中进行 DDoS 攻击检测需要解决海量数据的存储和处理问题。其次，现有的 DDoS 攻击检测方法通常使用源 IP 地址和目的 IP 地址来标识流量，但由于 DDoS 攻击中 IP 欺骗的存在，使用虚假的源 IP 地址会影响后续的防御工作；而使用目的 IP 地址作为检测粒度也存在问题，会导致后续防御过程只能实现粗粒度防御，需要针对到达受害者 IP 地址的所有相关流量采取防御措施，从而对正常应用流量的影响较大。最后，虽然 IP 回溯技术已经被提出，用于试图解决 DDoS 攻击中的 IP 欺骗问题，但该技术在实际应用中仍存在许多问题，例如需要改变现有协议和依赖大量基础设施支持等，从而缺乏实用性。综上，当前高速网络

中的DDoS攻击检测方法在面对DDoS攻击尤其是具有IP欺骗的DDoS攻击时实用性会下降。因此，针对上述问题，需要设计一种可以应用于高速网络中不受IP欺骗影响，且具有实用性的DDoS攻击检测方法。

3.3.1 总体框架

本章设计了一种高速网络中面向IP欺骗DDoS攻击的检测方法。首先，本方法使用了流量抽样技术和Sketch技术来解决高速网络中的海量数据存储与处理问题。其次，本方法使用上层路由器接口MAC地址和目的IP地址组成的MacIp地址对(upper layer router interface MAC address and destination IP address, MacIp)，以MacIp地址对作为检测粒度，在检测中没有使用源IP地址，避免了IP欺骗的影响。最后，本方法是一种位于网络中间位置的DDoS攻击检测方法，可以部署在高速网络边界。当检测到DDoS攻击后，本方法以MacIp地址对来标识攻击流量，相比以目的IP地址作为检测粒度，可以实现更细粒度的检测。

高速网络中面向IP欺骗DDoS攻击的检测方法总体分为离线训练阶段和在线检测阶段。在离线训练阶段，需要对攻击流量分类器进行训练。对公开数据集的流量数据进行系统抽样后，经由Sketch技术以MacIp地址对作为流标识统计流量相关特征，并进一步计算流量速度等特征。随后对流量特征进行标记后，使用有监督的机器学习算法，采用已标记特征对攻击分类器进行训练；在在线检测阶段，用训练好的流量分类器对高速网络流量进行检测。对高速网络流量进行系统抽样，使用Sketch技术以MacIp地址对作为流标识统计流量特征，将特征输入训练好的攻击分类器，分类后将攻击流量MacIp地址对加入告警列表。方法总体流程示意图如图3.2所示。

3.3.2 攻击特征选择

DDoS攻击流量特征的选择与分类器的分类效能直接相关，进而影响DDoS攻击的检测效果。为了实时检测高速网络中的DDoS泛洪攻击流量，需要快速提取流量的实时特征，并且特征数量需要尽量少，以降低DDoS泛洪攻击检测过程中的计算量，提高检测效率。本节针对DDoS泛洪攻击的特

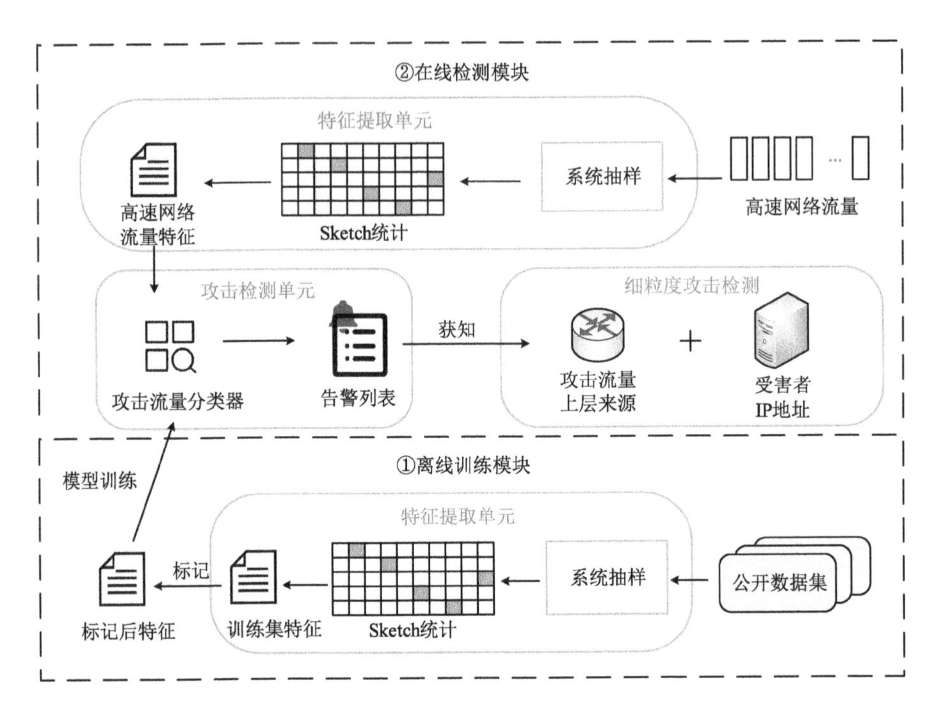

图 3.2 高速网络中面向 IP 欺骗 DDoS 攻击的检测方法总体流程示意图

点，选取了用于检测的相关特征，表 3.1 中列出了这些特征以及对应描述。在本节中将详细说明各个特征及其选择原因。

表 3.1 DDoS 泛洪攻击选取特征

DDoS 攻击类型	特征名	特征获取方式	描述
TCP SYN Flood	*S_P_TCP*	计数器统计	TCP 报文发送数量
	R_P_TCP	计数器统计	TCP 报文接收数量
	S_P0_TCP	计数器统计	不携带负载的 TCP 报文发送数量
	R_P0_TCP	计数器统计	不携带负载的 TCP 报文接收数量
	S_SYN	计数器统计	含 SYN 标志的 TCP 报文发送数量
	R_SYN	计数器统计	含 SYN 标志的 TCP 报文接收数量
	S_Spd_TCP	经由计算	TCP 报文发送速率
	R_Spd_TCP	经由计算	TCP 报文接收速率
	S_Hash_TCP	经由计算	TCP 报文发送方端址分布
	R_Hash_TCP	经由计算	TCP 报文接收方端址分布

（续表）

DDoS攻击类型	特征名	特征获取方式	描述
UDP Flood	S_P_UDP	计数器统计	UDP数据报发送数量
	R_P_UDP	计数器统计	UDP数据报接收数量
	S_Spd_UDP	经由计算	UDP数据报发送速率
	R_Spd_UDP	经由计算	UDP数据报接收速率
	S_Hash_UDP	经由计算	UDP数据报发送方端址分布
	R_Hash_UDP	经由计算	UDP数据报接收方端址分布

3.3.3　流量的不对称性

流量的不对称性是研究人员广泛使用的DDoS泛洪攻击特征之一，流量的不对称性是指在网络通信中，发送方和接收方之间的数据包数量存在不平衡的情况。在DDoS泛洪攻击中，攻击者会利用大量的僵尸主机向受害者发起攻击，这些僵尸主机通过不同的IP地址和端口向受害者发送数据包，从而产生了DDoS攻击流量的不对称性现象。在这种情况下，攻击者向受害者发送了极大数量的攻击数据包，使得受害者接收到的数据包数量远远多于发送的数据包数量。因此我们对于TCP SYN Flood的检测采用了TCP报文发送数量 S_P_TCP 和TCP报文接收数量 R_P_TCP 作为特征，对于UDP Flood的检测采用了UDP数据报发送数量 S_P_UDP 和UDP数据报接收数量 R_P_UDP 作为特征。

TCP SYN Flood是利用TCP连接三次握手的机制发起的DDoS攻击。在正常的TCP连接的三次握手的过程中，第一次握手服务器会收到携带SYN标志的报文，第二次握手服务器发出同时携带SYN标志与ACK标志的报文进行响应，只有这前两次握手报文是不携带负载且携带SYN标志的，因此在正常的TCP连接过程中，服务器收到和发出不携带负载的报文数量应该相等，服务器收到和发出的含SYN标志的TCP报文数量也相等。

然而当TCP SYN Flood发生时，攻击者控制大量僵尸主机向服务器发送大量具有IP欺骗的TCP连接握手SYN报文，服务器会向伪造的IP地址发送SYN/ACK报文作为响应，然而这些伪造的IP地址或者不存在，或者由于并没有主动向服务器发起连接请求而拒绝返回 ACK 响应，此时服务器会一直等待响应直到 TCP 连接超时。而当大量具有 IP 欺骗的 SYN 报文涌入服务器，就会产生大量的等待响应的 TCP 半连接，最终导致服务器的 TCP 半连接队列被占满而无法处理新的连接请求，实现 DDoS 攻击的效果。因此，本章选择了不携带负载的 TCP 报文发送数量 S_P0_TCP、不携带负载的 TCP 报文接收数量 R_P0_TCP、含 SYN 标志的 TCP 报文发送数量 S_SYN、含 SYN 标志的 TCP 报文接收数量 R_SYN 作为特征。

3.3.4 报文速率

报文速率指的是单位时间内主机发送或接收报文的数量，由于 DDoS 泛洪攻击流量的爆炸性和高度集中的特点，DDoS 泛洪攻击的报文速率也会呈现出非常高的值。这是由于攻击者会利用大量的僵尸主机向受害者发起攻击，使得受害者收到报文的速率远远超过其正常的处理能力，以达到攻击目的。因此，报文速率也被本章选取作为检测 DDoS 泛洪攻击的特征。本章选择了 TCP 报文发送速率 S_Spd_TCP 和 TCP 报文接收速率 R_Spd_TCP 作为检测 TCP SYN Flood 的特征，选择了 UDP 数据报发送速率 S_Spd_UDP 和 UDP 数据报接收速率 R_Spd_UDP 作为检测 UDP Flood 的特征。

TCP 和 UDP 协议下报文速率特征值分别由公式 3.1 和公式 3.2 计算得到，其中 t_2 和 t_1 分别表示两次特征提取的执行时间，f 表示抽样率，S_P_TCP 与 R_P_TCP 分别为时间间隔内 TCP 报文的发送和接收数量，S_P_UDP 与 R_P_UDP 分别为时间间隔内 UDP 报文的发送和接收数量。

$$\begin{cases} S\_Spd\_TCP = \dfrac{S\_P\_TCP}{(t_2 - t_1) * f} \\ R\_Spd\_TCP = \dfrac{R\_P\_TCP}{(t_2 - t_1) * f} \end{cases} \qquad \text{公式 3.1}$$

$$\begin{cases} S\_Spd\_UDP = \dfrac{S\_P\_UDP}{(t_2 - t_1) * f} \\ R\_Spd\_UDP = \dfrac{R\_P\_UDP}{(t_2 - t_1) * f} \end{cases} \qquad \text{公式 3.2}$$

3.3.5　端址分布

端址分布情况也是 DDoS 泛洪攻击的重要特征，端址分布指的是主机 IP 地址和端口号组成的二元组（IP，$Port$）的分布情况。在 DDoS 泛洪攻击中，攻击者通过控制大量不同 IP 地址的僵尸主机使用多个端口向受害者发送攻击分组，这使得源端与目的端的端址分布在攻击时具有不对称性。通常情况下，在服务器网络边界部署的防火墙上，设置了将前往服务器非服务端口的流量进行拦截的安全策略。为了规避防火墙的安全策略，攻击者通常会将目的 IP 地址设置为受害者使用的 IP 地址，目的端口号设置为受害者的服务端口。此外，攻击分组采用随机源 IP 地址和源端口号，以模仿多个合法用户与服务器进行交互，避免使用单一的源 IP 地址和源端口号被防火墙发现并阻拦。

在 DDoS 泛洪攻击发生时，攻击者使用的端址分布通常是分布广泛的，而受害者的端址分布则是集中的，如图 3.3 所示。因此，端址分布可用作 DDoS 泛洪攻击的检测特征。在本章中，源端和目的端的端址分布都被选择作为检测 DDoS 泛洪攻击的特征。本章选择了 TCP 报文发送方端址分布 S_Hash_TCP 和 TCP 报文接收方端址分布 R_Hash_TCP 作为检测 TCP SYN Flood 的特征，选择 UDP 数据报发送方端址分布 S_Hash_UDP 和 UDP 数据报接收方端址分布 R_Hash_UDP 作为检测 UDP Flood 的特征。

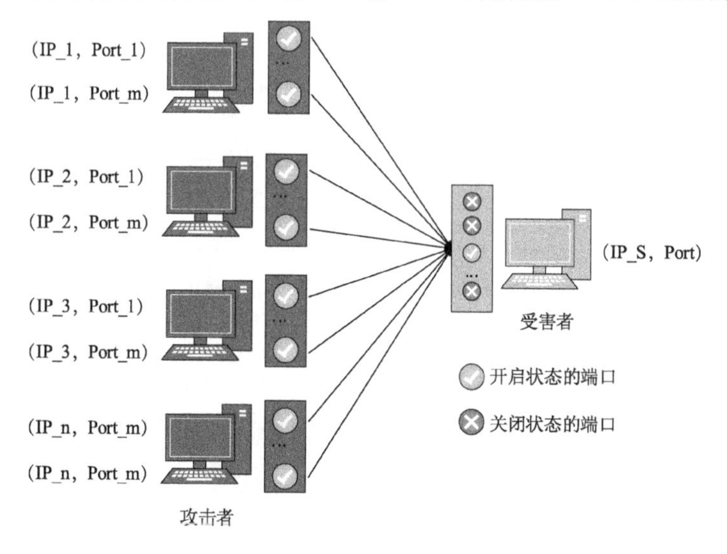

图 3.3　DDoS 泛洪攻击下端址分布示意图

本章使用了一个哈希表来实现对端址情况的统计，使用哈希函数来更新哈希表。哈希表用于统计端址分布情况，其中哈希表中每一个单元对应一个端址，值为 0 表示端址未使用，值为 1 表示端址已使用。由于 SHA-1 函数具有强抗碰撞性，不同的端址将映射到哈希表的不同单元，因此哈希表中 1 的分布能够清楚地反映出端址的分布情况，使用端址分散程度 D 来描述端址的分布情况，根据公式 3.3 进行计算，其中 H_s 表示长度为 l 的哈希表。D 值越高表示端址分布越分散，D 值越小表示端址分布越集中。

$$D=\sum_{i=1}^{l}H_s[i] \quad \text{公式 3.3}$$

图 3.4 展示了使用哈希表进行端址分布情况的更新过程，当一个分组 X 到来时，我们使用哈希函数将提取的二元组（$srcIP$，$srcPort$）作为 X 的端口密钥 $port\_key$ 进行哈希，得到 32 位的哈希值 $H(port\_key\ (X))$。我们把 $H(port_key\ (X))$的前四位二进制数取出来，得到一个 0 至 15 之间的值，并把哈希表中相应位置的值设置为 1。如果相应位置已经是 1，则不会改变。本章使用“位”来存储端址对应的数据状态，而不存储端址本身，因此可以大幅节约内存的使用。

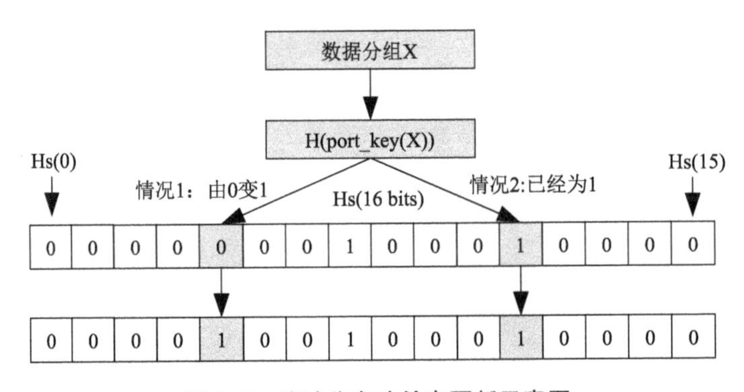

图 3.4　端址分布哈希表更新示意图

同时本章对填满哈希表所需要的不同端址个数进行了统计，结果如图 3.5 所示，可以发现填满 16 位哈希表所需的不同端址平均个数为 54 个，并且本章也选择了两个公共数据集，正常流量数据集 MAWI 和攻击数据集 CIC-DDoS2019 进行测试，正常流量无法将哈希表填满，而攻击数据集发送

方的不同端址个数可以轻易达到 54 个,因此可以将端址分散程度作为检测 DDoS 攻击的特征之一。

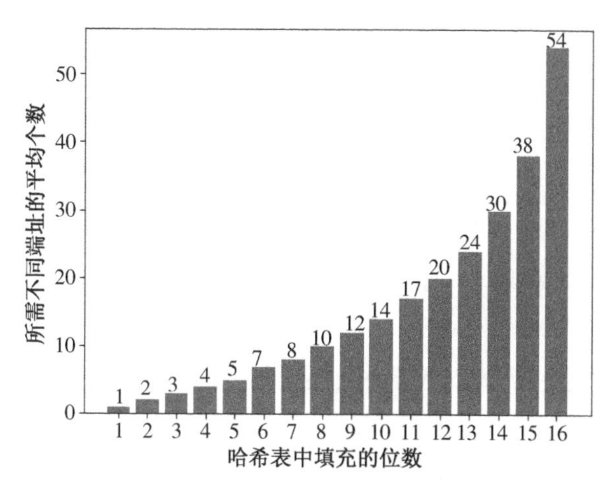

图 3.5 填充哈希表不同位数所需的不同端址个数

3.4 基于 Sketch 的 DDoS 攻击特征统计方法

在高速网络中,流量的带宽高、传输速率快、数量庞大,直接对高速网络中的海量流量进行特征统计和提取将会带来极大的计算开销从而影响检测速率,另一方面高速网络会带来极大的内存压力,路由器等基础设施上内存有限,并不能存储所有的流量特征数据。因此,解决高速网络中海量流量特征数据快速统计和提取的问题是至关重要的。

Sketch 是一种基于哈希表实现的数据结构,可在有限的内存空间中实时存储流量特征信息,因此在高速网络环境中被广泛应用。Count-Min Sketch[8]是一种经典的 Sketch 结构,它的本质是一个二维数组,每一行都设置了一个对应的哈希函数,每个单元都是一个计数桶。当一个网络流($flowkey$, $value$)到达时,对于每一行的哈希函数,都会计算 $flowkey$ 在该行对应的哈希值,以寻找 $value$ 的存储位置,然后将 $value$ 存入该行对应的位置。然而，由于不同的 *flowkey* 可能会计算出相同的哈希值，从而导致哈希冲突，即不同的 *value* 存储在同一个计数桶中。为了减小哈希冲突对测量精度的影响，Count-Min Sketch 通过设置多个哈希函数，试图将同一个 *flowkey* 对应的 value 分散在不同行的计数桶中，在提取 *value* 时，使用所有计数桶中的最小值作为测量值来增强精度，本方法基于 Count-Min Sketch 算法，将多个计数器放入每个计数桶中，以便快速提取高速网络流量的多种特征。

本研究提出了一种基于 Sketch 的 DDoS 攻击特征统计方法，使用以上层路由器接口 MAC 地址和目的 IP 地址组成的 MacIp 地址对（upper layer router interface MAC address and destination IP address，MacIp）作为 Sketch 中的 *flowkey*，并对 MacIp 地址对的各项特征进行统计和分析，以作为后续检测 DDoS 攻击的基础。本方法不使用源 IP 地址作为流的标识，避免了 IP 欺骗对 DDoS 攻击检测的影响，同时使用 MacIp 地址对可实现对 DDoS 攻击的细粒度检测。

3.4.1 Sketch 结构说明

本章在 Sketch 结构中的每一计数桶内放置多个计数器来统计和提取多个特征，以 MacIp 地址对作为 Sketch 的 *flowkey*，具体结构如图 3.6 所示。本方法根据流的协议设计了 TCP 计数桶和 UDP 计数桶，以用于处理 UDP Flood 攻击流量和 TCP SYN Flood 攻击流量，在使用时根据数据使用 UDP 或 TCP 协议来选择计数桶。

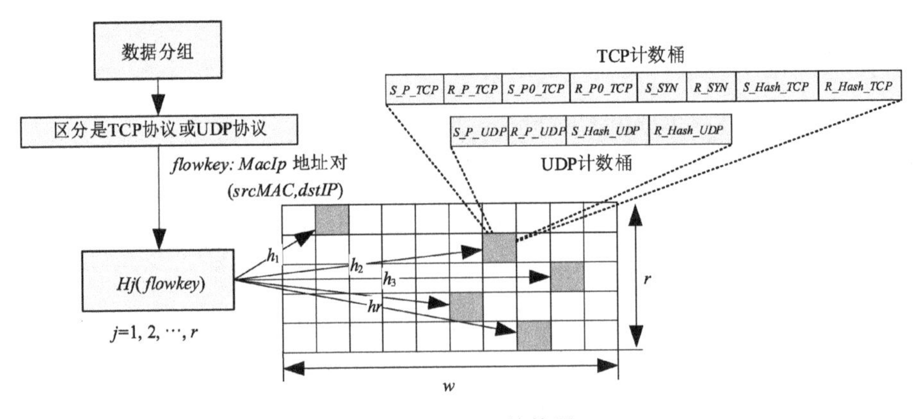

图 3.6 Sketch 结构图

如图 3.6 所示，Sketch 结构有 r 行，每行有 w 个桶，$B(i, j)$表示第 i 列，第 j 行的桶，其中 $1 \leqslant i \leqslant w$，$1 \leqslant j \leqslant r$。另外，TCP 计数桶由 6 个计数器和两个哈希表构成，用于统计和提取处理 TCP 流量特征数据。UDP 计数桶由 2 个计数器和两个哈希表构成，用于统计和处理 UDP 流量特征数据。

表 3.2 详细展示了 TCP 和 UDP 的计数桶构成。

表 3.2　TCP 计数桶与 UDP 计数桶构成

特征	类型	描述	大小	计数桶类别
S_P_TCP	计数器	TCP 报文发送数量	1 Bytes	TCP 计数桶
R_P_TCP	计数器	TCP 报文接收数量	1 Bytes	
S_P0_TCP	计数器	不携带负载的 TCP 报文发送数量	1 Bytes	
R_P0_TCP	计数器	不携带负载的 TCPf 报文接收数量	1 Bytes	
S_SYN	计数器	含 SYN 标志的 TCP 报文发送数量	1 Bytes	
R_SYN	计数器	含 SYN 标志的 TCP 报文接收数量	1 Bytes	
S_Hash_TCP	哈希表	统计 TCP 报文发送方端址分布	2 Bytes	
R_Hash_TCP	哈希表	统计 TCP 报文接收方端址分布	2 Bytes	
S_P_UDP	计数器	UDP 数据报发送数量	1 Bytes	UDP 计数桶
R_P_UDP	计数器	UDP 数据报接收数量	1 Bytes	
S_Hash_UDP	哈希表	统计 UDP 数据报发送方端址分布	2 Bytes	
R_Hash_UDP	哈希表	统计 UDP 数据报接收方端址分布	2 Bytes	

为了减少使用多个哈希函数所带来的计算开销，本章在 Sketch 中采用高性能哈希函数 FarmHash[23] 实现对 *flowkey* 的哈希操作，它具有快速解析和散列查找的特点。哈希函数生成的 n 位哈希值将被拆分成 r 个部分，每个部分都表示一个长度为 $\left[\frac{n}{r}\right]$ 的地址，将其表示为 $H_j (j=1, 2, \cdots, r)$，它们会映射到第 j 行中对应的计数桶位置。对分组的映射过程如图 3.6 所示，当一个分组抵达时，首先区分是 TCP 协议报文段还是 UDP 协议数据报，其次根据它的源 MAC 地址与目的 IP 地址组成 MacIp 地址对作为它的 *flowkey*，随后使用哈希函数对 *flowkey* 进行哈希并分为 r 份，最后根据 H_j

映射到 Sketch 每一行的一个计数桶中。

3.4.2 特征统计函数

本章使用特征统计函数来对 Sketch 中设定好的计数器进行数值更新从而实现特征统计，该函数首先将输入的分组提取出 MacIp 地址对作为 *flowkey*，随后对 *flowkey* 进行哈希并映射到相应位置的计数桶。然后根据该分组的特征值 *value* 对计数桶中的计数器和哈希表进行更新。对于计数器的更新值可以是个数，也可以是分组的字节大小，取决于计数方式（分组数目计数或字节计数）。算法 3.1 详细地描述了特征统计函数的执行过程。

算法 3.1　特征统计函数

输入：分组 x，Sketch 长度 w，宽度 r，Sketch 桶 B，特征值 value
　　$MacIp(x)$为分组的 *flowkey*，$Port_key(x)$为桶内哈希表映射键
输出：无
1：Initialize all buckets zeros //桶内计数器初始化为 0
2：**function** Insert($MacIp(x)$, value) //插入操作
3：　H(x) ← Farmhash($MacIp(x)$)//对 MacIp 地址对进行哈希
4：　Divide H(x) to Hj(x)(1 <= j <= r);//分为 r 份
5：　Add B[j][Hj(x)]. counters;//对应桶位置计数器更新
6：　P ←Hash($port\_key(x)$)//映射桶内哈希表位置
7：　B[j][Hj(x)]. Hs. P ← 1//哈希表对应位置改为 1
8：**end function**

算法在第 1 行对各桶内计数器进行初始化。算法第 2—8 行是插入操作，在第 3 行以 MacIp 地址对作为 *flowkey* 进行哈希，然后在第 4 行将得到的哈希值分为 r 份，在第 5 行进行映射并将桶内响应计数器进行更新，在第 6 行对进行桶内哈希表的映射，第 7 行对桶内哈希表的对应位置改为 1。

3.4.3 特征提取函数

本章使用特征提取函数来对 Sketch 中计数桶中的值进行提取，并进行计算得到速率等特征，最后函数返回由 *flowkey* 与特征值组成的复合特征向量，用于构建流量特征集。

特征提取函数执行的条件是统计饱和事件的发生。如果 *flowkey* 映射

到一个计数桶的分组数量超过饱和阈值 λ，即认为这个计数桶是饱和的。当与 *flowkey* 关联的 *d* 个计数桶饱和时，就会产生饱和事件触发特征提取函数。在函数最后返回复合特征向量前，所有与 *flowkey* 对应的计数桶内，计数器都会被减去被提取的值，Hash 表则会被清空，以便后续使用。算法 3.2 展示了特征提取函数的完整执行过程。

算法 3.2　特征提取函数

输入：分组 x，Sketch 长度 w，宽度 r，阈值 λ，分组数量 N，Sketch 桶 B
　　　MacIp (x)为分组的 *flowkey*，*port_key*(x)为桶内哈希表映射键
输出：复合特征向量 Feature(*MacIp* (x))

```
1:  function Query(MacIp (x)) //查询操作
2:      B_min ← min(B[j][Hj(x)])(1 <= j <= r)//统计各行计数器最小值
3:      return B_min
4:  end function
5:  function Extraction(MacIp (x))//特征提取操作
6:    if N > λ then
7:      Query (MacIp (x));//执行查询操作
8:      Calculate R_spd, S_spd based on (3-1) and (3-2);
9:      Calculate D based on (3-3);
10:      Feature(MacIp (x))←Query (MacIp (x))+R_spd+S_spd+D;
11:      for j = 1 to r do
12:          Clear B[j][Hj(x))];//桶内计数器被减去提取出的值,哈希表被清空
13:      end for
14:      return Feature(MacIp (x))//返回复合流量特征向量
15:    end if
16: end function
```

算法第 1—4 行是查询操作函数，返回计数器内统计值。第 2 行获取 MacIp 地址对在各行计数桶中的最小值，第 3 行将最小值返回。算法第 5—16 行是特征提取操作函数，在第 6 行判断是否分组个数 N 到达饱和阈值 λ，如果达到则在第 7 行执行 MacIp 地址对查询操作，并在第 8 行对速度特征进行计算，在第 9 行计算端址分布，在第 10 行将各项特征赋值给复合特征向量，在 11—13 行将进行过查询操作的 MacIp 地址对各行计数桶内计数器减去提取出的值，哈希表清空，最后在第 14 行返回复合特征向量实现了特征提取。

3.5 DDoS 攻击检测的两个阶段

在获取到高速网络流量特征后，为了实现在高速网络环境下快速高效地检测 DDoS 泛洪攻击，本章使用有监督的机器学习算法离线训练流量分类器，通过训练好的流量分类器实现高速网络流量分类，实现对 DDoS 攻击流量的检测。分类器包括 TCP 流量分类器与 UDP 流量分类器，针对 TCP 流量，使用 TCP 流量分类器检测 SYN Flood 攻击；针对 UDP 流量，使用 UDP 流量分类器检测 UDP Flood 攻击。

由于本方法采用 MacIp 地址对作为 $flowkey$，并且复合特征向量中包含 $flowkey$，因此当分类器检测到 DDoS 攻击时，可以很容易地从 $flowkey$ 中获得发生攻击的 MacIp 地址对。并且，本方法不需要额外存储 MacIp 地址对，因为只有在饱和事件发生时才进行提取复合特征向量的操作。这种机制一方面有利于节省存储开销，另一方面有利于在高速网络环境下进行实时的 DDoS 攻击检测。

检测方法总体分为离线训练阶段和在线检测阶段。在离线训练阶段是对流量分类器进行训练。通过对公开数据集的流量数据进行系统抽样后，经由 Sketch 技术，以 MacIp 地址对作为 $flowkey$ 提取得到复合特征向量，随后对特征向量进行标记，并使用已标记特征对攻击分类器进行训练，使用有监督机器学习算法如随机森林算法、决策树算法基于带有标签的训练集进行模型训练得到攻击流量分类器；在在线检测阶段对高速网络流量进行实时检测，同样经由系统抽样和 Sketch 技术获得高速流量特征向量，通过攻击分类器分类后将攻击流量 MacIp 地址对加入告警列表，然后输出检测到攻击流量的 MacIp 地址对的警报列表。最后在告警列表中的 MacIp 地址对中，以源 MAC 地址确认攻击流量的上层来源，通过目的 IP 地址确认受害主机。

3.6 部署环境

本方法可以被部署在互联网自治域边界，如图 3.7 所示。外部网络的高速网络流量通过部署位置后进入受保护网络。当发生 IP 欺骗的 DDoS 泛洪攻击时，检测方法即会返回一个包含攻击流量 MacIp 地址对的警报列表，通过源 MAC 地址发现攻击流量的来源路由器，通过目的 IP 地址发现受害主机。即使 DDoS 攻击流有 IP 欺骗，攻击流经过的路径，包括源 MAC 地址和目的 IP 地址，都是真实的，本方法在检测过程中不使用源 IP 地址，因此 IP 欺骗对检测方法没有影响。在图 3.7 中，当 DDoS 攻击发生时，假设有攻击流量由路由器 R1 的端口 IF_1 去往目标地址 S1，和攻击流量由路由器 R3 的端口 IF_3 去往目标地址 S3，通过高速网络中面向 IP 欺骗 DDoS 攻击的检测方法可以获得警报列表，包含发生攻击的 MacIp 地址对（IF_1 的 MAC 地址，目标 S1 的 IP 地址）和（IF_3 的 MAC 地址，目标 S3 的 IP 地址）。后续可以根据 MacIp 地址对采取防御措施，而无需对去往 S1 和 S3 的全部相关流量进行防御。

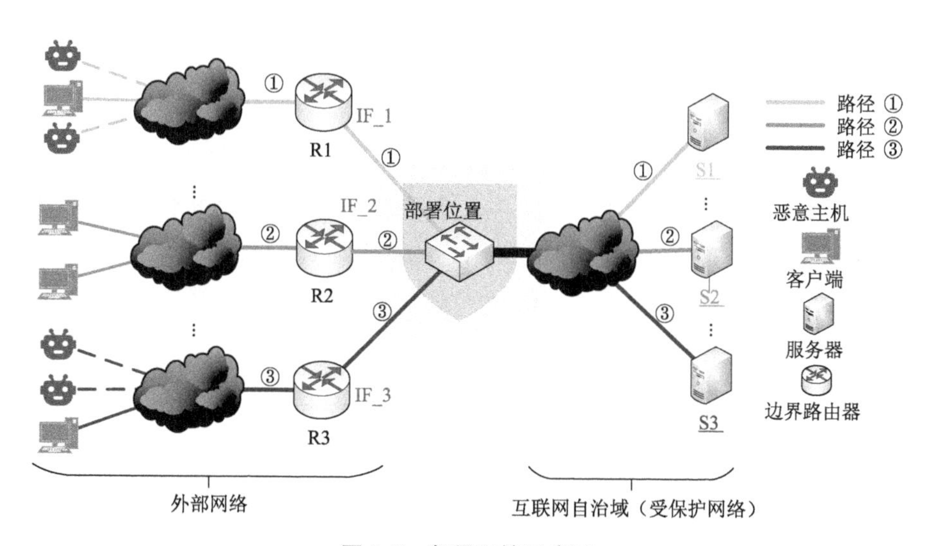

图 3.7　部署环境示意图

3.7 实验与分析

3.7.1 实验环境

为了对本章提出的高速网络中 DDoS 攻击的检测方法进行评估，在硬件配置如表 3.3 所示的机器上进行实验。编程语言使用 C++和 Python 3.6，编译环境为 VS code 和 Pycharm。本章有监督机器学习算法使用 Python 自带 sklearn 模块中的相应方法实现。

表 3.3 实验机器硬件配置

名称	类型
CPU	AMD Ryzen 7 3700X 8-Core Processor@4.20GHz
内存	80 GB
操作系统	Windows x64
外部硬盘	5 TB

3.7.2 数据集

为了研究在高速网络流量中检测 DDoS 攻击流量的有效性，与来自仿真网络的流量相比，现实世界的流量具有更多的不确定性和随机性。因此，本章选择了两个公共流量数据集，即 WIDE Internet (MAWI) 数据集[24]和加拿大网络安全研究院(CIC)的 DDoS2019 (CIC-DDoS2019) 数据集[25]，分别作为高速网络背景流量和 DDoS 攻击流量。

1) 公共数据集 MAWI

MAWI 数据集是从 WIDE 骨干网络的 10 Gbps 互联网交换链路捕获的公共数据集。实验采用了在采样点 G 上捕获的两个 MAWI 数据集(MAWI-20200603 和 MAWI-20200610)。这些数据集中的流使用五元组(源 IP 地址、源端口号、目标 IP 地址、目标端口号和协议)进行标识。本章

根据MAWI数据集推断出其骨干网络拓扑结构，如图3.8所示。

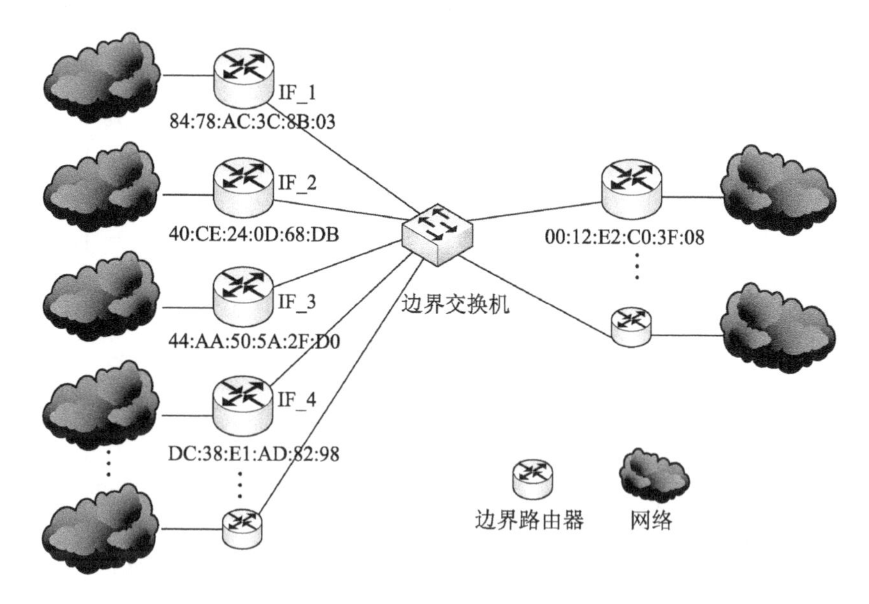

图3.8 MAWI数据集推断拓扑

2）公共攻击数据集CIC-DDoS2019

CIC-DDoS2019数据集由2018年1月12日星期五(CIC-Friday)和2018年3月11日星期日(CIC-Sunday)捕获的两个数据集组成。本章在实验中将其中的SYN Flood攻击数据和UDP Flood数据提取出来，将CIC-Sunday中的SYN Flood攻击数据与CIC-Friday中的UDP Flood攻击数据作为攻击数据训练集，将CIC-Friday中的SYN Flood攻击数据与CIC-Sunday中的UDP Flood攻击数据作为攻击数据测试集，如图3.9所示。

3）混合数据集

由于攻击流量与背景流量不在同一拓扑结构下，本章替换了攻击数据集的地址为背景流量数据集的地址，使攻击是发生在背景流量的拓扑结构中。在这个过程中，本章除改变地址之外并不改变攻击数据的特征，数据集的地址变化结果显示在表3.4中。攻击数据集中的源MAC地址和目的MAC地址都被替换为MAWI中的地址。同时，本章把源IP地址改为随机地址，以达到IP欺骗的效果。数据集混合的整体过程如图3.9所示。

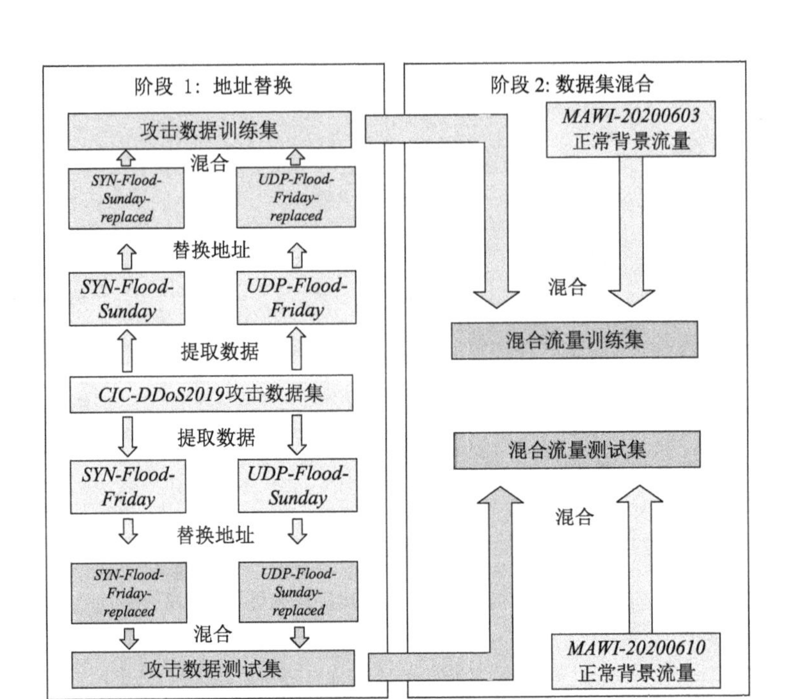

图 3.9　数据集混合的详细过程

表 3.4　数据集地址变化结果

数据集	源 MAC 地址	目的 MAC 地址	源 IP 地址	目的 IP 地址
SYN-Flood-Friday	84:78:AC:3C:8B:03	00:12:E2:C0:3F:08	随机	不改变
SYN-Flood-Sunday	40:CE:24:0D:68:DB	00:12:E2:C0:3F:08	随机	不改变
UDP-Flood-Friday	44:AA:50:5A:2F:D0	00:12:E2:C0:3F:08	随机	不改变
UDP-Flood-Sunday	DC:38:E1:AD:82:98	00:12:E2:C0:3F:08	随机	不改变

3.7.3　评价指标

为了评估攻击流量分类器的性能，本章使用精确度(Precision)，召回率(Recall)和 F_1-score 作为评价指标。

DDoS 攻击检测实验中，真阳性(True Positive, TP)是攻击流被正确识别的数量，假阴性(False Negative, FN)是攻击流未被正确识别的数量，假阳性(False Positive, FP)是正常流被错误识别为攻击流的数量，真阴性(True

Negative，TN)是正常流被正确识别的数量。

召回率(Recall)反映了分类模型预测攻击的覆盖率，计算公式如公式 3.4 所示。精确率(Precision)反映了分类模型准确预测攻击的能力，计算公式如公式 3.5 所示。F1-score 是召回率和精确率的调和均值，它综合了召回率和精确率的产出结果，可以用来衡量模型分类的精确度，计算公式如公式 3.6 所示。

$$Recall = \frac{TP}{TP + FN} \quad \text{公式 3.4}$$

$$Precision = \frac{TP}{TP + FP} \quad \text{公式 3.5}$$

$$F1\text{-}score = \frac{2 \times Precision \times Recall}{Precision + Recall} \quad \text{公式 3.6}$$

3.7.4　分类模型的选择

为了获得性能较优的攻击分类器，本章使用 3 种不同的有监督机器学习模型进行训练，分别是随机森林(Random Forest，RF)、决策树(Decision Tree，DT)和逻辑回归(Logistic Regression，LR)。使用 1/8 的采样率对 UDP Flood 和 SYN Flood 的检测实验结果如图 3.10 与图 3.11 所示。UDP

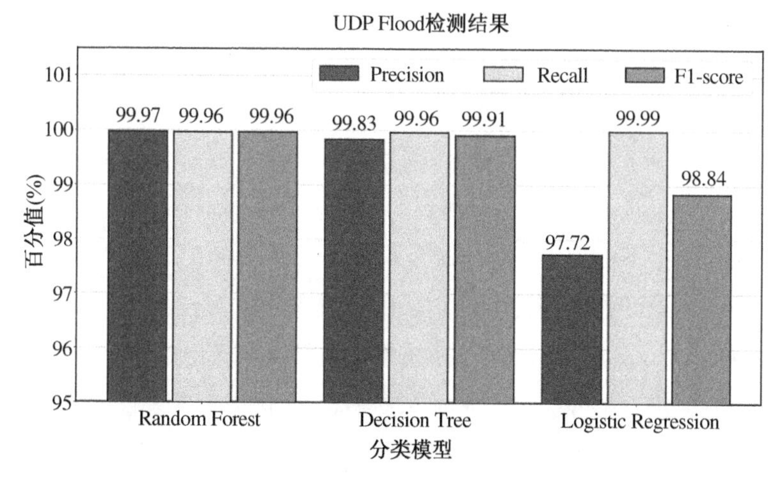

图 3.10　不同分类模型检测具有 IP 欺骗的 UDP Flood 性能表现

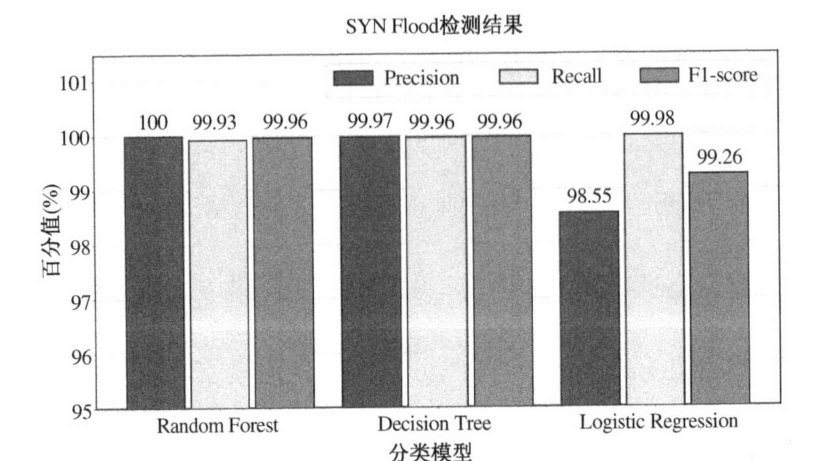

图 3.11　不同分类模型检测具有 IP 欺骗的 SYN Flood 性能表现

Flood 的检测实验结果表明，不同的模型训练分类器下精度 Precision 均超过 97%，召回率 Recall 均超过 99%，F1-score 均在 99%左右。SYN Flood 的检测实验结果表明，不同的模型训练分类器下精度 Precision 均超过 98%，召回率 Recall 均超过 99%，F1-score 均超过 99%。

因此，本章所提出的高速网络中面向 IP 欺骗 DDoS 攻击的检测方法，在检测具有 IP 欺骗的 DDoS 泛洪攻击时具有有效性。根据实验结果，随机森林算法训练的分类模型分类效果较优，所以本章使用随机森林算法训练的分类模型作为攻击检测分类器进行后续实验。

3.7.5　抽样对分类准确率的影响

高速网络流量流速快，流量大，使用有限的计算和存储资源处理高速网络中巨大全流量是不可行的，采集到的数据往往是采样数据，应验证本检测方法在采样数据下的有效性。因此，本章设置了不同的采样率来验证所提方法在采样场景下的实用性。本章采用系统抽样的方法实现对分组的顺序抽样。例如，在 1/8 的抽样率下，系统抽样是指每个流中以 8 个分组为间隔，周期性地对流进行抽样。为了保证采样后的分组数量能够满足统计要求并能说明所提方法的性能，设置最大的抽样率为 1/128。在实验过程中，本章分析了使用随机森林方法训练的分类模型对相同测试集和训练集，不同采

样率下检测 UDP Flood 和 TCP SYN Flood 的性能表现结果如表 3.5 和表 3.6 所示。

表 3.5　检测具有 IP 欺骗的 UDP Flood 在不同采样率下模型性能

采样率	Precision(%)	Recall(%)	F1-score(%)
1/8	99.97	99.96	99.96
1/16	99.97	99.95	99.97
1/32	99.97	99.82	99.91
1/64	99.85	99.19	99.59
1/128	99.73	99.02	99.50

表 3.6　检测具有 IP 欺骗的 SYN Flood 在不同采样率下模型性能

采样率	Precision(%)	Recall(%)	F1-score(%)
1/8	99.97	99.96	99.96
1/16	99.97	99.95	99.97
1/32	99.97	99.82	99.91
1/64	99.85	99.19	99.59
1/128	99.73	99.02	99.50

随着采样率的降低，流的数量也随之减少，这会对模型表现造成整体下降的趋势。不过，本章所提出的特征提取方法是基于概率统计的，在高速网络海量流量场景中，采样不会过度影响特征提取过程。实验结果表明，即使在采样率为 1/128 的情况下，所提出的方法也可以达到超过 99%的分类精度。因此根据结果，本章所提的 DDoS 攻击检测方法可以良好地应用于流量采样的高速网络环境。

3.8 本章小结

本章提出了高速网络中 DDoS 攻击的检测方法并进行了实验验证与分

析。本章首先分析了当前高速网络 DDoS 攻击检测方法在面对具有 IP 欺骗的 DDoS 攻击时存在的问题，之后提出了高速网络中面向 IP 欺骗 DDoS 攻击的检测方法，对其中的整体设计、高速网络流量抽样、特征选择、基于 Sketch 的 DDoS 攻击特征统计方法、DDoS 攻击检测的两个阶段以及部署环境进行了详细说明。最后进行了相关实验设计与结果分析，说明了使用的数据集，给出了实验的评价指标，并选取了 3 种有监督机器学习算法进行对比，得出使用随机森林训练的模型性能最优，并通过五种抽样率下的采样实验对所提方法在抽样环境下的有效性进行了验证。实验结果表明，本方法在面对高速网络中具有 IP 欺骗的 DDoS 攻击时，检测精度高于 99%，可以不受 IP 欺骗的影响有效区分 IP 欺骗下的攻击流量并得到攻击流量的 MacIp 地址对，实现了细粒度 DDoS 攻击检测。

第 4 章

多层次网络信息融合 DDoS 攻击检测

4.1 DDoS 攻击发展现状

针对单目标 IP 的 DDoS 泛洪攻击是目前最常见的 DDoS 攻击类型[26]。传统的 DDoS 泛洪攻击主要是针对某个服务或某个主机 IP 地址，因此在 DDoS 攻击检测时通常是在网络层根据源 IP 或目的 IP 进行流量聚合和分析，通过将每个 IP 流的统计数据变化与预定义的阈值相比较来检测 DDoS 攻击流量，进而识别攻击源 IP 或攻击受害者 IP。为了达到比较好的防御效果，网络管理员通常会根据目标服务器的业务情况精心设置检测阈值，使得传统 DDoS 泛洪攻击很难再对目标服务器造成大规模破坏。

针对以上情况，黑客演变出了一种新型的 DDoS 扫段攻击模式[27]，攻击的目标不再是原来的单个 IP，而是包含多个 IP 的网络地址段。在扫段攻击中，攻击者通过对同一个网段中的多个 IP 地址进行同时或顺序攻击来将大量攻击流量分散到多个目标上，使得单个目标所遭受的攻击流量不会超过

DDoS攻击检测阈值，但针对这些IP的攻击流量累加之后能消耗掉目标网络出口的所有带宽资源，从而在检测系统无感知的情况下造成目标网络堵塞。因此，传统的在网络层分析每个IP流的统计特征变化的检测方法已经不足以检测出扫段攻击中的多个目标IP地址，因而也就无法识别出扫段攻击针对的目标网段。

一个完整的DDoS攻击检测系统应同时兼顾传统泛洪攻击和扫段攻击，因此本章提出了一种基于多层次网络信息融合的DDoS攻击检测方法，能同时支持传统泛洪攻击和新型扫段攻击检测。

4.2 传统和新型DDoS攻击的检测特征分析

在传统的针对特定服务器的DDoS泛洪攻击中，攻击者利用大量数据包来快速淹没受害者，使得受害者失去响应正常请求的能力，几乎不发送响应数据，因此在攻击源端和受害服务器之间呈现出了流量交互模式的不对称性。在新型的针对特定网络地址段的DDoS扫段攻击中，每个受害主机承载的攻击流量很小，因此从网络流量中观测到的单个受害主机的数据包数、数据包速率等统计特征不会出现突增的情况，也不会出现明显的不对称通信模式。但是由于扫段攻击的目标是瘫痪受害子网，因此攻击者在对多个主机发起攻击时会确保这些受害主机承受的总流量足够大，从而使得受害子网的出口汇聚大量攻击流量，导致受害子网的出口被堵塞。在这种情况下，从受害子网发出的数据会出现大量丢包，使得整个子网接收到的流量与其对外界的响应呈现出明显的不对称性。

根据上述分析，可以将IP流量不对称性作为检测传统泛洪攻击的依据，将面向子网的流量不对称性作为检测扫段攻击的依据。流量的不对称性主要体现在以下方面：

4.2.1 数据包数目的不对称性

数据包数目的不对称性是DDoS泛洪攻击的典型特征之一，具体指的是

DDoS 攻击发生时受害者发送的数据包数目总量和其接收的数据包总量是不对等的。在传统的 DDoS 泛洪攻击中,攻击者通过控制一组僵尸设备或中间反射器向目标 IP 发送大量数据包,导致目标 IP 因资源耗尽而无法响应正常的请求,因此可以观察到从攻击源发送到受害 IP 的数据包总量远远大于从受害 IP 发送出的数据包总量。类似地,在新型扫段攻击中也会出现从攻击源发送到受害子网的数据包总量远远大于从受害子网发送出的数据包总量。

4.2.2　数据包速率的不对称性

数据包速率指的是单位时间内主机发送或接收的数据包数量。当 DDoS 泛洪攻击发生时,为了尽快消耗掉受害者的资源,攻击者会在短时间内产生大量泛洪攻击数据包,攻击速率可以达到上百 Gbps;而受害者由于系统资源耗尽或是带宽资源耗尽,只向外发送很少的响应,因此可以观察到从攻击源发送到受害者的数据包速率会远远大于受害者发送出的数据包速率。类似地,在新型扫段攻击中,整个子网在短时间内接收到大量数据包,因此也会出现子网接收到的数据包速率远远大于其发送的数据包速率。

4.2.3　端址分布的不对称性

端址分布指的是网络流量中由同向的 IP 地址和端口号组成的二元组(IP,Port)的分布情况,该特征主要用于 DDoS 泛洪攻击检测。DDoS 泛洪攻击分为直接泛洪和间接泛洪。在直接泛洪攻击中,为了模仿不同合法用户与服务器进行交互,避免攻击流量因 DDoS 防御系统溯源而被拦截,攻击者在构造攻击数据包时会使用地址生成工具伪造源地址,使得源 IP 地址和源端口号是随机无规律的,进而使得源端址(srcIP, srcPort)的分布呈现相对分散的特点。在间接泛洪攻击中,攻击数据包是合法的反射器发送的响应数据包,因此攻击数据包的源 IP 地址是真实存在的,但是由于攻击者会向多个反射器发送请求,因此攻击流量的源端址分布也呈现一定的分散性。而另一方面,DDoS 泛洪攻击的目标通常是某个服务器上的特定服务,因此攻击流量的目的端址(dstIP, dstPort)分布是高度集中的,与源端址的分布呈现出不对称性。由于正常情况下不同合法用户会访问不同的服务，使得正常流量的源端址和目的端址分布都相对广泛，因此DDoS攻击发生时源端址分布广泛和目的端址分布集中的不对称性特点可用于检测DDoS泛洪攻击。

为方便描述，记从其他网络设备发送到受害者端的流量方向为Forward方向，从受害者端发送到其他网络设备的流量方向为Backward方向。本方法通过分别统计IP流量和子网流量在Forward和Backward两个方向上的数据包数、数据包速率和端址分布的不对称性来检测传统泛洪攻击和新型扫段攻击，使用的检测特征如表4.1所示。

表4.1 DDoS泛洪攻击检测特征

特征名	描述
FC	Forward方向的数据包数量
BC	Backward方向的数据包数量
FH	源端址的分布情况
BH	目的端址的分布情况
Fspeed	Forward方向的数据包速率
Bspeed	Backward方向的数据包速率

4.3 基于多层次网络信息融合的DDoS攻击检测

一个完整的DDoS攻击检测系统应同时兼顾传统泛洪攻击和新型扫段攻击，因此需要对主干网流量分别进行IP地址层次和子网IP地址层次的双向流量特征统计。为了提高特征统计效率，本方法采用压缩融合结构Sketch来处理网络流量。Sketch是一种基于哈希技术实现数据流随机聚合的概要数据结构，它能快速、高效地将高维度的数据流压缩融合成低维度的特征，并且仅使用很少的内存来存储这些特征数据，因此被广泛应用于在资源有限的主干网络环境中进行网络流量测量[28]。

4.3.1　基于双向多特征 Sketch 的特征提取方法

如 3.4 节所介绍，Count-Min Sketch 是一种常用的 Sketch 结构，由 d 个长度为 w 的哈希表(H_1, H_2, …, H_d)构成。每个哈希表包含 w 个计数桶，其中每个计数桶与一个计数器相关联，从直观上看 Count-Min Sketch 就是一个 d 行 w 列的二维计数桶数组。在每个时间窗口开始时，Sketch 中的所有计数器都被初始化为零。对于在当前时间窗口中新到达的一个键值对(key, $value$)，Count-Min Sketch 使用 d 个成对独立的哈希函数(h_1, h_2, …, h_d)将 key 分别哈希到每一行中的一个计数桶 $H_i[h_i(key)](i=1, 2, \cdots, d)$ 中。对于更新操作，Count-Min Sketch 将这 d 个计数桶中的计数器值增加 $value$，记作 $H_i[h_i(key)] += value$；对于查询操作，Count-Min Sketch 返回这 d 个计数桶中的最小计数器值 $\mathrm{MIN}(H_i[h_i(key)])(i=1, 2, \cdots, d)$。由于哈希的随机性，不同的 key 可以哈希到同一个计数桶中，即产生哈希冲突，因此查询操作得到的是近似的特征估计值。

由于 Count-Min Sketch 只能为每个流存储一种特征，因此无法直接用来统计表 4.1 中的多个特征。为了实现表 4.1 中两个方向上多个特征的统计，本方法设计了双向多特征 Sketch(Bidirectional Multi-Feature Sketch, BMFS)，在 Count-Min Sketch 的基础上根据选定的特征来定制计数桶的构成。

4.3.1.1　BMFS 结构设计

如图 4.1 所示，双向多特征 Sketch(Bidirectional Multi-Feature Sketch, BMFS)由 Forward 方向的 Sketch 和 Backward 方向的 Sketch 组成，每个 Sketch 的结构和 Count-Min Sketch 一样都是一个二维计数桶数组，由 d 个哈希表构成，每个哈希表包含 w 个计数桶。在 Forward 方向的 Sketch 中，每个计数桶是由计数器 FC 和哈希表 FH 构成的，分别用于统计从源端到目的端方向的包数和源 IP 地址分布。在 Backward 方向的 Sketch 中，每个计数桶是由计数器 BC 和哈希表 BH 构成的，分别用于统计从目的端到源端方向的包数和目的 IP 分布。表 4.2 详细给出了 BMFS 中每个元素的含义，计数器 FC 和 BC 均占用 1 个字节的内存，哈希表 FH 和 BH 均包含 16 个比特位，即占用 2 个字节的内存，因此 Forward 方向的 Sketch 和 Backward 方向的 Sketch 中每个计数桶均为 3 个字节。

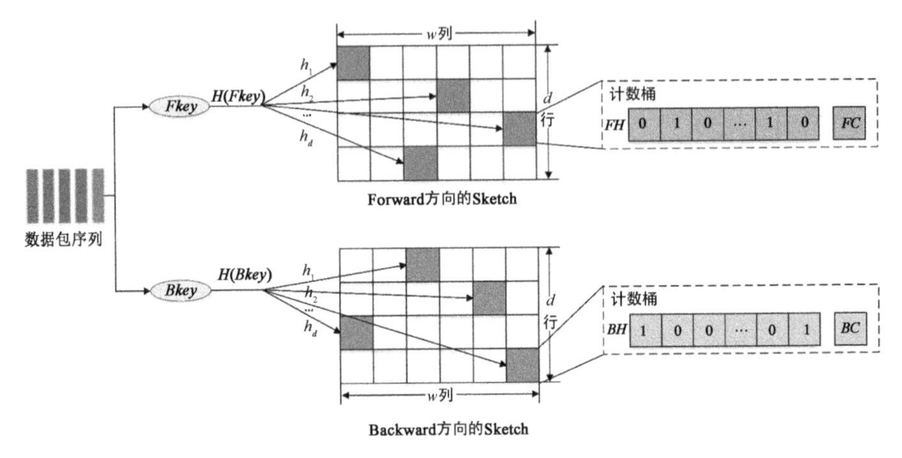

图 4.1　BMFS 的结构设计

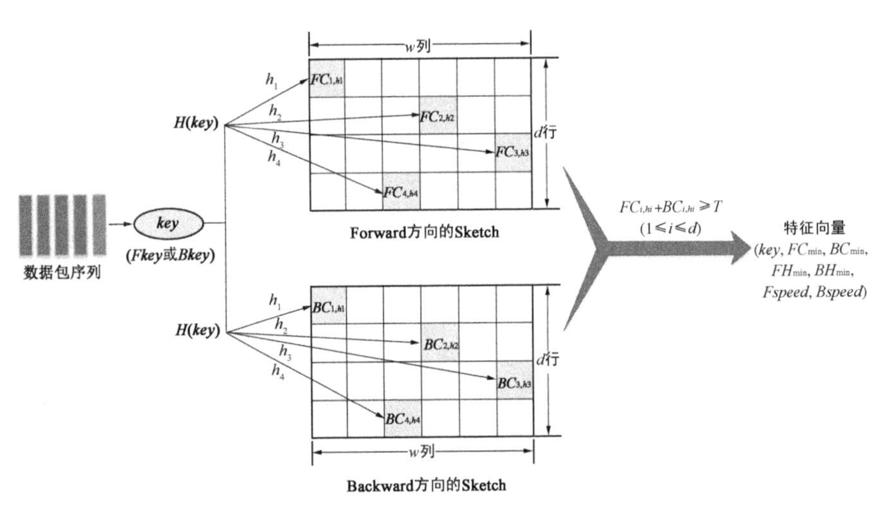

图 4.2　BMFS 的特征提取示意图

此外，为了降低 Count-Min Sketch 对每个 key 进行 d 次哈希带来的计算开销，BMFS 只采用一个哈希函数 H，通过将计算出的哈希值 $H(key)$ 拆分成 d 个部分 $(h_1, \cdots, h_d)$ 来定位 BMFS 中每一行的计数桶位置。本方法采用谷歌提供的高性能哈希函数 FarmHash[29] 作为 H 的实现。

表 4.2　BMFS 中每个 Sketch 的计数桶构成

	计数桶构成	类型	字节数	用途
Forward 方向的 Sketch	*FC*	计数器	1	统计 Forward 方向数据包数量
	FH	哈希表	2	统计源端址分布
Backward 方向的 Sketch	*BC*	计数器	1	统计 Backward 方向数据包数量
	BH	哈希表	2	统计目的端址分布

4.3.1.2　基于 BMFS 的双向特征统计

在使用 BMFS 统计流量的双向特征时，对于每个输入的数据包，需要从中提取出 Forward 方向的流键 *Fkey* 和 Backward 方向的流键 *Bkey*，然后执行 BMFS 的双向特征统计函数进行双向特征统计。算法 4.1 描述了基于 BMFS 的双向特征统计函数，一开始 BMFS 的所有计数桶均清零。在从数据包中提取出 *Fkey* 和 *Bkey* 后，需要分别对 *Fkey* 和 *Bkey* 进行哈希以定位各自对应的计数桶进行特征更新。对于 *Fkey*，首先根据哈希函数 H 计算出哈希值 $H(Fkey)$（第 3 行），然后将哈希值拆分成 d 段 $(h_1, \cdots, h_d)$（第 4 行），每一段在 Forward 方向 Sketch 的一行中定位到一个计数桶 $Bucket_{i,h_i}$。接下来，对 $Bucket_{i,h_i}$ 中的计数器 FC_{i,h_i} 和哈希表 FH_{i,h_i} 进行更新$(i=1, 2, \cdots, d)$（第 8—11 行）。具体来说，对于计数器 FC_{i,h_i}，将计数器值加上 $Value$：$FC_{i,h_i} += Value$（第 9 行），在本方法中 $Value=1$。对于哈希表FH_{i,h_i}，使用哈希函数 H 将数据包的源 IP 地址哈希到 FH_{i,h_i} 的某个位置，然后将该位置的比特位置 1，即表示存在该 IP（第 10 行）。对于 *Bkey*，其哈希操作和特征更新操作和 *Fkey* 类似，区别在于 *Bkey* 更新的是 Backward 方向的 Sketch 中的 *BC* 和 *BH*，且在更新 *BH* 时是对数据包的目的 IP 地址进行哈希（第 13—21 行）。

算法 4.1　双向特征统计

输入： 数据包的 *Fkey* 和 *Bkey*，特征值 *Value*

输出： 无

1.　　**function** *BidirectionalUpdate*(*Fkey*, *Bkey*, *Value*)

2.　　　　// *Fkey* 的计数桶地址计算

（续表）

```
3.      hash_F ← H(Fkey);
4.      h_1, h_2, …, h_d ← divide hash_F to d parts;
5.      // 提取源 IP 地址
6.      Key_F ← (srcIP);
7.      // 遍历 d 个计数桶进行更新
8.      for i in [1, d] do
9.          FC_{i,h_i} ← FC_{i,h_i} + Value;          // 计数器更新
10.         FH_{i,h_i}[H(Key_F)] ← 1;                 // 哈希表更新
11.     end for
12.     // Bkey 的计数桶地址计算
13.     hash_B ← H(Bkey);
14.     h_1, h_2, …, h_d ← divide hash_B to d parts;
15.     // 提取目的 IP 地址
16.     Key_B ← (dstIP);
17.     // 遍历 d 个计数桶进行更新
18.     for i in [1, d] do
19.         BC_{i,h_i} ← BC_{i,h_i} + Value;          // 计数器更新
20.         BH_{i,h_i}[H(Key_B)] ← 1;                 // 哈希表更新
21.     end for
22.     return;
```

4.3.1.3 基于 BMFS 的特征提取

在现有的基于 Count-Min Sketch 的检测方法中，特征提取操作是基于时间窗口触发的被动提取，这种方式一般是在时间窗口末尾通过 Count-Min Sketch 的查询操作来获得该时间窗口内所有流的特征数据，从而用于计算流量分布变化。如果时间窗口设置较大，在此期间到达的大量流量会使得计数桶中的计数器累积太快而导致计数器溢出，从而出现特征计数严重错误的情况。为了避免这个问题的出现，BMFS 对特征提取方式进行了改进，每当数据包某个方向上的 *key* 被映射到 BMFS 完成特征统计后，都会检查两个 Sketch 中的计数器使用情况，在计数器累积到一定值的时候就执行特

征提取操作。

如图 4.1 所示，当数据包某个方向的 *key*（*Fkey* 或 *Bkey*）映射到 Forward 方向和 Backward 方向的 Sketch 得到的 d 个 FC 计数器和 d 个 BC 计数器，满足 $(FC_{i,h_i})_{\min}+(BC_{i,h_i})_{\min}\geqslant T\ (1\leqslant i\leqslant d)$ 时，就对该 *key* 对应的计数桶进行特征提取。算法 4.2 详细描述了特征提取函数的算法流程，首先计算 *key* 对应的哈希值 $H(key)$ 并拆分成 d 段$(h_1, \cdots, h_d)$（第 3—4 行），然后遍历 Forward 方向 Sketch 中对应的 d 个计数桶，提取计数器 FC 和哈希表 FH 的最小特征值（第 8—11 行），接着遍历 Backward 方向 Sketch 中对应的 d 个计数桶，提取计数器 BC 和哈希表 BH 的最小特征值（第 13—16 行），其中哈希表的最小特征值是通过按位与运算得到的。在提取出最小特征值后，需要将 *key* 的特征统计数据从计数桶中清除，具体做法是将当前的计数器值减去最小计数器值，并清空哈希表（第 19—23 行）。此时已从 BMFS 中获取到 $FC_{\min}$，$FH_{\min}$，$BC_{\min}$，$BH_{\min}$ 这四个特征值，还需根据公式 4.1 和公式 4.2 对 Forward 方向的数据包速率和 Backward 方向的数据包速率进行估算（第 24 行），其中 t_2 和 t_1 分别表示当前执行特征提取操作的时间和上一次执行特征提取操作的时间，p 表示系统抽样的抽样间隔。最后，特征提取函数返回一条由 *key*，$FC_{\min}$，$FH_{\min}$，$BC_{\min}$，$BH_{\min}$，$Fspeed$ 和 $Bspeed$ 组成的特征记录（第 26 行）。

$$Fspeed=\frac{FC_{\min}\times p}{t_2-t_1} \qquad \text{公式 4.1}$$

$$Bspeed=\frac{BC_{\min}\times p}{t_2-t_1} \qquad \text{公式 4.2}$$

算法 4.2　特征提取

输入： 数据包的 *key*（*Fkey* 或 *Bkey*）

输出： 特征向量 V

```
1.  function Extract (key)
2.      // 计数桶地址计算
3.      hash ← H(key);
4.      h1, h2, …, hd ← divide hash to d parts;
```

（续表）

```
5.     V ← [], FC_min ← ∞, FH_min ← full one, BC_min ← ∞, BH_min ← full one;
6.     V.append(key);   //保存 key
7.     //从 Forward 方向的 Sketch 中提取 FC 和 FH 的最小值
8.     for i in [1, d] do
9.         FC_min ← MIN( FC_min , FC_{i,h_i} );
10.        FH_min ← FH_min & FH_{i,h_i} ;
11.    end for
12.    //从 Backward 方向的 Sketch 中提取 BC 和 BH 的最小值
13.    for i in [1, d] do
14.        BC_min ← MIN( BC_min ,BC_{i,h_i} );
15.        BH_min ← BH_min & BH_{i,h_i} ;
16.    end for
17.    V.append(FC_min , BC_min , FH_min , BH_min);   // 保存提取出的特征值
18.  // 清空计数桶
19.    for i in [1, d] do
20.        FC_{i,h_i} = FC_{i,h_i} − FC_min ;
21.        BC_{i,h_i} = BC_{i,h_i} − BC_min ;
22.        clear FH_{i,h_i} and BH_{i,h_i} ;
23.    end for
24.    //使用公式 4.1 和公式 4.2 估算 Fspeed and Bspeed;
25.    V.append(Fspeed , Bspeed);
26.  return V;
```

4.3.2 多层次 DDoS 攻击检测方法

为了实现在一个检测系统中完成泛洪攻击和扫段攻击检测，并确保检测精度和效率，本方法从网络流量中提取多层次信息进行攻击检测。多层次流量信息指的是在 MAC 地址层次、子网 IP 地址层次和 IP 地址层次聚合

获得的接口层流量、子网层流量和主机层流量的特征统计信息，每个层次分别使用 BMFS 结构来统计该层流量的数据包数、端址分布以及数据包速率。本方法首先使用系统抽样技术来降低流量处理规模，然后对抽样流量进行接口层、子网层到主机层的渐进式检测，从而实现 DDoS 攻击的早期发现、新型扫段攻击的目标子网识别以及传统泛洪攻击的受害者 IP 识别，检测方法整体架构如图 4.3 所示。

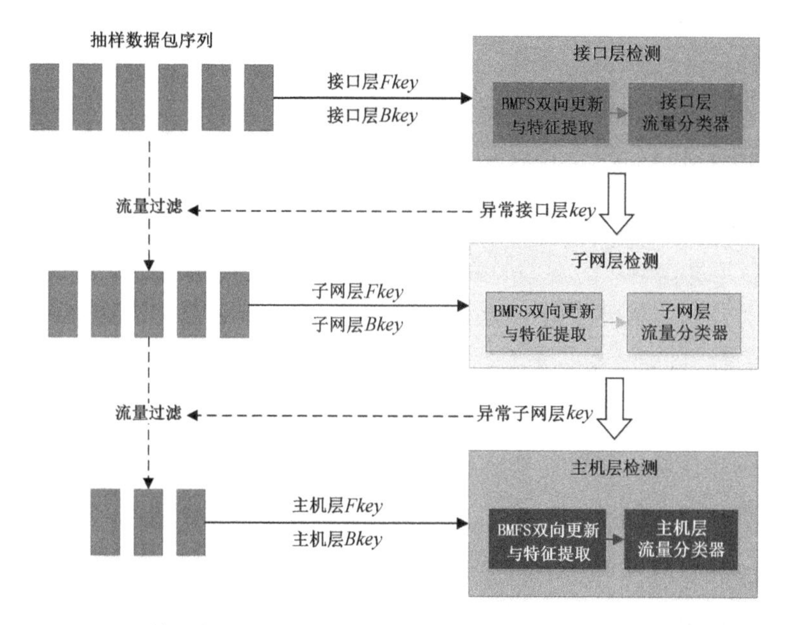

图 4.3　基于多层次网络信息融合的 DDoS 攻击检测方法整体架构

在本方法中，由于接口层、子网层和主机层的检测目标不一样，因此需要对每个层次的流量分类器分别进行训练，其中分类器采用的机器学习模型是决策树。分类模型的训练采用混合主干网流量和 DDoS 攻击流量的数据集，首先对混合流量进行抽样率为 1/512 的系统抽样，然后使用 BMFS 结构从抽样流量中分别提取接口层、子网层和主机层的特征数据集，并对攻击流量的特征向量进行标记，最后使用已标记的特征集分别训练每个层次的流量分类器。

在训练接口层的流量分类器时，从抽样到的数据包中提取接口层 *Fkey* 和 *Bkey* 来更新接口层 BMFS 结构存储的双向统计特征，此处 *Fkey* 为数据包的(源 MAC,目的 MAC)地址对,*Bkey* 为(目的 MAC,源 MAC)地址对,再经过特征提取操作后得到一个训练特征集。接下来需要对训练特征集进行标记,因为接口层是粗粒度检测,因此我们将攻击开始到结束的这段时间内提取出的特征向量都进行标记,即使这段时间也有少量正常流量特征样本。最后,使用已标记的特征集训练决策树模型,得到接口层流量分类器。

在训练子网层的流量分类器时,从数据包中提取子网层 *Fkey* 和 *Bkey*,将抽样流量双向更新到子网层的 BMFS 结构中进行双向特征统计,其中子网层 *Fkey* 和 *Bkey* 中的子网 IP 地址是将 IP 地址和 24 位子网掩码相与得到的。经过 BMFS 特征提取得到特征集后,接下来需要从特征集获取属于接口层异常流量的特征向量进行细粒度标记,也就是将属于被攻击子网的特征向量进行标记。因此,被标记的子网层特征向量的 *key* 应满足:*key* 中的 MAC 地址与接口层检测出的异常 MAC 地址相匹配,且 *key* 中的子网 IP 地址为被攻击主机的子网 IP 地址。最后,使用已标记的特征集训练决策树模型,得到子网层流量分类器。

在训练主机层的流量分类器时,经过对抽样流量进行主机层 BMFS 结构的双向特征统计和特征提取后,首先获取属于子网层异常流量的特征向量,即满足特征向量的 IP 地址在子网层检测到的异常子网中。然后对其中满足 *key* 是被攻击 IP 的特征向量进行标记。最后,使用已标记的特征集训练决策树模型,得到主机层流量分类器。

通过离线训练构建的接口层、子网层和主机层流量分类器可以部署在主干网络环境中,以实时检测新型的扫段 DDoS 攻击和传统的 DDoS 泛洪攻击。在实际应用时,三个层次的检测流程是层层递进的,检测流程如图 4.4 所示。

一开始,对输入的网络流量进行系统抽样,然后将抽样流量发送到接口层的 BMFS 结构中进行双向特征统计和特征提取,提取出的接口层特征向量包含接口层 *key*(MAC 地址对)和双向统计特征。每当通过 BMFS 的 *Extract* 函数输出一条特征向量,该特征向量便会被输入到接口层分类器中进行分析和标记。具体来说,若接口层分类器判断该特征向量是异常的,则标记为 1,否则标记为 0。假设有一条 *key* 为(MAC_1,MAC_2)的特征向量被

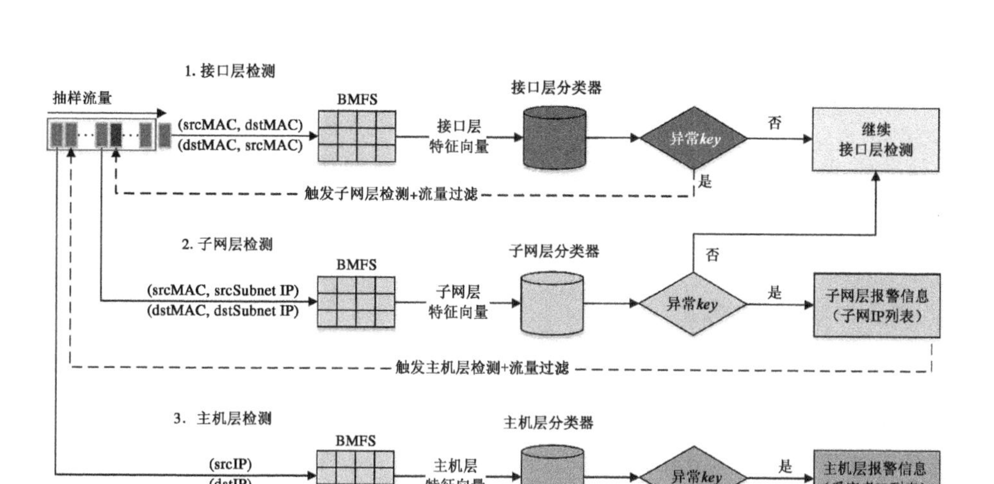

图 4.4 多层次 DDoS 攻击实时检测流程图

标记为 1，说明从 MAC_1 路由器接口发送到 MAC_2 路由器接口的流量存在异常。为了进一步确定是否出现 DDoS 攻击，立即触发子网层检测，并传入 MAC_2 作为子网层流量过滤的条件。

子网层检测的目的是识别异常流量的目的子网，从而实现新型扫段攻击检测。子网层检测接收接口层传入的 MAC_2 地址，然后根据 MAC_2 来匹配抽样数据包的目的 MAC 地址以过滤抽样流量。只有目的 MAC 地址匹配成功的数据包会被输入到子网层的 BMFS 结构进行进一步的双向特征统计和特征提取，其中提取出的子网层特征向量包含子网层 *key*（MAC－子网 IP 地址对）和双向统计特征。每当从子网层 BMFS 结构中提取出一条 *key* 为（MAC，SubnetIP）的特征向量，该特征向量便会被输入到子网层分类器中进行分析和 0—1 标记。当出现被标记为异常的特征向量，则说明在 SubnetIP 这个子网中出现 DDoS 攻击。若当前发生的攻击为扫段攻击，则此时已经达到识别受害子网的目的。若当前发生的攻击为传统泛洪攻击，则有必要进行受害者 IP 识别，因此触发主机层检测。

主机层检测的目地是进一步确认传统泛洪攻击针对的受害者主机。主机层检测接收子网层传入的受害子网 IP 地址 SubnetIP，然后只选择目的 IP 地址在受害子网中的抽样数据包进行处理，将检测范围缩小到受害子网中。接下来，使用主机层的 BMFS 结构对过滤后的数据包进行双向特征统计和

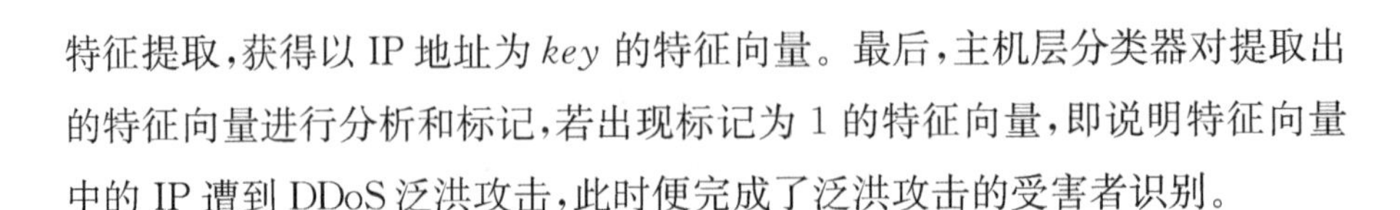

特征提取，获得以 IP 地址为 *key* 的特征向量。最后，主机层分类器对提取出的特征向量进行分析和标记，若出现标记为 1 的特征向量，即说明特征向量中的 IP 遭到 DDoS 泛洪攻击，此时便完成了泛洪攻击的受害者识别。

4.3.3　实验与结果分析

4.3.3.1　数据集构建

本方法采用两个现实世界的公开数据集：Measurement and Analysis on the WIDE Internet (MAWI)数据集[30]和 CIC-DDoS2019 数据集[31]。

(1) MAWI 数据集

MAWI 是捕获自 WIDE 骨干网的真实网络数据集，包括在多个采集点上捕获的流量数据。本章的实验采用 MAWI 工作组在 2020 年 6 月 3 日和 2020 年 6 月 10 日捕获的 2 个 15 分钟流量数据集作为主干网络背景流量(MAWI-0603 和 MAWI-0610)，这两个数据集是在一条 10 Gbps 互联网交换链路的采集点 G 上捕获的，其中 MAWI-0603 数据集中平均每秒包含 50 万个数据包，MAWI-0610 数据集中平均每秒包含 52 万个数据包。

(2) CIC-DDoS2019 数据集

CIC-DDoS2019 是加拿大网络安全研究院提供的 DDoS 攻击数据集，包含在 2018 年 1 月 12 日和 2018 年 3 月 11 日捕获的两个攻击流量数据集(CIC-0112 和 CIC-0311)，其中 CIC-0112 包含 9 种攻击类型，CIC-0311 包含 5 种攻击类型，且攻击流量均已标记。因此，将 CIC-0311 数据集用于训练，将 CIC-0112 数据集用于测试。最终用于训练和测试的 DDoS 攻击类型如图 4.5 所示。

为了验证本章方法对传统的 DDoS 泛洪攻击和新型的扫段 DDoS 攻击的有效性，构建两组数据集，每组数据集的生成均是将 CIC-0311 数据集的攻击流量混合到 MAWI-0603 背景流量中作为训练集，将 CIC-0112 数据集的攻击流量混合到 MAWI-0610 背景流量中作为测试集。这两组数据集的流量混合方式如下所述。

(3) 传统的 DDoS 泛洪攻击数据集

在将攻击流量混合到背景流量中时，首先将攻击流量的源-目的 MAC

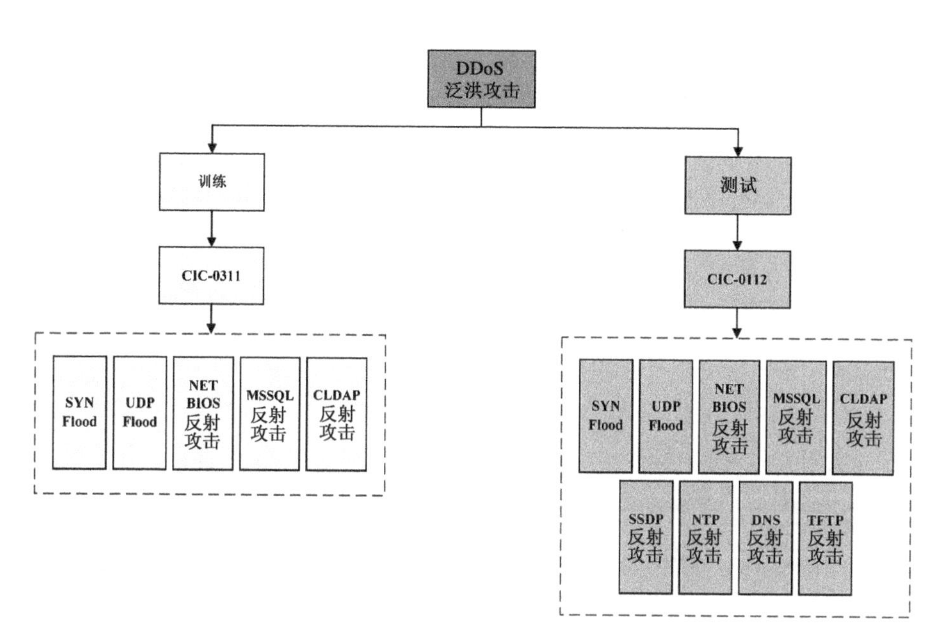

图 4.5　训练集和测试集中包含的 DDoS 泛洪攻击类型

地址对修改为背景流量的源-目的 MAC 地址对。接下来，对攻击数据包的源 IP 地址进行随机化以模拟 DDoS 攻击源的高度分散性；并从背景流量中选择一个流量较大的子网，从该子网中选择一个未出现过的 IP 地址作为攻击数据包的目的 IP 地址，即为本次 DDoS 泛洪攻击的受害者主机。最后，从背景流量时间戳上选择一个开始时间点，依次将攻击数据包插入到背景流量中。

(4) 新型的扫段攻击数据集

首先将所有攻击流量的源-目的 MAC 地址对替换为背景流量的源-目的 MAC 地址对、将源 IP 地址随机化。为了模拟扫段攻击，将攻击流量的目的 IP 地址在选定的子网地址段中进行随机设置。最后，从选定的时间点开始将攻击流量插入到背景流量中。

4.3.3.2　内存开销评估实验

本章方法的内存开销主要在于三个检测层次中使用的 BMFS。由于每个层次的 BMFS 所处理的流量总量不同，因此所需要占用的内存大小也不同。为了评估每个层次的 BMFS 在内存上的开销，本节实验设置不同 Sketch 大小以测试每个层次的检测性能。具体来说，固定每个层次的

BMFS的行数 d 为4，通过调整Sketch的列数 w 来改变Sketch占用的内存。在本实验中，抽样率设置1/512。表4.3、表4.4和表4.5分别展示了接口层检测、子网层检测和主机层检测在不同Sketch列数(即不同Sketch大小)下的检测结果。可以看到随着Sketch列数 w 的增加，三个层次的分类器检测精度Precision和召回率Recall均呈现增长趋势，这是因为Sketch列数越大，产生的哈希冲突就越少，因此特征估计的准确性提高，从而使得提取出的特征向量能被分类器正确分类。

从表4.3中可以看出，当接口层BMFS的列数大于或等于 2^6 时，接口层分类器的检测性能达到稳定；从表4.4和表4.5中可以看出，当子网层BMFS和主机层BMFS的列数均大于或等于 2^{12} 时，这两个层次的分类器检测性能达到稳定。因此，可以得到三个层次的BMFS所需的最小内存：接口层为 $4\times2^6\times6$ B$=$1.5 KB，子网层和主机层均为 $4\times2^{12}\times6$ B$=$96 KB。根据以上结果，本文提出的多层次DDoS攻击检测方法所需的最小总内存为193.5 KB，表明该方法可以在使用较少的内存的情况下实现较高的检测精度。

表4.3　不同Sketch大小下的接口层检测结果

BMFS列数 w	Precision(%)	Recall(%)	FPR(%)
2^5	99.95	93.04	2.60
2^6	99.02	99.93	2.60
2^7	99.02	99.93	2.60
2^8	99.02	99.93	2.60
2^9	99.02	99.93	2.60

表4.4　不同Sketch大小下的子网层检测结果

BMFS列数 w	Precision(%)	Recall(%)	FPR(%)
2^{10}	100	99.38	0
2^{11}	100	99.59	0
2^{12}	100	99.90	0
2^{13}	100	99.90	0
2^{14}	100	99.90	0

表 4.5　不同 Sketch 大小下的主机层检测结果

BMFS 列数 w	Precision(%)	Recall(%)	FPR(%)
2^{10}	100	99.80	0
2^{11}	100	99.90	0
2^{12}	100	100	0
2^{13}	100	100	0
2^{14}	100	100	0

4.3.3.3　实时性评估实验

当 DDoS 攻击发生时，尽早地检测到攻击就可以更及时地进行防御，因此 DDoS 攻击检测算法的实时性非常重要。为了评估本章方法检测 DDoS 攻击的实时性能，本节基于泛洪数据集进行实验，在不同抽样率下测量三个检测层次的报警时间，即从攻击发生到该层次检测到攻击所需要的时间。为了获得报警时间的分布，每个抽样率下的实验重复 2 000 次。

图 4.6 给出了在六个抽样率下进行多层次攻击检测的报警时间的概率密度函数(PDF)。从每个抽样率的 PDF 图中可以看到，三个检测层次的报

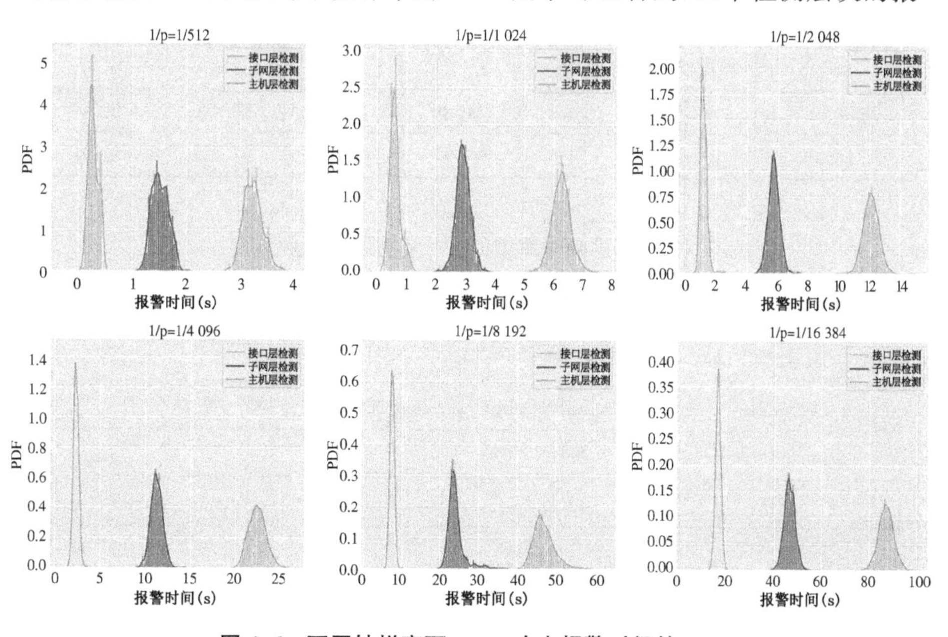

图 4.6　不同抽样率下 DDoS 攻击报警时间的 PDF

警时间分布近似符合正态分布：设 X 为报警时间，μ 和 σ 分别为 X 的平均值和标准差，则有 $X \sim N(\mu, \sigma^2)$。基于 2 000 组实际测量的报警时间可以计算出报警时间的平均值 μ 和标准差 σ，结果如表 4.6 所示。

根据正态分布的 3 Sigma 原理（$P(\mu - 3\sigma \leqslant X \leqslant \mu + 3\sigma) \approx 99.73\%$），DDoS 报警时间 X 小于 $(\mu + 3\sigma)$ 秒的概率超过 99.73%。因此，根据表 4.6 可以计算得到每个抽样率下三个层次的报警时间的近似最大值，如表 4.7 所示。可以看到，当抽样率为 1/512 时算法的检测实时性最好：接口层检测器可以在攻击发生 1 s 内发现异常，子网层检测器可以在 2 s 内识别出被攻击的子网，主机层检测可以在 4 s 内完成攻击受害者的识别。这一结果表明本方法对新型的扫段攻击和传统的泛洪攻击均具备良好的检测实时性。

表 4.6　不同抽样率下报警时间的均值和标准差(s)

抽样率	接口层		子网层		主机层	
	μ	σ	μ	σ	μ	σ
1/512	0.34	0.17	1.52	0.15	3.24	0.18
1/1 024	0.57	0.35	2.94	0.24	6.25	0.31
1/2 048	1.17	0.25	5.72	0.37	12.10	0.51
1/4 096	2.38	0.29	11.27	0.63	22.44	0.95
1/8 192	8.36	2.30	24.30	2.22	47.02	2.74
1/16 384	16.80	1.10	46.57	2.27	87.13	3.20

表 4.7　不同抽样率下报警时间的近似最大值(s)

抽样率	接口层	子网层	主机层
1/512	0.85	1.97	3.78
1/1 024	1.62	3.66	7.18
1/2 048	1.92	6.83	13.63
1/4 096	3.25	13.13	25.29
1/8 192	15.92	30.96	55.24
1/16 384	20.10	53.38	96.73

4.3.3.4　检测系统的吞吐量评估

检测系统的吞吐量指的是系统每秒钟能处理的数据包数量，吞吐量的大小反映了系统处理主干网络流量数据的能力。为了评估本章提出的检测方案的吞吐量，本节进行了两个实验：①在抽样率不变、Sketch 占用内存大小变化的条件下测量检测系统的吞吐量；②在 Sketch 占用内存大小不变、抽样率变化的条件下测量检测系统的吞吐量。

（1）Sketch 内存与系统吞吐量关系实验

Sketch 数据结构具有高效处理流量数据的能力，这种能力主要取决于 Sketch 使用的哈希函数的数量和 Sketch 本身占用的内存大小。本章提出的 BMFS 仅使用一个哈希函数进行计数桶定位，且 Sketch 结构的行数固定为 4，因此本系统的吞吐量主要取决于 Sketch 的列数。图 4.7 为检测系统在抽样率为 1/512，Sketch 列数在 2^{10} 到 2^{15} 范围的数据包处理吞吐量实验结果，可以观察到系统的数据包处理吞吐量随着 Sketch 列数的增加而提高。在列数为 2^{10}，即 Sketch 占用内存为 $4\times2^{10}\times6$ B=6 KB 时，检测系统每秒能处理超过 32×10^6 个数据包，大于 MAWI 数据集的最大瞬时流速（800 K pkts/s）。因此，可以得出结论，本文提出的 DDoS 泛洪攻击检测方法具备处理主干网络流量的能力。

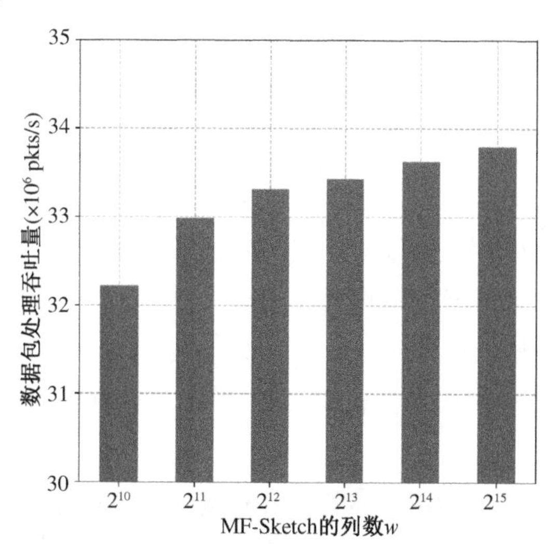

图 4.7　检测系统在不同 Sketch 列数下的数据包处理吞吐量

（2）抽样率和系统吞吐量关系实验

图 4.8 显示了检测方案在不同抽样率下的数据包处理吞吐量，此实验中 Sketch 列数固定为 2^{15}。从结果可以看出，当抽样率较小时（例如 1/16 384）检测系统能获得更高的数据包处理吞吐量。在检测方法的实际应用时，可以根据当前的网络流速以及检测的准确度需求来选择合适的抽样率。

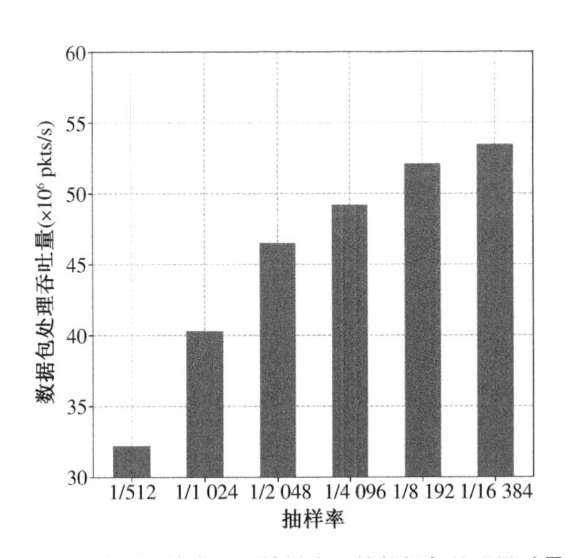

图 4.8　检测系统在不同抽样率下的数据包处理吞吐量

（3）算法对泛洪攻击和扫段攻击的检测结果

为了评估算法对传统的 DDoS 泛洪攻击和新型的扫段攻击的有效性，本节进行了两个实验：①基于泛洪攻击数据集进行 DDoS 泛洪攻击检测实验；②基于扫段攻击数据集进行扫段攻击检测实验。算法在不同抽样率下检测泛洪攻击和扫段攻击的结果如表 4.8 和表 4.9 所示。因为扫段攻击的检测重点是识别被攻击子网，因此表 4.9 中只给出子网层的检测结果。在这两个实验中，接口层、子网层和主机层使用的 BMFS 的列大小分别为 2^6、2^{12} 和 2^{12}。

从表 4.8 中可以看到，本章方法在检测针对单目标的 DDoS 泛洪攻击时，子网层检测能以高于 99％的精确率和召回率准确地识别出受害者所在的子网。同样的，主机层检测也能以高于 99％的精确率和召回率准确地识别

表 4.8　不同抽样率下 DDoS 泛洪攻击的检测结果

抽样率	子网层			主机层		
	Precision (%)	Recall (%)	FPR (%)	Precision (%)	Recall (%)	FPR (%)
1/512	100	100	0	99.93	100	0.01
1/1 024	99.93	100	0.01	99.86	100	0.02
1/2 048	100	100	0	99.86	100	0.02
1/4 096	100	100	0	100	100	0
1/8 192	100	100	0	100	100	0
1/16 384	100	100	0	100	100	0

表 4.9　不同抽样率下扫段攻击的检测结果

抽样率	子网层		
	Precision (%)	Recall (%)	FPR (%)
1/512	99.97	100	0
1/1 024	99.94	100	0.01
1/2 048	99.88	100	0.02
1/4 096	100	100	0
1/8 192	100	100	0
1/16 384	100	100	0

出受害者 IP。另外，表 4.9 表明本章方法在对扫段攻击进行检测时也能以高精确率和高召回率在子网层识别出扫段攻击针对的目标子网。因此，实验结果表明本方法对传统的 DDoS 泛洪攻击和新型的扫段攻击均具有较好的检测性能。

值得注意的是，在攻击类型相同的条件下，当抽样率低于 1/2048 时，检测结果的精确率、召回率仍然可以达到 100%。这是因为在低抽样率下，实际报文速率的不稳定性对 Sketch 提取的特征影响不大。换句话说，低抽样率使得提取的速度相关特征趋于平稳，从而使得最终的检测结果趋于稳定。

4.4 本章小结

本章首先分析了传统的 DDoS 攻击检测方法的问题并介绍了新兴起的 DDoS 扫段攻击的特点；之后提出了基于多层次网络信息融合的 DDoS 攻击检测方法，对其中的整体架构设计、多层次 DDoS 攻击检测模型的训练方法和实时检测方法进行了详细的介绍。本章实验对本方法检测传统泛洪攻击和新型扫段攻击的准确性、方法的内存使用以及实时性能进行了评估。实验结果表明，在仅使用很小内存的情况下，本方法能快速、准确地检测出传统的 DDoS 泛洪攻击和新型的 DDoS 扫段攻击，并且具备良好的实时性能。

第 5 章

基于单向流特征的 DoH 隧道攻击检测研究

5.1 DoH 隧道攻击检测的基本问题

由于传统 DNS 服务以明文形式传输报文，易遭受窃听和 DNS 劫持等攻击，互联网工程任务组于 2018 年 10 月正式发布域名解析加密标准 DoH (DNS over HTTPS)，RFC 8484 对 DoH 的定义和实现做出了明确阐述。当使用 DoH 服务时，明文 DNS 查询被封装在 HTTPS 流量中，并通过 443 端口转发至具有 DoH 解析功能的 DNS 服务器，即 DoH 解析器。由于 DoH 流量基于 HTTPS 协议加密传输，第三方(例如网络运营商和各种网络安全工具)如果不使用解密代理服务器强制拦截通信，就无法分析加密流量，也无法查看 DNS 数据的内容，这样便可以保护 DNS 服务免受窃听等攻击。目前，DoH 协议在全球范围内引发了关注并得到广泛应用，国际公开支持 DoH 服务的提供商超过 40 家，主流的 DNS 解析服务商如 Cloudflare、Google 和 Quad9 等均支持该协议[32]。

合法使用DoH能够保护用户隐私并提升网络安全水平，但从另一角度来看，DoH也可能带来新的安全问题。引入DoH协议后，攻击者可以通过建立DoH隧道与受控端的恶意软件保持通信，从而传输控制指令和窃取隐私信息，dns2tcp、dnsCat2、iodine、DoHC2、dnsexfiltrator和godoh等工具就是基于此技术完成DoH隧道攻击，这会对网络安全产生巨大威胁。2019年中国网络安全巨头奇虎360的网络威胁搜索部门NetLab发现了名为Godlua的恶意软件，Godlua基于Lua的Linux恶意软件将DoH部署为其DDoS僵尸网络的一部分。此外，一个名为Oilrig的伊朗黑客组织已成为第一个利用DoH协议进行攻击的APT组织，Oilrig使用DNSExfiltrator建立DoH隧道来窃取用户数据，帮助攻击者逃避安全产品的检测，对网络安全造成了威胁。

如果攻击者只针对某个特定用户发起DoH隧道攻击，对整个网络的威胁相对较小，但若在主干网中发起DoH隧道攻击，并像Godlua一样把DoH部署为DDoS僵尸网络的一部分，或许会带来不可估量的损失。主干网是大型传输网路，为不同局域网或子网间的信息交换提供路径，其容量巨大，一般链路带宽在10 Gbps以上，攻击者若在主干网中建立DoH隧道，再辅以DDoS攻击、APT攻击等手段，可能会严重威胁网络安全。

目前，传统的针对DNS隧道攻击的安全产品难以检测DoH隧道攻击。当建立DoH隧道进行攻击时，通信的主体内容被加密，隧道中的查询/响应流量和其他HTTPS流量混合在一起，都基于443端口通信，其表面上与正常的网络加密流量区别不大，所以不易区分它与普通的HTTPS流量[33]。

在当前已有的DoH隧道攻击检测方法中，基于双向流特征的DoH隧道攻击检测方法部署在客户端卓有成效，但并不适用于主干网中的DoH隧道攻击检测。由于传统单路径网络性能低和可靠性差，大多数主干网已转向多路径网络。在主干网中的一些网络节点上只能采集到单向流量，基于单向流量所提取的特征就具有非对称性，所以以往基于双向流特征的检测方法难以直接应用于主干网场景中的DoH隧道流量检测。另外，当前基于TLS指纹的DoH隧道攻击检测方法通过采集DoH隧道的TLS指纹建立

指纹库，对比待测指纹和指纹库中指纹为DoH隧道攻击检测提供初步预警[34]，但是主干网内流量数量巨大、类型众多，且攻击者可以使用规避技术改变TLS指纹，基于TLS指纹检测的方法部署在主干网上误报率可能会急剧升高。

针对DoH隧道攻击流量的高隐蔽性问题和主干网广泛部署着非对称路由的问题，本章研究设计一种面向主干网的基于单向流特征的DoH隧道攻击检测方法。

5.2 DoH隧道攻击技术

DNS隧道攻击一般采用C/S(Client-Server)模式，客户端安装在目标网络的受控主机上，同时，服务器设置在外部网络的C2服务器上[35]，一般伪装成受控域的权威域名服务器。由于DoH是一种加密的通信通道，因此相比于DNS，DoH可以建立更隐蔽的通信信道进行数据窃取和传输控制指令等恶意活动，这种攻击是一种更强的DNS隧道，称为DoH隧道。

如图5.1所示，为网络中典型的DoH隧道攻击流程。首先，攻击者注册一个域名并将其嵌入到恶意软件的受控端程序中，该程序读取用户隐私数据并将其逐行分割，隐私数据的每个部分都被添加到DoH查询中。然后，恶意软件程序控制受控端定期向自定义的DoH服务器发送DoH查询[36]，该DoH查询过程会定位攻击者所注册的域名，通过该方式将DoH查询内容发送到恶意软件的服务器端。当带有隐私数据的DoH查询到达恶意软件的服务器端时，攻击者可以通过分析DoH查询日志提取所需要的数据，然后恶意软件的服务器端将加密的控制命令等数据添加在DoH响应报文中，并发送回恶意软件的受控端[37]。由于网络基础设施共享，这种攻击是非常危险的，它可以在网络中传播大量的恶意指令，并从共享的数据库中窃取信息。

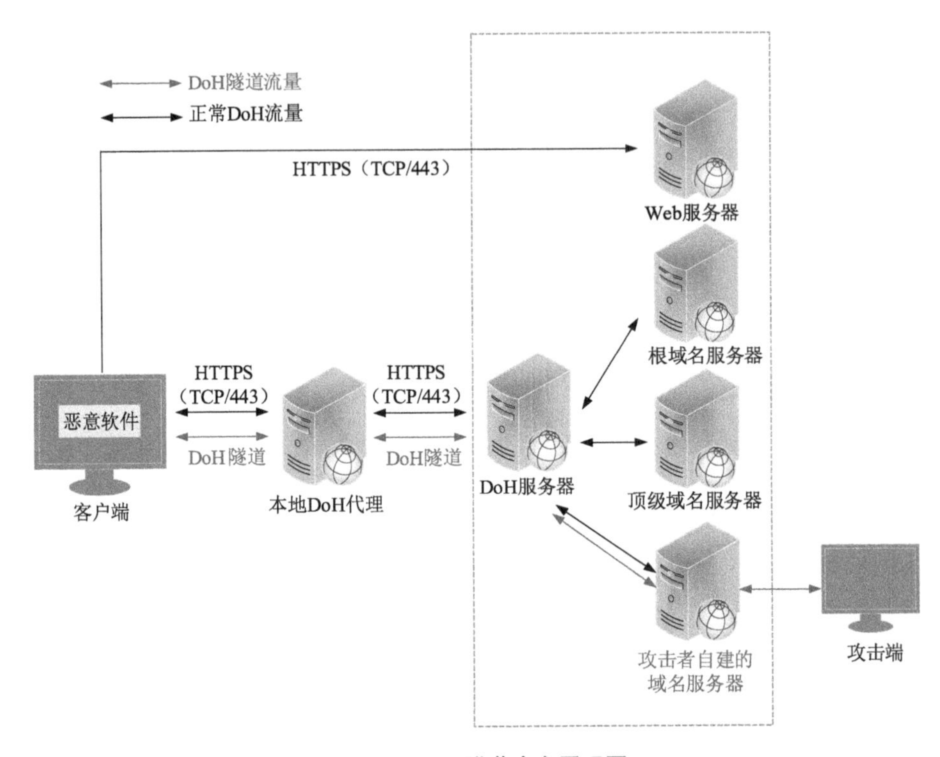

图 5.1　DoH 隧道攻击原理图

5.3 基于单向流特征的 DoH 隧道攻击检测方法

5.3.1　整体设计

本章提出的基于单向流特征的 DoH 隧道攻击检测方法采用有监督机器学习算法训练分类器，通过对输入的待测流量进行分类，实现 DoH 隧道攻击的检测，检测方法的整体架构如图 5.2 所示。

基于单向流特征的 DoH 隧道攻击检测方法主要包括四个模块：数据获取与预处理模块、特征优化提取模块、模型训练模块和 DoH 隧道攻击检测模块。该方法包括以下步骤：构建数据集，获取 DoH 隧道流量数据集和公开的主干网数据集，提取原始数据中基于流的特征信息；基于特征重要性算

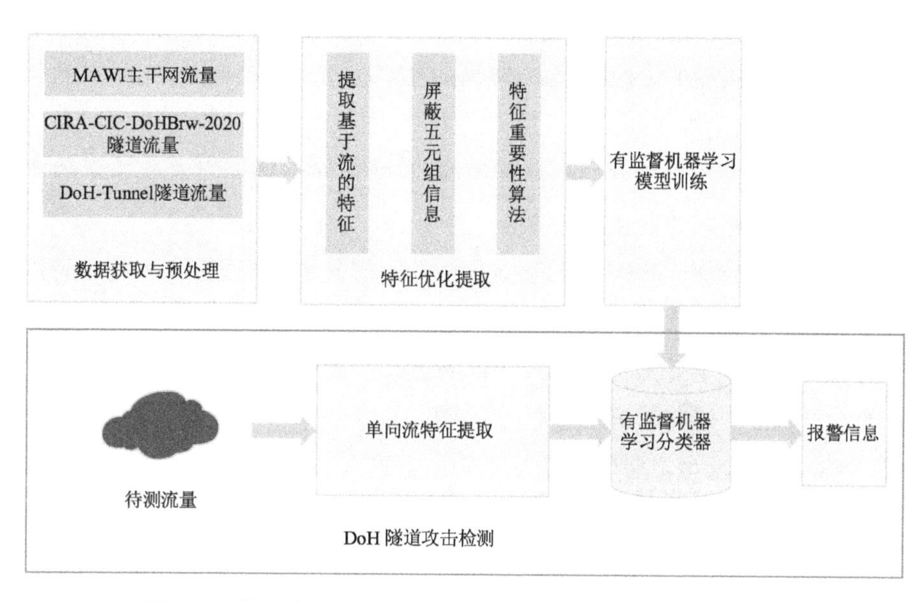

图 5.2　基于单向流特征的 DoH 隧道攻击检测方法整体架构图

法优化特征集；训练有监督机器学习模型；提取待测流量基于单向流的特征，使用训练好的模型检测 DoH 隧道攻击流量。本章所提方法只使用单向流的非对称特征，适用于部署了大量非对称路由的主干网场景。

5.3.2　基于特征重要性的单向流特征优化

对于有监督机器学习模型，筛选出具备高区分度的关键特征将决定其分类性能的上限。为准确区分良性背景流量和恶意 DoH 隧道攻击流量，简化模型复杂度并减少其训练时间，需要构建合适的特征集。本节分析了 DoH 隧道流量的传输过程，出于对 DoH 隧道流量具有加密性和主干网中流量具有单向性的考虑[38]，设计了一种基于特征重要性的单向流特征优化方法，最终仅提取六种基于单向流的特征，既避免了机器学习中由于海量特征引发的维度灾难问题[39]，减少检测时间，又能有效地在主干网中检测出 DoH 隧道攻击流量。

5.3.2.1　DoH 隧道攻击流量分析

攻击者利用 DoH 协议加密流量完成恶意软件负载的分发，能够掩盖自身的攻击行为，也可隐藏被感染主机与攻击服务器之间的通信流量特征。

一般来说，使用传统的DNS隧道流量检测方法很难在这种加密恶意流量中奏效，例如，在以前的工作中，查询域名的长度已被用作检测DNS隧道的一个重要特征，然而现在却无法从加密的DNS数据包中直接观察查询域名的长度。但是加密流量也有自己显著的特征，常用于加密恶意流量检测的主要特征有时间序列特征和统计特征。

时间序列特征。基于TLS协议加密的网络流量本质是一系列随时间传输的数据包，因此可以使用流量的时间序列表示对网络流进行建模，一些与时间相关的特征不受加密的影响。数据包之间的时间间隔是检测DoH隧道的常见特征。递归解析器通常会缓存以往DNS查找的信息以减少延迟，当DNS响应包含生存时间(Time To Live，TTL)值时，接收递归解析器将在TTL指定的时间内缓存该记录。然后，如果递归解析器在到期时间之前收到查询，它只会使用已缓存的记录进行回复，而不会再次从权威DNS服务器检索。然而，递归解析器在缓存中不能找到DoH隧道攻击生成的域名，其收到的每个查询都会转发到攻击者控制的NS，相应的响应将从NS返回，而不是直接从递归解析器的缓存返回。因此，DoH隧道流量的查询和响应的相邻对之间的时间间隔通常比正常DoH服务流量的时间间隔长。此外，正常的DoH流量通常是随机的，而在通过DoH传输数据时，DoH请求通常以相对恒定的速率发送。

统计特征。统计特征在机器学习分类中有着很大的作用，在加密恶意流量检测领域，研究者们普遍使用了诸如流持续时间、包长、包数量等统计特征，以往的研究也都证明了统计特征在检测加密恶意流量时的有效性。DoH隧道攻击流量本质上就是恶意加密流量，统计特征在DoH隧道攻击中大有可为。不过基于流的统计特征也会受到网络环境变化的影响，例如，改变流量采集节点的地理位置会使基于流的统计特征发生改变。

与此同时，由于主干网中广泛部署了非对称路由，在某个采集点上所获取的流量是单向的，所以在此场景下检测DoH隧道攻击流量，需要考虑使用基于单向流的非对称特征而非基于双向流的对称特征。所以，本章考虑结合单向流的时间序列特征和统计特征，共同构建特征集。

5.3.2.2 基于五元组遮蔽的特征提取

在前文中已经分析了DoH隧道流量的特性，初步选择使用基于单向流

的非对称特征，然而特征过多易引发维度灾难问题，同时消耗更多的计算资源和增加检测时间，这会大大降低分类器的效率，因此需要在基于单向流特征的基础上对特征进行进一步优化。

很多研究把流的特征分成自定义特征和五元组特征。自定义特征由研究者根据研究对象和内容自行选择并定义，通常是能够高度区分待测流量和背景流量的特征。五元组特征是指一次流量会话的五元组信息，包括：客户端 IP、服务器 IP、客户端端口号、服务器端口号与协议。目前一些研究依旧将五元组信息作为检测 DoH 隧道攻击流量的主要特征。当样本数据的采集环境相似类似且数据量较小时，DoH 隧道流量的五元组信息非常相像，而当样本数据采集环境多样且数据数量较大时，DoH 隧道流量的五元组信息就没有明显的规律。这样一来，由在单一封闭环境中获取的数据训练分类器，用相同环境获取的数据来检测，结果会很好，但是如果用不同网络环境的数据来测试分类器模型，那么检测结果很可能会不尽人意。

由恶意软件产生的 DoH 隧道攻击流量的五元组特征也不稳定。相同的恶意样本在不同的网络环境、不同的地理位置中运行，其产生的恶意流量的部分五元组信息也会不同，例如客户端 IP 和服务器端 IP 就会发生变化，攻击者可以轻易地改变五元组信息来隐藏自己。由恶意软件产生的 DoH 隧道流量的五元组特征并不稳定，所以不适合作为有监督机器学习模型的训练特征。如果把五元组信息作为特征进行训练，会使模型拟合过慢，最终降低分类器的整体检测精度。

基于以上讨论，为尽可能保持特征的稳定性，本方法在提取单向流特征的基础上屏蔽五元组信息，将所有会话流量的 IP 地址、端口号和协议信息作剔除处理。

5.4.2.3　基于特征重要性的特征优化

为了降低计算复杂度、防止模型过拟合，本节将在初步选取的单向流特征上进一步优化。主要思想是通过随机森林中带有的特征重要性算法，即判断每个特征在 RF 中的每棵决策树上所做贡献值的大小，把打上标签的样本数据输入到 RF 分类器中进行多轮训练，取多轮结果的平均值，然后比较各个特征贡献值的大小，从而对特征集进行优化降维。如图 5.3 所示为基于特征重要性评估的结果，因初始的统计特征较多，图中仅展示了一些重要性较高的特征。本研究根据特征重要性的排序结果和对应的 RF 算法的分类准确度，丢弃了很多贡献度小的特征，即权重低于 0.05 的特征，迭代并保留重要性更高的关键特征。

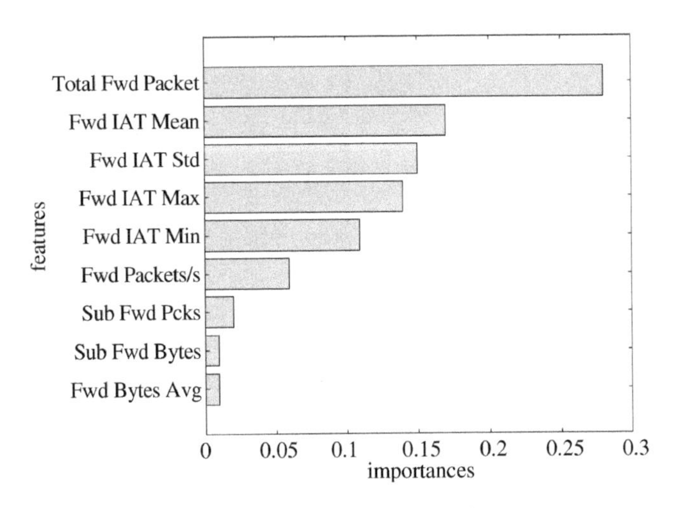

图 5.3　基于特征重要性的特征权重图

根据特征重要性算法的排序结果，最终构建的单向流特征集群包括 6 个特征：Total_Fwd_Packet、Fwd_IAT_Mean、Fwd_IAT_Std、Fwd_IAT_Max、Fwd_IAT_Min 和 Fwd_Packets/s，其含具体义如所示。此处，正向是指由受控端向服务器端传输的数据流向。

表 5.1　基于特征重要性算法的特征选择结果

特征	描述
Total_Fwd_Packet	在正向上发送数据包的数量
Fwd_IAT_Mean	在正向上发送的两个数据包之间的平均时间
Fwd_IAT_Std	在正向上发送的两个数据包之间的时间的标准差
Fwd_IAT_Max	在正向上发送的两个数据包之间的最大时间
Fwd_IAT_Min	在正向上发送的两个数据包之间的最小时间
Fwd_Packets/s	每秒正向数据包的数量

5.3.3　有监督机器学习模型训练

与其他领域提取高维特征的工作不同，DoH 流量是加密的，可以从加密流量中提取的特征数量有限，因此本方法不构建复杂的分类器。如果一个简单的分类器是有效且准确的，那么它能为工程提供更可接受的成本。本方法选择了三种可解释的有监督机器学习模型：随机森林算法、K-近邻算法和 XGB 算法。通过对比三种机器学习分类算法结果，找到最有效的检测模型。

5.3.3.1　基于随机森林算法的 DoH 隧道攻击检测

随机森林算法通过多个决策树发挥作用，每棵树自主学习和预测，其分类结果由特定的投票规则决定。随机森林的整个训练集是由单独的决策树训练集组成，每棵决策树的训练集都包含从预处理的原始数据中随机选择的一定数量的数据，同样随机选择原始特征的一个子集来使用，引入这两个随机元素保证了每棵树的独立性。基于对若干个弱分类器的预测结果投票，能够形成强分类器。这种基于投票的分类方法降低了过度拟合的风险，并增强了抗噪能力。RF 算法的实现可以概括如下：

① 在一个 X 维特征维度的训练集里，采用自助抽样的方法进行有放回随机抽样，每次拿出 m 个样本，反复进行 n 次，获得 n 个训练集。

② 对每个训练集，随机选择一个特征当做决策树的分裂依据，直至所有训练样本都被准确分类或者这 x 个特征穷尽为止。

③ 重复进行 n 次，获得 n 棵决策树。

④ 由这 n 棵决策树构成随机森林，最后的分类结果由所有的决策树投票决定。

RF 算法充分发挥了决策树的优点，能够快速训练，并且基分类器是独立的决策树，相关性小，所以降低了过度拟合的可能性。RF 算法主要需要考虑的是选择适当数量的特征进行训练。另外，RF 训练过程中决策树的数量 n 也显著影响着算法的分类性能，随着决策树数量 n 的增加，训练的模型会收敛到较低的泛化误差。然而，在 n 超过一定值后，还增加树的数量则会导致收益递减，并且可能会减慢程序的运行速度。

5.3.3.2 基于K-近邻算法的DoH隧道攻击检测

K-近邻算法是一种流行的、简单的机器学习技术，其核心思想是：若某样本在特征空间中的k个最近邻样本中的大多数都属于某一特定类别，则此样本也应归入该类别，并与该类中的其他样本具有共同特征。KNN算法不依赖类域判断，而是关注有限数量的相邻样本，使其在处理具有重叠或跨类域的样本时更加有效。

实现KNN算法并不复杂，首先要计算待测样本和已知样本之间的曼哈顿距离或欧氏距离，接下来选定适当的参数k，通常是小于20的自然数，不同的k值会产生不同的分类结果。曼哈顿距离和欧氏距离的计算方法分别如公式5.1和5.2所示。

$$d(x,\ y)=\sqrt{\sum_{i=1}^{N}|x_i-y_i|} \qquad \text{公式 5.1}$$

$$d(x,\ y)=\sqrt{\sum_{i=1}^{N}(x_i,\ y_i)^2} \qquad \text{公式 5.2}$$

KNN算法在处理大量数据时能够表现出较好的可扩展性，在达到局部最优解时就可以得到很好的结果。在KNN算法中，最终的检测结果会被k值直接影响。k值偏小时，仅有和待测样本很近的训练样本才能发挥作用，但易发生过拟合；k值偏大时，与待测样本距离较远的训练样本也会影响分类结果，导致分类更易出现错误。通常在实际使用时，会选择较小的数作为k值。

5.3.3.3 基于XGB算法的DoH隧道攻击检测

XGB算法属于Boosting算法的一种，其思想是通过迭代将若干个弱分类器集成在一起，形成强分类器。XGB通过多轮训练生成若干个CART回归树并集成，每一轮训练都基于前一轮生成树的训练与预测，需要向损失函数的负梯度方向提升，每一轮训练都将生成一棵树来拟合上一轮的预测残差，如此持续迭代直到预测残差不能再缩小，最终使模型能够兼具较高的分类准确性和良好的泛化能力。

XGB基于前向分布算法和决策树加法模型来生成树。前向分布算法把每轮迭代的生成树当做一个新函数，来拟合上轮的预测残差，获得新的残差

和预测值。决策树加法模型是指训练完成后会生成若干棵树，每一棵树上都有样本特征对应的预测值，把所有的节点预测值相加就能够得到最终预测值。

XGB 实质上是集成若干个决策树，所以可以把模型写成：

$$f_N(X_i)=\sum_{n=1}^{N}T(X_i,\ \theta_n) \qquad \text{公式 5.3}$$

式 5.3 中的 $T(X_i,\ \theta_n)$是指其中一棵决策树，X_i 是第 i 个输入的样本，θ_n 代表决策树的参数，N 是决策树的数量，$f_N(X_i)$是指进行了第 N 次迭代之后的预测值。

XGB 生成树首先要把每个样本的预测值初始化为 0，即 $f_0(X_i)=0$，那么第 n 次迭代得到的模型可以表示为：

$$f_n(X_i)=f_{n-1}(X_i)+T(X_i,\ \theta_n) \qquad \text{公式 5.4}$$

随后，把算法的损失函数最小化并进行求解，就可以计算得到 θ_n，计算方法如公式 5.5 所示：

$$\theta_n=\operatorname{argmin}\sum_{i=1}^{N}L(y_i,\ f_{n-1}(X_i)+T(X_i,\ \theta_n)) \qquad \text{公式 5.5}$$

基于决策树加法模型和前向分布算法，提升树模型 $f_N(X_i)$ 把所有的决策树 $T(X_i,\ \theta_n)$ 相加就得到最终的 XGB 模型。

XGB 算法采用并行的多线程计算模式，同时能控制调整模型的复杂程度，因此可以高效处理复杂的或不平衡的数据集，并具有较强的泛化能力。

5.3.4 数据集构建

为验证基于单向流特征的 DoH 隧道流量检测方法的有效性，采用两个公开数据集：Measurement and Analysis on the WIDE Internet (MAWI)数据集和 CIRA-CIC-DoHBrw-2020 数据集；另外，为提高检测模型的泛化能力，本章进行了由不同工具完成的 DoH 隧道攻击，自行采集并构建了 DoH 隧道流量数据集 DoH-Tunnel。

在获取数据集时，可分为良性背景流量和被视为恶意流量的 DoH 隧道流量。由于需要检测主干网环境中的DoH隧道流量，所以良性背景流量需要选取主干网上的良性流量，本研究使用公开数据集MAWI中部分流量作为良性数据集。作为恶意流量的DoH隧道流量获取来源主要有两种，一是从公开数据集CIRA-CIC-DoHBrw-2020中选取部分数据集，包括通过dns2tcp、dnsCat2和iodine三种恶意软件产生的DoH隧道流量；二是自建DoH隧道流量数据集，包括通过DoHC2、DNSExfiltrator和godoh三种恶意软件产生的DoH隧道流量。下面具体介绍这几种数据集。

（1）MAWI数据集

MAWI是捕获自WIDE主干网的真实网络数据集，包括在多个采集点上捕获的流量数据。本章的实验采用MAWI工作组在2020年6月3日捕获的15分钟流量数据集作为主干网背景流量（MAWI-0603），这个数据集是在一条10Gbps互联网交换链路的采集点G上捕获的，其中每秒包含503k个数据包。为平衡背景流量和DoH隧道流量，本研究取MAWI-0603的部分数据用于实验。

（2）CIRA-CIC-DoHBrw-2020数据集

CIRA-CIC-DoHBrw-2020是加拿大网络安全研究院提供的DoH隧道流量相关的数据集，其中捕获了良性DoH流量、DoH隧道流量以及非DoH流量。为了生成代表性数据集，良性DoH流量和DoH隧道流量是通过访问Alexa排名前10k的网站，分别使用浏览器和DNS隧道工具生成的；DoH隧道流量使用了三种DNS隧道工具来生成：dns2tcp，dnsCat2和iodine。本章选取CIRA-CIC-DoHBrw-2020中的DoH隧道流量数据进行实验。

（3）DoH-Tunnel数据集

DoH-Tunnel数据集包含DoHTunnel-C2数据集、DoHTunnel-dnsExfiltrator和DoHTunnel-godoh数据集。

通过两台主机自行搭建DoH隐蔽隧道，主机A作为攻击端，在A中部署建立DoH隧道工具的服务器；主机B作为受控端，是DoH隧道工具的访问端。本研究通过dnsExfiltrator、DoHC2和godoh三种工具进行了DoH隧道攻击，攻击过程的流量采集拓扑图如图5.4所示。

首先，攻击者设置特定的域名“test. xyz”，同时设置A记录类型，用于指

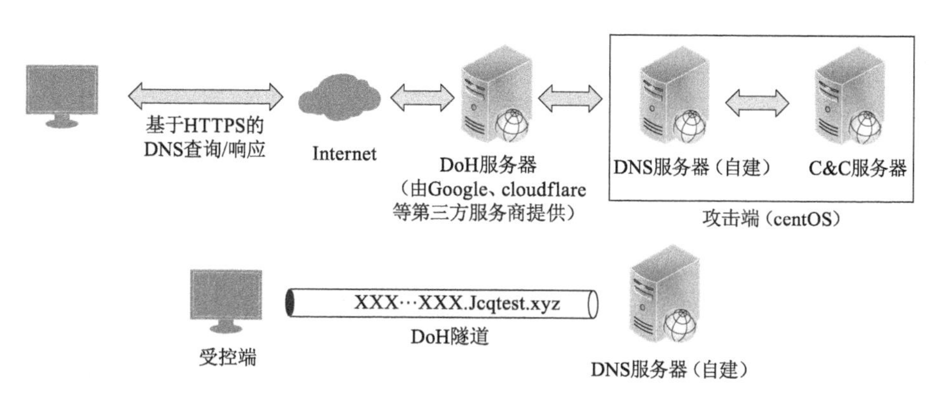

图 5.4　DoH 隧道流量采集拓扑图

向主机 A 的 IP 地址，在主机 A 里配置了自建的 DNS 服务器，其基于 Python 开发，通过 53 端口与网络进行连接。接下来，需要配置两个 NS (Name Server)记录类型，分别是：send. test. xyz 和 receive. test. xyz，它们都会解析指向域名“test. xyz”。对于攻击者来说，“receive. test. xyz”用于传输控制命令，“send. test. xyz”用于回传隐私数据信息。

当 DoH 隧道攻击处于等待状态时，由 DoH 隧道工具部署在主机 B 里的恶意程序将定期向攻击者播报攻击等待状态，每隔一定的时间，受控端 B 都会把攻击等待信息嵌入域名“receive. test. xyz”的子域名里，接着发送域名解析请求，通过网络里的 DoH 服务代理商解析之后，把信息发送到攻击端 A。当攻击者想要窃取受害者的隐私信息时，就会把控制命令隐藏在响应报文中，从攻击端的主机 A 传至受控端的主机 B。本实验已经事先在受控端主机 B 中放置了数据样本，作为被攻击端主机 A 盗用的隐私信息，数据大小在 10 KB 到 100 MB 之间。

当 DoH 隧道攻击开始时，受控端主机 B 中嵌入的 DoH 隧道访问端恶意程序会对用户隐私数据填充并分组，再隐藏在域名“send. test. xyz”的子域名中，接着不断请求域名解析，在经过网络中 DoH 服务代理商解析之后，把数据信息传至攻击端主机 A。这时候，攻击端主机 A 也能把新的控制命令隐藏在响应报文里，从攻击端 A 传至受控端 B。通过上述方式，就能够建立 DoH 隧道完成双向的数据传输。

在采集 DoH 隧道流量数据时，把 Wireshark 这一流量采集工具部署到受控端的主机 B 中，在进行 DoH 隧道攻击时采集流量，以 pcap 包的形式存储。设置多种攻击变量，能够采集到不同场景中的 DoH 隧道流量：

（1）恶意软件：使用 dnsExfiltrator、DoHC2 和 godoh 三种工具进行 DoH 隧道攻击。

（2）DoH 查询的时间间隔：设置不同的 DoH 查询时间间隔，包括 20 ms、500 ms、1 000 ms 以及 2 000 ms。

（3）DoH 服务代理商：使用不同的 DoH 服务代理商来解析域名，包括 cloudflare、Google、阿里和腾讯所提供的 DoH 服务器。

（4）单次域名 Byte 数的大小：设置不同的单次域名 Byte 数大小，包括 20 Bytes、30 Bytes、40 Bytes、50 Bytes 和 60 Bytes。

把 CIRA-CIC-DoHBrw-2020 数据集中的三种 DoH 隧道流量和 DoH-Tunnel 数据集混合到 MAWI-0603 主干网背景流量中获得混合数据集。随后对数据集进行数据预处理，提取单向流特征，为数据打上标签。按一定比例将良性背景流量和 DoH 隧道流量进行混合，得到混合数据集。最后将背景流量和 DoH 隧道攻击流量等比例随机划分为训练集和测试集，具体信息如表 5.2 所示。

表 5.2　MAWI 主干网流量与 DoH 隧道流量的混合数据集

数据集	数据流条数	MAWI 数据流条数	DoH 隧道数据流条数	用途
MAWI-CIC-dns2tcp	568 940	512 046 (90%)	56 894 (10%)	75%训练 25%测试
MAWI-CIC-dnsCat2	186 030	167 427 (90%)	18 603 (10%)	75%训练 25%测试
MAWI-CIC-iodine	133 140	119 826 (90%)	13 314 (10%)	75%训练 25%测试
MAWI-DoHTunnel-C2	36 340	32 760 (90%)	3 634 (10%)	75%训练 25%测试
MAWI-DoHTunnel-dnsExfiltrator	15 560	14 004 (90%)	1 556 (10%)	75%训练 25%测试
MAWI-DoHTunnel-godoh	15 130	13 617 (90%)	1 513 (10%)	75%训练 25%测试

将由 6 种恶意软件所产生的 DoH 隧道流量全部混合，按 1∶1 拆分成两份，同时，将 MAWI 数据集的主干网背景流量也按 1∶1 拆分成两份，取隧道流量一份与 MAWI 背景流量一份混合，得到混合数据集 MAWI-DoH1，随机划分为训练集和测试集，比例为 3∶1。同样，将剩下的一份 DoH 隧道流量与剩下的一份 MAWI 主干网背景流量混合，得到混合数据集 MAWI-DoH2，随机划分为训练集和测试集，比例为 3∶1。两份混合数据集的具体信息如表 5.3 所示。

表 5.3　所有恶意软件产生的隧道流量与 MAWI 的混合数据集

数据集	数据流条数	MAWI 数据流条数	DoH 隧道数据流条数
MAWI-DoH1	427 757	380 000 (89%)	47 757 (11%)
MAWI-DoH2	427 757	380 000 (89%)	47 757 (11%)

5.3.5　实验与结果分析

5.3.5.1　机器学习分类器性能评估

使用混合数据集 MAWI-DoH1 作为训练集，MAWI-DoH2 作为测试集，训练机器学习分类器。这两份数据集均包含由 6 种不同的隧道工具产生的 DoH 隧道流量和 MAWI 主干网背景流量，且两份数据集中的数据互不交叉，最终得到三种机器学习算法检测结果如下表 5.4 所示：

表 5.4　MAWI-DoH1 训练的机器学习算法检测结果

分类器	Precision(%)	Recall(%)	F1-score(%)	Accuracy(%)
RF	99.91	99.91	99.91	99.91
KNN	98.04	98.00	98.02	98.00
XGB	99.99	99.99	99.99	99.99

使用 MAWI-DoH2 作为训练集，MAWI-DoH1 作为测试集，得到三种机器学习算法检测结果如下表 5.5 所示：

表 5.5 MAWI-DoH2 训练的机器学习算法检测结果

分类器	Precision(%)	Recall(%)	F1-score(%)	Accuracy(%)
RF	99.68	99.68	99.68	99.68
KNN	95.71	95.81	95.51	95.81
XGB	99.99	99.99	99.99	99.99

实验表明，XGB 算法在主干网上的 DoH 隧道攻击检测中表现最好，两次交叉实验的四项评估指标均显示为 99.99%。RF 算法的表现也较好，两次交叉实验中四项评估指标均达到 99.68%及以上，仍能保持较高精度地检测出 DoH 隧道攻击流量。相比之下 KNN 算法的表现与前两者差距较大，不如 XGB 算法和 RF 算法更适用于主干网上的 DoH 隧道攻击检测。

分析算法原理可知，XGB 算法在目标函数里加入了正则项，能够简化模型，防止过拟合，并且其与 RF 算法一样支持随机抽样，可以减少计算量。同时，XGB 算法对损失函数做了二阶泰勒展开，收敛速度快。因此，当实验的训练集中仅有 6 维特征向量时，XGB 模型的检测效果非常好。RF 算法也是一种优秀的机器学习算法，具有一定的抗过拟合能力，还能对特征的重要性进行评估，然而在某些噪声较大的情况下，其仍然会过拟合，此时精度会随之下降，RF 算法在本实验中表现尚佳但不及 XGB 算法。KNN 算法的原理则非常简单，容易实现，但正因为曼哈顿距离和欧氏距离的计算方法相对简单，不能像 XGB 算法一样及时对上一轮的预测结果进行修正，所以有时会导致模型对异常值不敏感。并且 KNN 算法每次分类都需要重新进行一次全局运算，对于样本容量大的数据集计算量也随之增大，因此 KNN 算法在主干网的 DoH 隧道攻击流量检测中表现不佳。

5.3.5.2 不同隧道流量产生工具对检测性能的影响

由对三种机器学习分类器的评估实验可知，XGB 算法分类器在检测 DoH 隧道流量上效果最好。故本次实验选择使用 XGB 模型进行流量分类检测，使用表 5.2 中的 6 种数据集分别进行训练和测试，每种数据集按 3∶1 随机划分为训练集和测试集，各自独立进行实验。本实验使用的数据集中 DoH 隧道流量分别由六种不同的隧道工具产生，工具分别为：dns2tcp、

dnsCat2、iodine、DoHC2、dnsExfiltrator 和 godoh，能够帮助我们评估不同 DoH 隧道流量产生工具对检测性能的影响，实验结果如表 5.6 所示：

表 5.6　使用不同隧道流量产生工具的检测结果

数据集	Precision(%)	Recall(%)	F1-score(%)	Accuracy(%)
MAWI-CIC-dns2tcp	100	100	100	100
MAWI-CIC-dnsCat2	99.93	99.93	99.93	99.93
MAWI-CIC-iodine	99.88	99.88	99.88	99.88
MAWI-DoHTunnel-C2	99.76	99.76	99.76	99.76
MAWI-DoHTunnel-dnsExfiltrator	100	100	100	100
MAWI-DoHTunnel-godoh	99.88	99.88	99.88	99.88

根据实验结果可以看出，主干网中基于单向流特征的 DoH 隧道流量检测方法对由 dns2tcp 和由 dnsExfiltrator 产生的 DoH 隧道攻击检测效果最好，四项评价指标均达到了 100%，对其余四种隧道工具产生的 DoH 隧道攻击检测效果也较好，均达到了 99.76%及以上。实验证明了基于单向流特征的 DoH 隧道攻击检测方法具有较强的适用性，能在主干网中用于由多种 DoH 隧道攻击方式产生的 DoH 隧道攻击检测，对由 dns2tcp 和由 dnsExfiltrator 产生的 DoH 隧道攻击检测效果最好。

5.3.5.3　DoH 查询时间间隔对检测性能的影响

在数据集 MAWI-DoHTunnel-dnsExfiltrator 中，使用 dnsExfiltrator 工具产生 DoH 隧道流量时，设置了不同的 DoH 查询时间间隔，范围在 20 到 2 000 ms，分别设置了 20 ms、500 ms、1 000 ms 以及 2 000 ms 四种查询时间间隔来模拟攻击者躲避模型检测的场景，通过 5 天的攻击实验采集数据，最终采集到 4.7 GB 的原始数据。随后，对原始数据进行流量清洗，最终得到 4 份纯净的 DoH 隧道流量，其 DoH 查询时间间隔分别为 20 ms、500 ms、1 000 ms以及 2 000 ms。将 MAWI 主干网背景流量分别与这 4 份 DoH 隧道流量按 9∶1 混合，构建 4 份数据集，详细信息如表 5.7 所示：

表 5.7　不同 DoH 查询时间间隔产生的数据集信息

数据集	DoH 查询时间间隔(ms)	MAWI 数据流条数	DoH 隧道流条数
M-dnsExfiltrator-20	20	1 557(90%)	173(10%)
M-dnsExfiltrator-500	500	1 305(90%)	145(10%)
M-dnsExfiltrator-1000	1 000	1 449(90%)	161(10%)
M-dnsExfiltrator-2000	2 000	9 693(90%)	1 077(10%)

使用表现更好的两种机器学习模型 RF 算法和 XGB 算法对以上 4 种数据集分别训练与测试，每个数据集均按 3∶1 随机划分为训练集和测试集，检测结果分别如表 5.8 和表 5.9 所示：

表 5.8　基于 RF 算法使用不同 DoH 查询时间间隔的检测结果

时间间隔	Precision(%)	Recall(%)	F1-score(%)	Accuracy(%)
20 ms	100	100	100	100
500 ms	100	100	100	100
1 000 ms	100	100	100	100
2 000 ms	99.96	99.96	99.96	99.96

表 5.9　基于 XGB 算法使用不同 DoH 查询时间间隔的检测结果

时间间隔	Precision(%)	Recall(%)	F1-score(%)	Accuracy(%)
20 ms	100	100	100	100
500 ms	100	100	100	100
1 000 ms	99.75	99.75	99.75	99.75
2 000 ms	99.96	99.96	99.96	99.96

实验评估了 DoH 查询时间间隔对检测结果的影响，表 5.8 和表 5.9 分别展示了使用 RF 算法和 XGB 算法检测由 4 种不同的 DoH 查询发送时间间隔产生的 DoH 隧道流量的结果，可以看出，RF 算法仍能准确检测所有 DoH 查询发送时间间隔≤1 000 ms 的 DoH 隧道流量，XGB 算法仍能准确检测所有 DoH 查询发送时间间隔≤500 ms 的 DoH 隧道流量。但随着时间间隔的增大，模型检测性能随之有着轻微下降，但各项指标也保持在 99.75% 及以上。所以总体来看，增大 DoH 查询时间间隔确实有助于攻击

者逃避检测，但是增加DoH查询的时间间隔不会导致RF分类器和XGB分类器出现大量误报。

5.4 本章小结

本章首先对主干网中DoH隧道攻击检测研究所面临的问题进行了阐述，随后介绍了基于单向流特征的DoH隧道攻击检测方法。基于混合了6种由不同工具产生的DoH隧道流量的主干网数据集，实验评估了RF算法分类器、KNN算法分类器和XGB算法分类器在DoH隧道攻击流量检测中的性能，综合来看XGB算法分类器表现最优，四项评价指标均达到99.99%以上，RF算法分类器次之，评价指标均保持在99.65%及以上，KNN算法分类器表现不及前两者。随后本章分析了不同隧道产生工具对模型检测性能的影响，结果表明XGB检测模型在面对多种不同的隧道软件时均具有较好的识别效果，四项评价指标都保持在99.76%及以上。最后本章分析了DoH查询时间间隔对检测性能的影响，结果表明随着时间间隔的增大，模型检测性能随之有着轻微下降，但各项指标也保持在99.75%及以上，增大DoH查询的时间间隔确实有助于攻击者逃避检测，但不会导致本研究所用分类器出现大量误报。实验结果表明，基于单向流特征的DoH隧道攻击流量检测方法能有效应用于主干网场景，在攻击者使用不同的隧道攻击工具和不同的DoH查询时间间隔的情况下，仍能在主干网背景流量中准确检测出DoH隧道攻击。

第6章 高速网络中物联网设备识别研究

6.1 物联网设备识别的基本问题

作为互联网向世界万物的延伸和扩展，物联网（Internet of Things，IoT）是一种物理世界、数字世界相互关联的系统，为智能产品按照既定协议与其他人、物或者系统通信提供了可能。物联网能够实时收集指定对象的属性信息和变化信息，监控或者管理指定对象，应用场景覆盖智慧交通、智能家居、公共建筑、工业、农业、健康与医疗等领域。现如今，硬件技术的进步、数据分析能力的发展、网络性能的提升以及消费者对物联网价值体会的深入等诸多要素，为物联网解决方案的设计发展带来实质性加速[40]。Statista的统计数据显示，到2025年，全球物联网连接设备的数量将达到190亿[41]，在全球创造3.8千亿美元的总收入[42]，如表6.1所示。

表 6.1　全球物联网连接设备数量以及总年收入

年份	全球物联网连接设备的数量（十亿台）	全球物联网总年收入（十亿美元）
2020	9.76	181.5
2021	11.28	213.1
2022	13.14	251.6
2023	15.14	293.2
2024	17.08	336
2025	19.08	380.1

值得注意的是，随着应用市场的不断扩展，物联网遇到以下挑战：由于覆盖行业广泛，产品形态以及应用场景呈现碎片化；由于功能单一，缺乏统一的标准、协议、操作系统等，接入终端繁杂，具有异构性；由于功耗低，计算、存储资源受限，自身安全防御相对欠缺，易出现漏洞；设备数量增长快速，缺乏可视性；用户的安全意识较弱，不能及时升级设备固件等。物联网成为黑客的新一代攻击目标，面临着扫描、僵尸网络、欺骗、暴力破解以及零日漏洞等一系列安全威胁[43]。

2020 年 3 月，宙斯盾安全团队发现一种利用 IoT 网络摄像头 DVR 服务完成的新型 UDP 反射放大攻击，攻击的流量规模超过 50 G[44]。同年 12 月，网络安全公司 Zscaler 在对企业 IoT 进行为期两周的评估后发现，Zscaler 每小时阻止了 833 次针对物联网设备的恶意软件攻击，攻击量同比增长 700%[45]。2021 年 8 月 16 日，ONEKEY 披露了漏洞 CVE-2021-35394，该漏洞影响 Realtek Jungle SDK 2.0 和 3.4.14B 中的 UDPServer，引发出物联网供应链问题。截止到 2022 年 12 月，针对该漏洞的攻击尝试达到 1.34 亿次，对 D-Link、LG、Belkin 等物联网厂商造成影响[46]。

物联网中的典型攻击链可分为五个阶段，分别是渗透、监听、数据分析、规划和攻击[47]。在渗透阶段，攻击者获取易受攻击设备的控制权限；在监听阶段，攻击者以被渗透设备为代理观察其余正常设备的活动。从网络运营商或网络安全监管代理的角度来看，如果能在第一阶段阻止对手冒充合法设备或在第二阶段识别被攻击的设备，就能相对容易地摧毁整个攻击链。因此，互联网服务提供商有必要在充分考虑消费者隐私的前提下，识别物联网设备身份，增强设备可见性，从而实现物联网设备的精准管理，尽早发现异常。

物联网设备识别是基于物联网设备工作时产生的信息，通过一系列方法将待识别的设备推断为某一具体设备的过程，识别结果可以为设备的类别(category)、品牌型号(type)以及具体实例(instance)等。具体地，物联网设备识别的一般流程为，采集设备信息确定研究对象，从研究对象中获得指纹，通过规则匹配、机器学习、深度学习等方法推断出识别结果。由于功能单一、资源受限，物联网设备往往将信息封装为数据包向服务器发送，或者接收来自服务器的数据包。由这些被发送或接收的数据包汇聚组成的网络流量常作为物联网设备识别的研究对象。根据设备流量采集方式的不同，将物联网设备识别方法分为主动识别与被动识别。

主动识别是通过 Nmap[48]、Zmap[49]等主动探测工具，向物联网设备所接入的网络发送网络探测分组，以返回的响应作为研究对象进行设备识别的方式。主动识别通常基于响应分组的标语(banner)、协议字段、固件等信息构建指纹，进行设备识别。标语信息通常为应用层报文中的显式信息，例如 HTTP、HTTPS 响应报文中响应体的文本信息。协议字段属于报文首部的内容，揭示报文的各项信息。固件是设备内部最基础、最底层的软件，包含了设备运行的可执行文件、配置文件等。主动识别在数据采集上成本低、便于部署，能够一次性采集到所需全部数据；能够按需发送特定探测分组；能够识别物联网设备的具体实例，实现大规模细粒度识别。但是，这种数据获取方式有可能被视为攻击，对于大型部署来说是侵入性和不可扩展的方法，不便开展网络管理、异常检测等后续工作。此外，由于防火墙、网络地址转换(NAT)等技术的存在，主动识别通常面向公网上的物联网设备，加之存在不响应以及响应分组中不含有关键信息的物联网设备，其有效性、准确性不能保证。

被动识别是将研究人员在网络的各种有利位置上以不注入新流量的非侵扰方式监听得到的物联网设备流量作为研究对象进行设备识别的方式。可以通过配置交换机、路由器等网络设备使被监听端口的网络流量转发到特定端口，或者通过部署在网络出口的探针(设备或程序)实现设备流量采

集。被动监听得到的数据量大，上下文信息丰富，流量的内容、模式和元数据都可以揭示设备信息。由于保护用户隐私的需要以及加密流量技术的应用，这种识别方法通常从流量中提取有效特征进行设备识别，很少检查流量的内容。被动识别以非侵扰的方式采集网络流量，不对网络产生影响。此外，丰富的流量为全面了解物联网设备的通信行为提供了分析基础，便于实现对设备流量模式的建模，增加了识别设备行为变化的机会，从而有助于检测受损设备或者网络攻击，开展后续工作。但随着网络性能的提升，被动识别面临着处理海量数据的挑战。

与此同时，物联网设备的接入场景日渐丰富，包括家庭、校园、企业园区以及城市等。而随着通信技术的飞速发展，接入网已步入高速网络的阶段。因此，本章对高速网络中的物联网设备识别方法进行研究。

6.2　基于深度学习的高速网络中物联网设备识别

6.2.1　物联网设备流量的周期性

通常，物联网系统的时延敏感度较高，对数据以及服务的时效性要求较高，这就要求物联网设备必须将底层部件收集到的信息以网络流量的方式实时传输到服务器进行后续处理。一般情况下，物联网设备进行流量传输时，其流量具有周期性。周期性产生的原因如下：

（1）通信模式

物联网设备具有以下两种通信模式，制造商根据设备功能需求设定其通信模式。①事件驱动模式：物联网设备检测到特定事件或达到预定义的阈值时，才会触发信息的传输。②周期模式：传感信息的传输在固定的时间间隔内进行。当设备采用周期模式通信时，其数据传输过程呈现周期性。

（2）协议、服务机制以及工作需求

即使物联网设备采用事件驱动的通信模式，由于协议、服务以及工作需求，其整体数据传输过程也存在周期性的数据传输。当外部环境没有发生变化或者不存在用户交互行为时，物联网设备仍需要定期发送消息来保持与服务器的连接[50]，如发送图 6.1 所示的心跳报文来通知服务器或节点自身的状态。当采用 TCP 进行数据传输时，如果连接处于空闲，设备将每隔一段时间发送一个有效负载较小的探测报文。

```
0000  00 e2 69 2f 5e bf f4 84  8d 0d 48 21 08 00 45 00   ··i/^···  ··H!··E·
0010  00 87 17 61 40 00 3f 11  73 f5 c0 a8 64 dd 79 c7   ···a@·?·  s···d·y·
0020  10 c3 52 57 22 62 00 73  bb 56 47 45 54 20 2f 68   ··RW"b·s  ·VGET /h
0030  65 61 72 74 62 65 61 74  2f 64 65 76 69 63 65 2f   eartbeat  /device/
0040  36 4d 30 38 33 41 41 50  41 5a 32 35 38 35 33 20   6M083AAP  AZ25853
0050  48 54 54 50 2f 31 2e 31  0d 0a 58 2d 56 65 72 73   HTTP/1.1  ··X-Vers
0060  69 6f 6e 3a 20 35 2e 30  2e 33 0d 0a 58 2d 54 6f   ion: 5.0  .3··X-To
0070  55 54 79 70 65 3a 20 44  65 76 69 63 65 0d 0a 78   UType: D  evice··x
0080  2d 70 63 73 2d 72 65 71  75 65 73 74 2d 69 64 3a   -pcs-req  uest-id:
0090  20 0d 0a 0d 0a                                      ····
```

图 6.1　心跳报文

由于通信模式、工作机制等因素，物联网设备流量传输过程具有周期性。但是不同功能、不同品牌、不同工作状态的物联网设备的数据传输过程存在差异，导致周期性的不同。常见的影响因素如下：

（1）能耗

从耗电的角度来看，物联网设备的大部分电量消耗在感测信息和无线发送数据两方面。设备输入部件的数据获取间隔越短，能够采集到的数据也就越多。因此从设备利用的角度出发，输入部件感测间隔应设置得较短。然而，感测间隔和数据发送频率影响着设备的能耗。感测频率越高，数据发送频率越高，耗电也就越严重。因此，从设备综合利用的角度出发，生产厂家需要设置合适的感测及发送频率。

（2）音视频编码标准

由于物联网设备的存储空间有限，并且考虑到数据传输时的网络状况，无线监控摄像头、智能音箱、智能门锁等采集音频、视频的设备在数据传输前需要按照音频、视频编码标准对数据进行有损压缩，从而保证传输效率。常见的音频、视频编码标准有 MPEG、H. 264 等。

以无线监控摄像头为例，其视频画面是实时的，对画面流畅度要求较高，每一个编码的视频流都由连续的图像组（Group of Pictures，GOP）组成。GOP是一组连续的画面，每一张图片经压缩后称为一帧。根据压缩程度、压缩方式等的不同，压缩帧分为I帧、P帧和B帧。I帧是GOP的基础帧，也是GOP的第一帧。I帧是全帧压缩，描述了画面背景和运动主体的详情，所携带的信息量比较大。P帧表示的是这一帧跟前面一帧的差别，是差值传送，压缩比较高。B帧记录的是本帧与前、后帧之间的预测误差及运动矢量，压缩率最高。

GOP中的每一张图片进行编码压缩后得到编码帧，由于网络中不同传输路径的最大传输单元（Maximum Transmission Unit，MTU）不同，每一帧再分成若干个数据包进行发送[51]。图6.2展示了编码压缩以及分段传输的过程。一个I帧所占字节数大于一个P帧，一个P帧所占字节数大于一个B帧。音视频采样、压缩编码的特性最终对物联网设备的数据传输模式产生了影响。

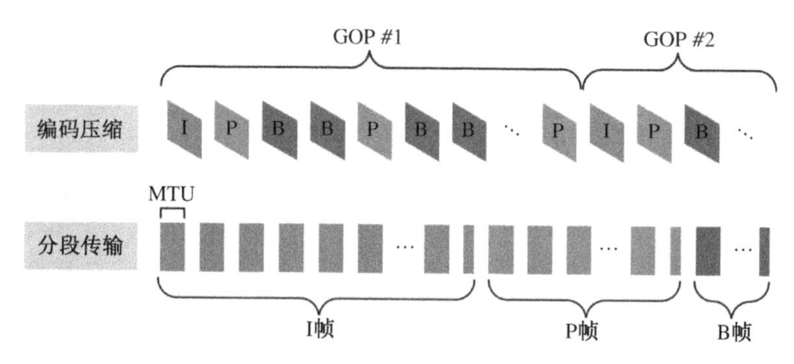

图6.2　编码压缩以及分段传输示意图

此外，物联网设备流量的周期性可以通过流量传输时的“形状”体现。图6.3展示了EZVIZ Camera的周期性流量。可以看出，数据传输过程中的周期性流量以类似脉冲的方式随时间而变化。本章使用周期时长来记录周期性，直观地体现物联网设备在数据传输过程中周期的差异。

6.2.2　高速网络中物联网设备识别问题分析

网络流量分类是分析网络的常用技术，旨在将互联网流量分类为预定义的类别，例如应用程序类型、具体的应用程序、正常或异常流量，实现服务

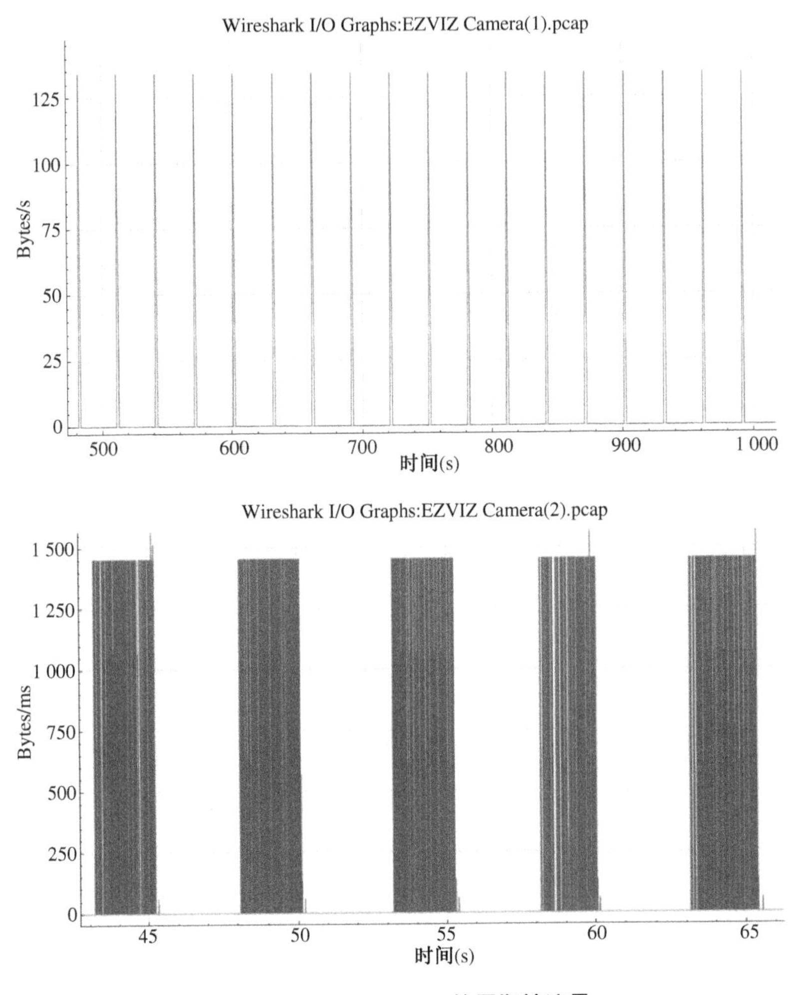

图 6.3　EZVIZ Camera 的周期性流量

质量管理、安全监控、故障排除等目标[52]。物联网的出现使其衍生出物联网流量分类,基于物联网流量分类的物联网设备识别流程通常为:使用公开物联网数据集或者自采集的物联网流量,选择并提取流量大小特征、协议特征、时间相关特征、周期特征以及基于以上特征计算的最值、平均值、方差、熵等统计值构造特征向量,使用泛化能力、扩展性更强的机器学习、深度学习算法实现物联网设备流量的识别。然而,现有设备识别方法存在以下问题:

(1) 对特征提取粒度的设定单一。现有方法使用流或设备行为的持续时间,或者固定时长作为特征提取粒度。但需要注意的是,物联网设备的数据传输速率并不完全相同，为所有设备设置相同的特征提取粒度易忽略各设备数据传输的特性。此外，尽管时长较长的特征提取粒度包含了更丰富的信息，但其会增加分类延迟、存储消耗，忽略流量的瞬时变化，产生相似的特征值，影响设备识别效率。图 6.4 展示了同一时间段的物联网流量在不同特征提取粒度下的字节传输速率变化，可以看出较大的特征提取粒度削弱了流量的瞬时变化。

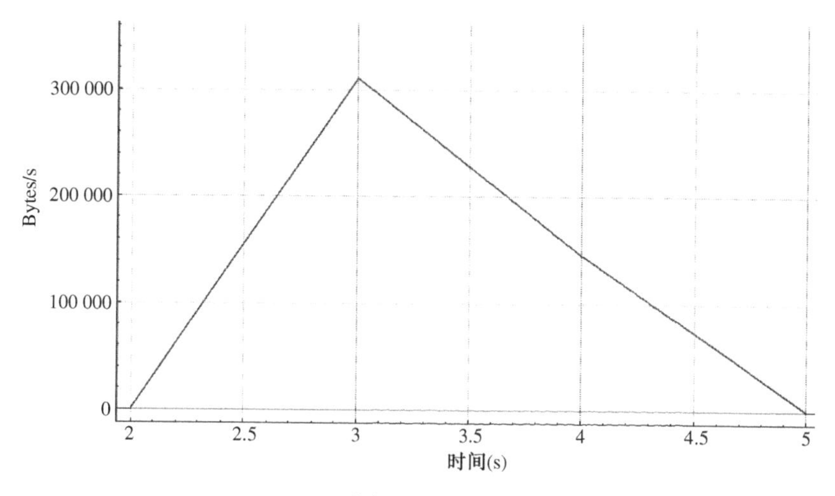

(a) 特征提取粒度为 1 s

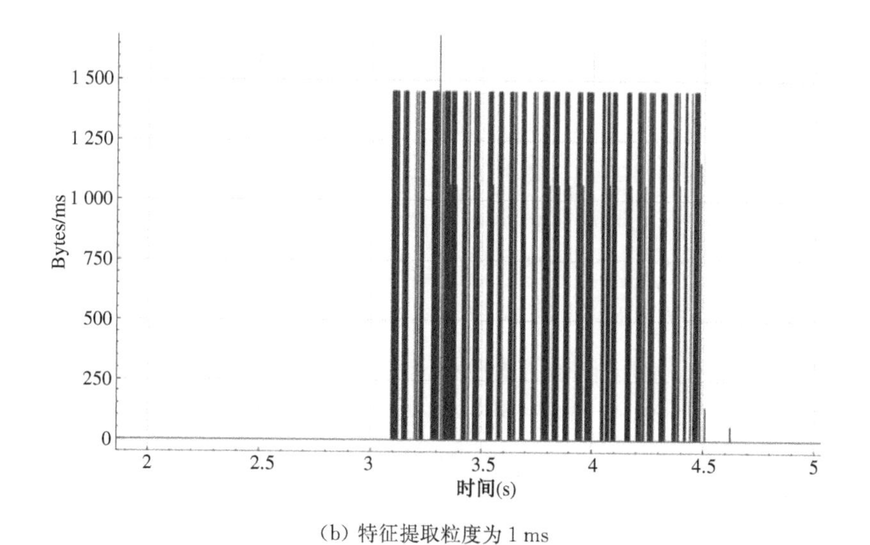

(b) 特征提取粒度为 1 ms

图 6.4　同一段流量在不同特征提取粒度下的字节传输速率变化

(2) 对物联网流量模式的分析不全面。由于物联网设备开关机状态在现实世界的网络监控中稀少、难以采集其流量，现有方法常使用物联网设备在待机、活跃状态下的流量。因此，现有方法对物联网流量模式的分析并不全面。尽管有方法使用了设备传输流量时的周期性，但主要考虑的是物联网设备在待机状态下的流量，忽略了网络摄像机、智能音箱等数据量较大的设备在活跃状态时所传输流量的周期性。此外，对于周期时长的计算方法存在鲁棒性一般的问题。

(3) 对实用性的考虑欠缺。现有方法的研究对象以物联网流量为主，然而现实世界中的物联网设备、非物联网设备是共存的，并且物联网流量相对较少。因此，需要使用混合(物联网和非物联网)流量训练分类器。此外，当对高速网络中的大规模混合流量进行特征提取时，过多的特征会消耗大量时间和存储资源。

因此，需要针对全面、精准表征物联网流量模式，快速完成大规模网络流量的特征提取以及提高识别方法的普遍适用性，设计新的物联网设备识别方案。

6.2.3 模块设计

图 6.5 系统地描述了本章基于深度学习的高速网络中物联网设备识别方法。该方法由模型训练阶段和模型应用阶段组成。

模型训练阶段包括三个主要步骤：时间粒度选择、特征提取和模型训练。训练集为物联网设备流量和流经主干网采集节点的流量。首先，计算设备流量传输的周期时长并依据规则选择时间粒度。随后，基于选定的时间粒度进行单一特征提取，得到特征序列。最后，使用基于相同时间粒度提取的特征序列训练该时间粒度对应的深度学习模型。

模型应用阶段的测试集包括物联网设备流量和后续流经主干网采集节点的流量。该阶段的时间粒度选择步骤逐一选择模型训练阶段的时间粒度，对流量进行特征提取，得到基于不同时间粒度提取的特征序列。随后，使用模型训练阶段得到的各时间粒度对应的模型对物联网设备流量进行识别。

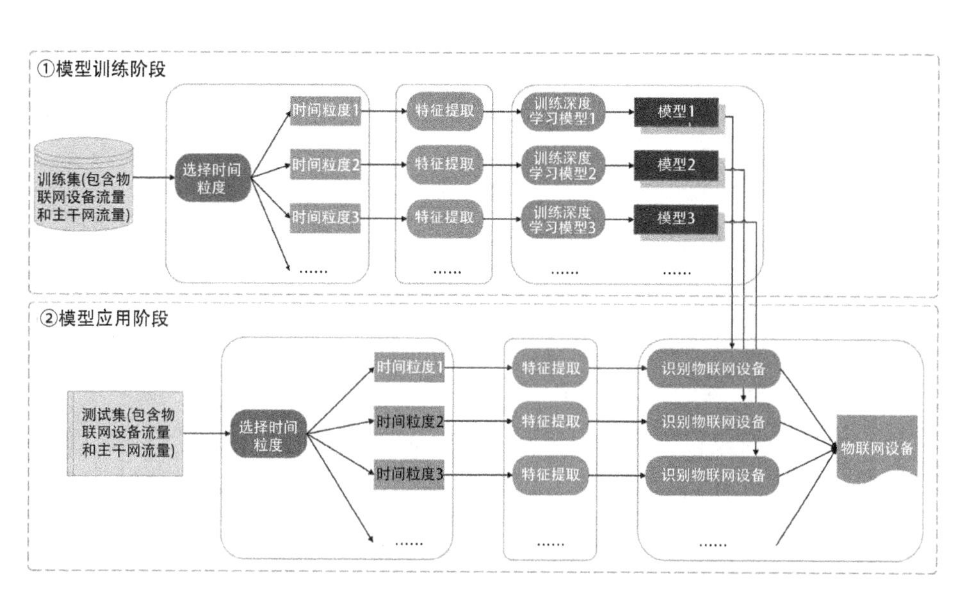

图 6.5　基于深度学习的高速网络中物联网设备识别方法的整体框架图

6.2.4　基于周期时长的时间粒度选择方法

本章使用时间粒度这一名词来描述特征提取时最小的时间单位。整合时间粒度内的物联网流量并提取特征,使流量特征能够表征不同物联网设备的独特流量传输模式,从而实现准确识别物联网设备。

需要注意的是,时间粒度的大小决定了特征能否准确、动态地表征物联网设备的流量模式。如果时间粒度过大,特征会变得离散,从而削弱或覆盖流量的即时变化,影响设备识别的准确性。但是,当时间粒度过小时,特征提取会造成不必要的存储、计算资源消耗,影响设备识别的效率。因此,在特征提取之前设置一个适当的时间粒度是必要的。

此外,时间粒度是一个时间维度上的变量,其设置需要考虑物联网设备在时间维度上所具有的独特流量模式的影响,即周期性的影响。然而,物联网设备的周期时长存在显著差异,对于不同物联网设备、不同工作状态,周期时长的分布从几十毫秒覆盖到数百数千秒。例如,EZVIZ Camera 的周期时长约为 5 秒,Samsung Smart Things 的周期时长约为 10 s,而 PIX-STAR Photo-frame 的周期时长达到 700 s。因此,很难选择一个通用的时间粒度来满足所有设备的周期性。

为了解决上述问题，我们创新地提出了一种基于周期时长的时间粒度选择方法，通过计算每个设备流量传输的周期时长，分别为其选择时间粒度，并按照时间粒度将设备的流量传输归类。从而在全面分析物联网设备流量模式、考虑设备间差异性、提高特征有效性的同时，减少了特征提取中不必要的资源消耗。后续内容将对物联网流量进行符号化描述，提出周期时长的计算方法以及时间粒度的选择方法。

1）物联网流量的符号化描述

流量分析对象包括数据包（packet）、单向流（unidirectional flow）和双向流（bidirectional flow）。数据包是最小的分析对象，可以描述为 $P_k=\{t_k, x_k, others_k\}$。其中，$t_k$ 表示数据包经过采集节点的时间，x_k 表示数据包的源 IP 地址、源端口、目的 IP 地址、目的端口和传输层协议组成的 5 元组，$others_k$ 表示数据包的剩余信息。流 f 可表示为一个由若干数据包（P_1，P_2，P_3，…，P_k，…）组成的序列。其中，数据包按照时间顺序记录。单向流具有相同的 5 元组，而在双向流中，5 元组的源方向和目的方向可以互换。

需要注意的是，为了充分利用多路径网络所提供的多条可选网络路径，提高链路使用率和网络传输效率，多路径网络中广泛应用了策略路由和负载均衡技术，以实现流量的均衡传输，提高网络性能和可靠性。因此，高速网络中存在同一条流的上行、下行数据包经过不同网络路径的非对称路由。由于非对称路由表现为在同一个网络节点上只能观察到某个方向上的流量，单向流广泛存在于高速网络中。为了使本章物联网设备识别方法适用于真实的高速网络，我们将单向流作为研究对象。

此外，物联网设备所传输的流量随时间呈周期性变化。在本章中，设备的流量传输处于活动状态，即有数据包发送或接收的时间段称为活动时间，记为 T_{active}；流量传输处于空闲状态，即没有数据包发送或接收的时间段称为空闲时间，记为 T_{idle}。按照 $<T_{active}, T_{idle}>$ 的固定顺序，相邻的活动时间和空闲时间组成一个完整周期。图 6.6 展示了以上定义。对于数据传输中的每个周期，T_{active} 的持续时间相似，T_{idle} 的持续时间相似。

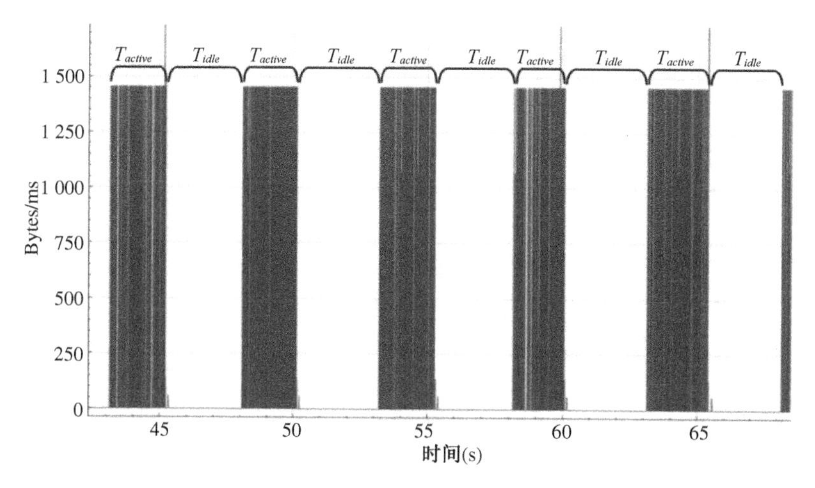

图 6.6　物联网流量传输的周期组成

2）周期时长的计算方法

本章创新地提出基于 packet-level 的周期时长计算方法，从数据包层面对设备流量进行统计计算而非单纯寻找数字序列的内部相关性，该方法能够适用于不同工作状态的物联网设备，具有较强鲁棒性。

基于前文相关定义以及符号化描述，物联网设备传输的流量可表示为 $(f_1, f_2, \cdots, f_i, \cdots, f_n)$。$f_i$ 的生命周期由若干个周期 T 组成，记为 $(T_1, T_2, \cdots, T_j, \cdots, T_m)$，其中 T_j 由 T_j^{active} 和 T_j^{idle} 组成。随后根据算法 6.1 进行计算，得到 $T_{active_{i,j}}$ 和 $T_{idle_{i,j}}$，即在流 f_i 的 T_j 周期内，活动时间 T_{active} 和空闲时间 T_{idle} 的时长。

算法 6.1　计算 T_{active} 和 T_{idle}

输入：PCAP 文件
输出：T_{active}，T_{idle}

```
1:  for each packet in flow do
2:      if packet.payloadLength > min_payload_len then
3:          time ← packet.offsetTime;
4:          if cycleBeginTime = 0 then
5:              cycleBeginTime ← time;
6:              pck_num ← packet.Number;
7:          end if
```

（续表）

```
8:          if lastPckTime > 0 then
9:              if time - lastPckTime > Gap then
10:                 t1 ← lastPckTime — cycleBeginTime;
11:                 if t1 = 0 then
12:                     T_active ← min_time;
13:                 else
14:                     T_active ← t1;
15:                 end if
16:                 T_idle ← time — lastPckTime;
17:                 save_current_cycle(cycleBeginTime, pck_num, T_active,
                    T_idle); // 记录当前周期时长信息
18:                 cycleBeginTime ← time; //计算下一个周期
19:                 pck_num ← packet.Number;
20:             end if
21:         end if
22:         lastPckTime ← time;
23:     end if
24: end for
25: return T_active, T_idle
```

首先，使用哈希表来定位和存储流。当处理数据包时，直接找到该数据包对应的流。在第 2 行，设定 *min_payload_len* 最小有效负载长度来过滤每个数据包。对于满足条件的数据包，记录当前数据包的时间（即开始捕获流量以来的秒数）。然后，从第 4 行到第 7 行，判断当前数据包是否开始一个新的周期，*cycleBeginTime* 表示当前周期的开始时间。如果当前周期是新一个周期，则将 *cycleBeginTime* 设置为当前数据包的时间。

接下来，从第 8 行到第 21 行，计算一个完整周期的 T_{active} 和 T_{idle}。*lastPckTime* 表示上一个数据包的时间，*Gap* 是预分析物联网设备流量得到的数据包间间隔常数。当前数据包与上一个数据包的时间间隔大于 *Gap*，则当前数据包开始一个新周期，上一个周期结束。这个完整周期的 T_{active} 是 *lastPckTime* 和 *cycleBeginTime* 之间的时间间隔，如第 10 行所计算。T_{idle} 是当前数据包时间和 *lastPckTime* 之间的时间间隔，如第 16 行所计算。为

进行下一个周期的计算，记录当前数据包时间为 $cycleBeginTime$。

在第 22 行，结束对当前数据包的所有判断，将其时间记录为 $lastPckTime$，读取下一个数据包。处理完所有 PCAP 文件后，获取记录该设备流量传输 T_{active} 和 T_{idle} 的 CSV 文件。

根据公式 6.1 分别对 T_{active} 和 T_{idle} 求平均值后，将二者相加得到物联网设备流量传输的周期时长。其中，i 是第 i 个流，j 是第 j 个周期，$T_{i,j}$ 表示第 i 个流的第 j 个周期的 T_{active} 或 T_{idle}，cnt 是计算平均值时 $T_{i,j}$ 的个数。

$$\overline{T}=\frac{\sum_{i=1}^{n}\sum_{j=1}^{m}T_{i,j}}{cnt} \qquad \text{公式 6.1}$$

该周期时长计算方法的时间复杂度为 $O(n)$，n 为数据包的数量。该方法得到的时长精确到 0.1 ms，适用于物联网设备任何工作状态，自动化程度高。

3）时间粒度的选择方法

基于周期时长计算方法，得到物联网设备流量传输的周期时长。为了刻画物联网设备的实时流量变化，细化特征提取的粒度，我们设计了时间粒度选择所遵循的原则。选择原则如下：

① 为了精准表征流量模式，时间粒度应小于周期时长。

② 为了减少不必要的资源消耗，时间粒度不能小于周期时长的千分之一。

③ 为了方便计算，时间粒度的取值为 10 的 n 次方。

根据上述原则，可选时间粒度集 $S=\{0.001\text{ s}, 0.01\text{ s}, 0.1\text{ s}, 1\text{ s}, 10\text{ s}, 100\text{ s}\}$。时间粒度的实际选择应根据设备具体的流量传输周期。例如，设备 A 的流量传输周期为 5 s，基于原则①和③，时间粒度可选集为 $\{0.001\text{ s}, 0.01\text{ s}, 0.1\text{ s}, 1\text{ s}\}$，基于原则②，最终可以从 $\{0.01\text{ s}, 0.1\text{ s}, 1\text{ s}\}$ 中为其选择一个时间粒度。同样可得，如果设备 B 的周期为 500 s，则可以在 100 s、10 s、1 s 中选择一个时间粒度。

需要注意的是，基于上述选择方法，物联网设备与时间粒度之间属于多对多的关系，一台物联网设备具有不同的工作状态，一个工作状态对应着至少一个时间粒度，同一个时间粒度可能对应着若干物联网设备。出于资源利用最大化的目的，有必要选择能够满足尽可能多的周期时长的时间粒度，从而在系统层面减少时间粒度的个数，进而减少训练对应模型的资源消耗。具体地，遍历全部设备的周期时长以及时间粒度，所有将某一时间粒度作为可选时间粒度的[设备，周期时长，工作状态]，作为列表项组成该时间粒度对应的列表。遍历所有时间粒度，找到对应列表最长的作为模型训练阶段最终的时间粒度之一。随后，在全局的时间粒度及对应列表中，删除已被选择的时间粒度及其[设备，周期时长，工作状态]列表项，更新各时间粒度对应的列表。重复上述步骤，直至为每个[设备，周期时长，工作状态]选择唯一的时间粒度。

6.2.5 基于时间粒度的单一特征提取方法

由于高速网络具有网络带宽大、传输速率快的特点，处理高速网络节点上采集的海量数据面临着存储和耗时问题。传统方法通常从原始流量中提取多个特征，包括时间相关特征、数据包相关特征、协议相关特征及其统计特征等。然而，传统的特征提取方法被部署在高速网络中时，面临着流量巨大、特征提取复杂等问题，会消耗大量的时间和存储资源。此外，由于存在非对称路由等网络场景，特征的有效性会下降。

需要注意的是，物联网设备功能单一、固件更新慢、对数据时效性的要求较高，并且流量的周期性在不同类型设备之间具有差异性。尽管设备所传输流量的目的 IP 地址、目的端口号、源 IP 地址、源端口号等信息会改变，其流量传输模式通常不会改变，即流量形状保持稳定。因此，将流量形状的表征作为识别物联网设备流量的特征满足了特征的稳定性、唯一性。

为了使特征提取方法适用于高速网络环境以及动态表征流量传输模式，我们提出了基于时间粒度的单一特征提取方法，简化了特征提取过程，从而减少流量处理的时间消耗。具体来说，本方法基于时间粒度计算可伸缩流速率(Scalable Flow Rate，SFR)作为唯一特征，将流量形状转换为一维 SFR 特征序列，从而精准表征物联网设备流量传输模式。SFR 计算如公式 6.2 所示，其中 Δt 为时间粒度，ΔB 为单向流在一个时间粒度内流经采集点的 n 个数据包的有效负载字节数 B_i 之和。

$$SFR = \frac{\Delta B}{\Delta t} = \frac{\sum_{i=1}^{n} B_i}{\Delta t} \qquad \text{公式 6.2}$$

此外，为获得相同长度的 SFR 特征序列，我们使用时间窗口来描述提取若干个 SFR 特征的固定时间长度。结合 SFR 的计算方法可知，时间窗口是一段由若干相同的时间粒度组成的连续时间。为了充分利用物联网设备流量传输的周期性和分类模型的学习能力，时间窗口长度的设定原则为每个时间窗口至少包含两个完整的周期。

基于时间粒度以及时间窗口等概念，单向流的组成如图 6.7 所示。从时间维度上进行符号化描述，单向流 f 的生命周期按时间窗口 W 划分为多个片段，每个 W 由相同数量的时间粒度组成，即 $W = (\Delta t_1, \Delta t_2, \Delta t_3, \cdots, \Delta t_n)$。基于时间粒度计算 SFR，得到能够精准表征流量变化的 SFR 特征序列，即 $X = (SFR_1, SFR_2, SFR_3, \cdots, SFR_i, \cdots, SFR_n)$，其中 SFR_i 是第 i 个时间粒度上的可伸缩流速率，n 表示一个时间窗口 W 中时间粒度的个数。X 即为一个训练样本。本特征提取方法仅使用 SFR 作为特征，在减少特征数量、提高特征提取速度的同时，实现了对流量瞬时变化的表征，更直观地利用物联网流量的周期性，保留设备流量传输的特性。

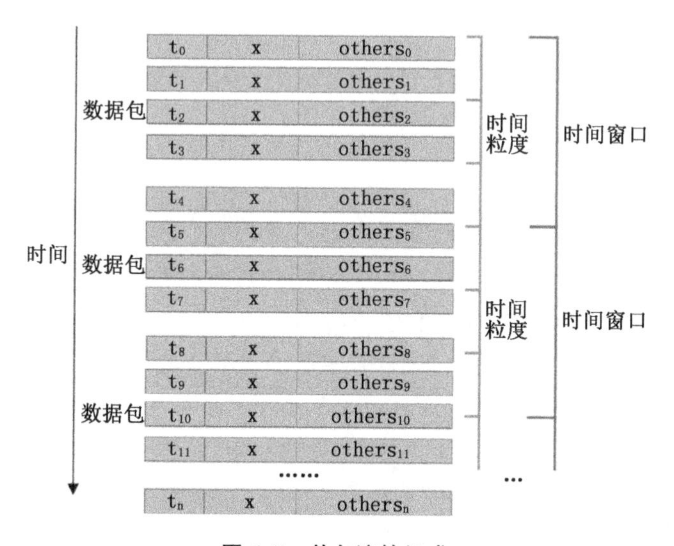

图 6.7　单向流的组成

6.2.6 基于深度学习方法的分类器构建

通过基于周期时长的时间粒度选择以及基于时间粒度的单一特征提取，从单向流中提取出 SFR 特征序列。该序列以时间为变量，表征流量随时间的变化。考虑到对序列数据的学习能力以及对时间步的敏感性，我们使用深度学习方法中的 1D CNN、LSTM 以及 CNN-LSTM 组合模型学习序列中的规律，构建分类器。尽管现有方法中的深度学习模型能够挖掘高阶特征，简化手动提取特征，但通常结构复杂，训练和测试时间较长，应用于高速网络海量数据场景时不够轻便。因此，构建分类器时不考虑双向神经网络以及注意力机制等，在保证较高准确率的基础上实现快速与轻量，减少时间消耗。

需要注意的是，与地图中的比例尺概念类似，时间粒度也具有放大流量特征的作用，不同时间粒度的放大程度不同。时间粒度越小，放大程度越高；时间粒度越大，放大程度越低。因此，不能将基于不同时间粒度计算的 SFR 特征序列混为一批训练样本，模型训练时需确保 SFR 特征序列在时间粒度上的一致。也就是说，训练得到的每一个模型都对应着一个时间粒度，模型与时间粒度之间为一对一的关系，不同模型对应的时间粒度不同。

6.2.7 实验与结果分析

1）实验环境

为了对本章提出的物联网设备识别方法进行评估，在配置为 Intel® Xeon(R) Gold 5220R CPU@2. 20GHZx64、128GB 内存、7. 5 TB 硬盘以及两个 NVIDIA RTX A5000 显卡的机器上进行实验。操作系统版本为 Ubuntu 20. 04. 3 LTS，编程语言使用 C++和 Python 3. 6，深度学习模型使用 tensorflow. keras 模块实现。

2）数据集构建

实验采集了 12 个物联网设备的流量作为 Dataset1。这些设备包含九个不同品牌的无线监控摄像头和三个不同品牌的智能音箱。表 6.2 列出了设

备的类别、品牌以及型号信息。

表 6.2　物联网设备类别、品牌以及型号

类别	品牌	型号
无线监控摄像头	萤石 EZVIZ	智能家居摄像机 CS-C6CN
	乐橙 Imou	智能摄像机 LC-TP2-B
	小米 MI	智能摄像机云台版 2K
	360	智能摄像机云台 7C 超清版
	创米小白 imilab	监控摄像头 Y2
	小蚁 YI	智能摄像机 Y4
	华为智选 ALCIDAE	海雀 AI 摄像头云台超清版 HQ8
	普联 TP-LINK	云台无线网络摄像机 TL-IPC44AW
	霸天安	无线网络摄像机
智能音箱	天猫精灵 TmallGenie	IN 糖
	小米 MI	AI 音箱第二代
	小度智能音箱 DuSmart Speaker	大金刚 XDH-1D-A1

物联网流量的采集环境位于校内。安装有 OpenWrt 固件的软路由作为网关，其 WAN 接口连接到校园网。PC 和 TP-Link 路由器连接软路由的 LAN 接口。物联网设备连接 TP-Link 路由器接入网络，并通过安装在手机上的应用程序进行功能配置、用户交互以及固件升级。在 PC 上通过 XShell 以及 WinSCP 对软路由进行操作，使用运行在 OpenWrt 上的 TCPDump 实现流量采集。通过采集流经 TP-Link 路由器所接 LAN 接口的流量进而采集到物联网设备传输的流量。

物联网设备具有三种工作状态，分别为待机状态、活跃状态以及开关机状态。其中，物联网设备处于开关机状态的时长较短并且频率较低，处于待机状态和活跃状态的时长远大于开关机时长。因此，考虑到实际场景，在流量采集时不考虑开关机状态，将物联网设备分别置于活跃状态和待机状态。本实验共采集约 42GB 物联网设备流量，具体如表 6.3 所示。

表 6.3 自采集的物联网设备流量详情

工作状态	数据量(GB)
活跃状态	38
待机状态	4

为验证本章方法的可行性,实验还使用了来自新南威尔士大学的公开物联网数据集 Dataset2 以及来自 MAWI 的数据集 Dataset3。前文已对 Dataset1 进行说明,下面对 Dataset2 以及 Dataset3 进行介绍。

(1) 新南威尔士大学物联网流量数据集[53]

该数据集是一个被广泛应用于物联网设备识别的公共数据集,由一个智能实验室环境中的 28 台设备所产生的 20 天网络流量组成。为了验证本章方法,根据该数据集提供的 MAC 地址分别提取出各设备的流量,删除了该数据集中 5 台非物联网设备以及 3 台流量较小的物联网设备。表 6.4 列出了 Dataset2 的详细信息。

表 6.4 Dataset2 所含设备及数据量

设备名称	数据量(MB)
Smart Things	46.8
Amazon echo	118
Netatmo Welcome	206
TP-Link Day Night Cloud camera	113
Samsung SmartCam	380
Dropcam	620
Insteon Camera	105
Withings Smart Baby Monitor	59.5
Belkin Wemo switch	278
TP-Link Smart plug	5.61
iHome	7.02
Belkin wemo motion sensor	369
NEST Protect smoke alarm	1
Netatmo weather station	45.1

（续表）

设备名称	数据量(MB)
Withings Aura smart sleep sensor	88
Light Bulbs LiFX Smart Bulb	18.1
Triby Speaker	24.6
PIX-STAR Photo-frame	17.9
HP Printer	64.1
Nest Dropcam	150

(2) MAWI 数据集[54]

特别地，为验证本章方法适用于高速网络环境，实验中使用 MAWI 工作组采集的主干网流量作为背景流量。该工作组从日本到美国的 10 Gbps 主干网上以不同的时间间隔采集流量。实验分别选择 2020 年 6 月 3 日、6 月 10 日捕获的流量作为训练集和测试集的背景流量。表 6.5 展示了背景流量的统计信息。

表 6.5　MAWI 背景流量详细信息

名称	数据量(GB)	时长(s)
MAWI-20200603	32.3	900
MAWI-20200610	32.6	900

为了构造混合主干网流量的高速网络数据集，实验中混合物联网流量以及 MAWI 背景流量。首先，设定 Dataset3 的背景流量为主文件 mainPcap，Dataset1 的物联网设备流量为插入文件 insertPcap，得到主文件的时长、开始时间。随后，为每个插入文件的第一个数据包生成一个在主文件时长内的随机初始时间。对于该插入文件中的每个数据包，根据其与第一个数据包的原始时间偏移量，重新计算其在主文件中的时间，从而不改变其原始的传输时间关系。最后，将插入文件的数据包写入混合文件 mixedPcap 中。

3）相关参数设置

(1) 时间粒度与时间窗口

使用 6.2.4 提出的周期时长计算方法计算上述数据集中物联网设备流

量传输的周期时长，并根据相应原则进行时间粒度选择、时间窗口设定。由于每台物联网设备在不同工作状态下至少有一条流呈现出周期性的传输特点，实验中结合数据量、流的组成、流包含的信息、稳定性等因素选择了最主要且具有代表性的一条。此外，出于资源利用最大化的目的，选择能够满足尽可能多的不同周期时长的时间粒度。

对于 Dataset1，实验初步确定两组〈时间粒度，时间窗口〉。一组的时间粒度为 10 ms，切割流的时间窗口为 10 s。另一组的时间粒度为 1 s，切割流的时间窗口为 1 000 s。表 6.6 列出 Dataset1 的时间粒度类别及时间窗口、周期时长等信息。

表 6.6　Dataset1 的时间粒度类别及相关信息

时间粒度(s)	时间窗口(s)	设备名称	周期时长(s)	设备工作状态
0.01	10	萤石 EZVIZ 摄像头	4.998 31	活跃
		乐橙 Imou 摄像头	0.045 50	活跃
		小米 MI 摄像头	3.000 58	活跃
		360 摄像头	0.046 24	活跃
		创米小白 imilab 摄像头	2.895 46	活跃
		小蚁 YI 摄像头	0.646 42	活跃
		华为智选 ALCIDAE 摄像头	6.739 83	活跃
		普联 TP-LINK 摄像头	4.199 19	活跃
		霸天安摄像头	4.052 72	活跃
		天猫精灵 TmallGenie	0.040 21	活跃
		小米 MI 智能音箱	0.050 12	活跃
		小度智能音箱 DuSmart Speaker	0.028 43	活跃
1	1 000	萤石 EZVIZ 摄像头	27.029 65	待机
		乐橙 Imou 摄像头	20.997 77	待机
		小米 MI 摄像头	24.129 48	待机
		360 摄像头	30.018 71	待机
		创米小白 imilab 摄像头	60.155 24	待机

（续表）

时间粒度(s)	时间窗口(s)	设备名称	周期时长(s)	设备工作状态
1	1 000	小蚁 YI 摄像头	25.037 77	待机
		华为智选 ALCIDAE 摄像头	25.011 09	待机
		普联 TP-LINK 摄像头	29.960 17	待机
		霸天安摄像头	9.980 99	待机
		天猫精灵 TmallGenie	10.000 54	待机
		小米 MI 智能音箱	30.201 88	待机
		小度智能音箱 DuSmart Speaker	29.987 19	待机

对于 Dataset2，实验设定了〈10 ms，10 s〉〈1 s，1 000 s〉两组。表 6.7 列出 Dataset2 的时间粒度类别及时间窗口、周期时长等信息。

表 6.7　Dataset2 的时间粒度类别及相关信息

时间粒度(s)	时间窗口(s)	设备名称	周期时长(s)
0.01	10	Nest Dropcam	0.077 30
		NEST Protect smoke alarm	0.246 73
		Dropcam	1.220 08
		TP-Link Day Night Cloud camera	0.037 95
1	1 000	Smart Things	9.768 29
		Amazon echo	29.979 23
		Netatmo Welcome	20.131 65
		TP-Link Day Night Cloud camera	60.664 83
		Samsung SmartCam	30.026 94
		Insteon Camera	39.400 92
		Withings Smart Baby Monitor	601.887 50
		Belkin Wemo switch	152.048 12
		TP-Link Smart plug	235.952 94
		iHome	59.953 34

（续表）

时间粒度（s）	时间窗口（s）	设备名称	周期时长（s）
1	1 000	Belkin wemo motion sensor	152.316 35
		Netatmo weather station	604.323 82
		Withings Aura smart sleep sensor	9.995 31
		Light Bulbs LiFX Smart Bulb	58.416 88
		Triby Speaker	60.707 10
		PIX-STAR Photo-frame	724.081 97
		HP Printer	89.780 76

（2）深度学习模型

本方法训练深度学习模型作为分类器，分别搭建 1DCNN、LSTM 及 CNN-LSTM 组合模型。表 6.8 中提供了模型的具体细节。Embedding(x, y, l)代表将长度为 l 的输入序列中小于 x 的正整数转换为 y 维向量。Conv1D(z, x, n)表示具有 z 个滤波器的一维卷积层，其中 x 是滤波器窗口的大小，跨度为 n。MaxPooling1D(x)代表一个 MaxPooling1D 层，x 是最大池化的窗口大小。GlobalMaxPooling1D()输出二维张量。Dense(x)代表有 x 个节点的全连接层。LSTM(x)代表一个 LSTM 层，x 是输出空间的维度。除了最后一层使用 Softmax 激活函数外，其余层使用 ReLU 激活函数。此外，使用交叉熵损失函数，优化算法为 RMSProp 算法，使用 L2 正则化缓解过拟合。Batch 大小为 32，epochs 为 50 轮次。

表 6.8　深度学习模型细节

模型	架构细节
1D CNN	Embedding(max featrues,32,1000)-Conv1D(32,3,1)-MaxPooling1D(2)-GlobalMaxPooling1D()-Dense(64)-Dense()
LSTM	Embedding(max featrues,64,1000)-LSTM(64)-Dense()
CNN-LSTM	Embedding(max featrues,32,1000)-Conv1D(32,3,1)-MaxPooling1D(2)-LSTM(32)-Dense(64)-Dense()

4）在物联网流量上的实验结果

对于 Dataset1 中属于 10 ms 时间粒度的设备流量，特征提取后共得到

42 110 条样本，每条样本是长度为 1 000 的 SFR 特征序列。按照 7∶3 的比例将其分割为训练集和测试集。图 6.8 的(a)展示了 10 ms 时间粒度所对应模型的性能指标。可以观察到三种模型均具有出色的分类性能，分类准确率均在 99.5%以上。其中，1D CNN 模型的性能最好，具有 99.98%的准确率，99.98%的精确率，99.98%的召回率和 99.98%的 F1_score，其分类结果的混淆矩阵如图 6.9 的(a)所示。

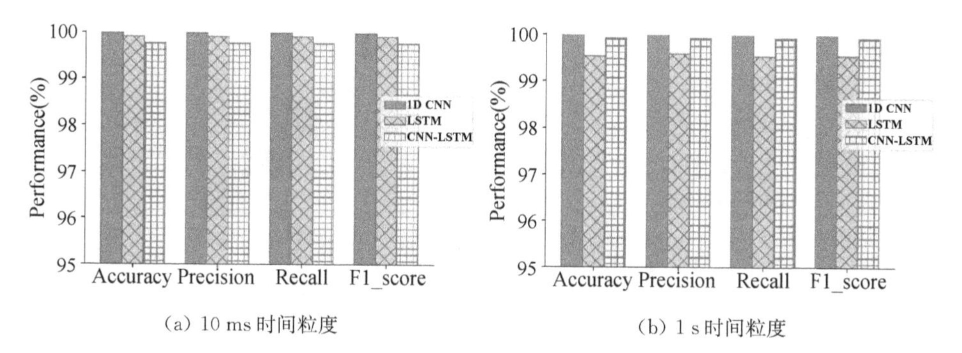

(a) 10 ms 时间粒度　　(b) 1 s 时间粒度

图 6.8　三种模型对 Dataset1 不同时间粒度流量分类的性能指标

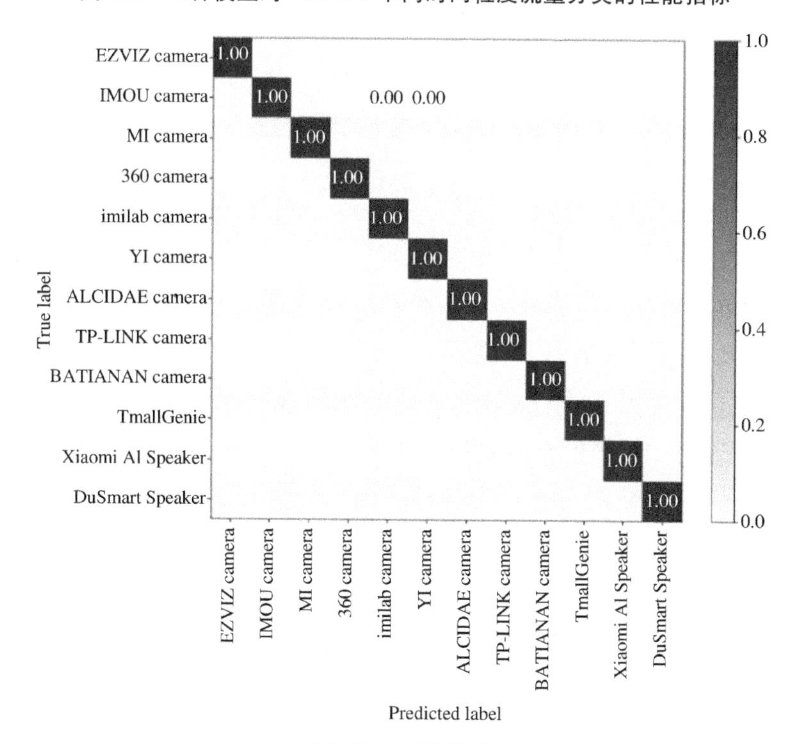

(a) 10 ms 时间粒度

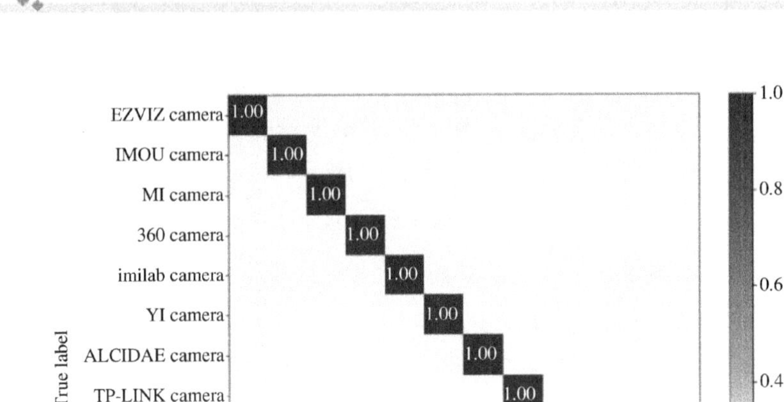

(b) 1 s时间粒度

图 6.9　1D CNN 对 Dataset1 不同时间粒度流量分类的混淆矩阵

对于 Dataset1 中属于 1 s 时间粒度的设备流量，特征提取后共得到 4 294 条样本，每条样本是长度为 1 000 的 SFR 特征序列。按照 7∶3 的比例将其分割为训练集和测试集。图 6.8 的(b)展示了 1 s 时间粒度所对应模型的性能指标。可以观察到三种模型均具有出色的分类性能，分类准确率均在 99.5%以上。其中，1D CNN 模型的性能最好，具有 100%的准确率，100%的精确率，100%的召回率和 100%的 F1_score，其分类结果的混淆矩阵如图 6.9 的(b)所示。综上，Dataset1 的实验结果证明了本方法所选取特征以及模型的有效性。

特别地，时间窗口原则上至少包含两个周期时长。Dataset1 中，对于时间粒度为 10 ms 的物联网流量，10 s 是满足条件的最小时间窗口。对于时间粒度是 1 s 的物联网流量，尽管 1 000 s 的时间窗口能够使深度学习模型充分学习流量的传输模式，但该类流量的周期时长在[10，100]秒区间内，时间窗

口的长度可以缩短。表 6.9 显示了 1D CNN 模型在不同时间窗口长度下的性能指标。可以观察到，当时间窗口为 150 s 时，1D CNN 模型具有 98%以上的准确率，当时间窗口为 300 s 时，1D CNN 模型就具有了 100%的分类性能。

表 6.9　1D CNN 模型在不同时间窗口长度下的性能指标

时间窗口(s)	准确率(%)	精确率(%)	召回率(%)	F1_score(%)
150	98.27	98.84	98.27	98.22
200	99.44	99.53	99.44	99.44
300	100	100	100	100
500	100	100	100	100
100	100	100	100	100

对于 Dataset2 中属于 10 ms 时间粒度的设备流量，特征提取后共得到 1 660条样本。属于 1 秒时间粒度的设备流量，特征提取后共得到 29 616 条样本。分别按照 7∶3 的比例将样本分割为训练集和测试集。图 6.10 展示了三种模型的性能指标。可以观察到三种模型均具有出色的分类性能，分类准确率均在 99.5%以上，证明了本方法所选取特征的有效性。其中，1D CNN 模型的性能最好，其分类结果的混淆矩阵如图 6.11 所示。

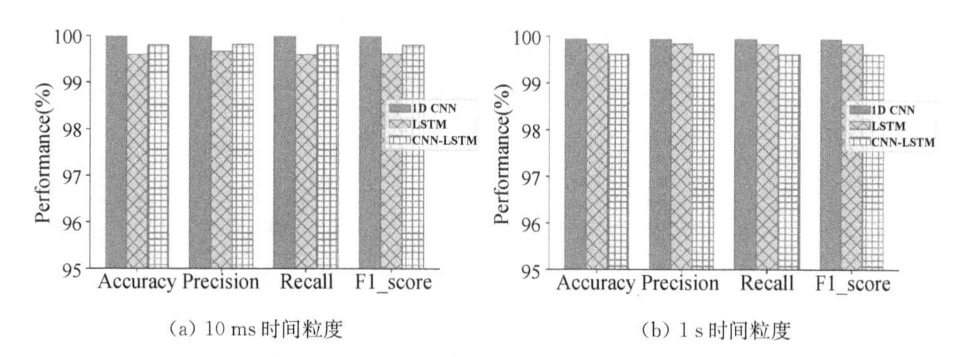

图 6.10　三种模型对 Dataset2 不同时间粒度流量分类的性能指标

5）在混合流量上的实验结果

前文在不混合高速网络背景流量的物联网流量中进行实验，验证了本章物联网设备识别方法的有效性。接下来将在混合了背景流量 Dataset3 的混合流量中进行实验，使用真实高速网络数据集验证方法的适用性。

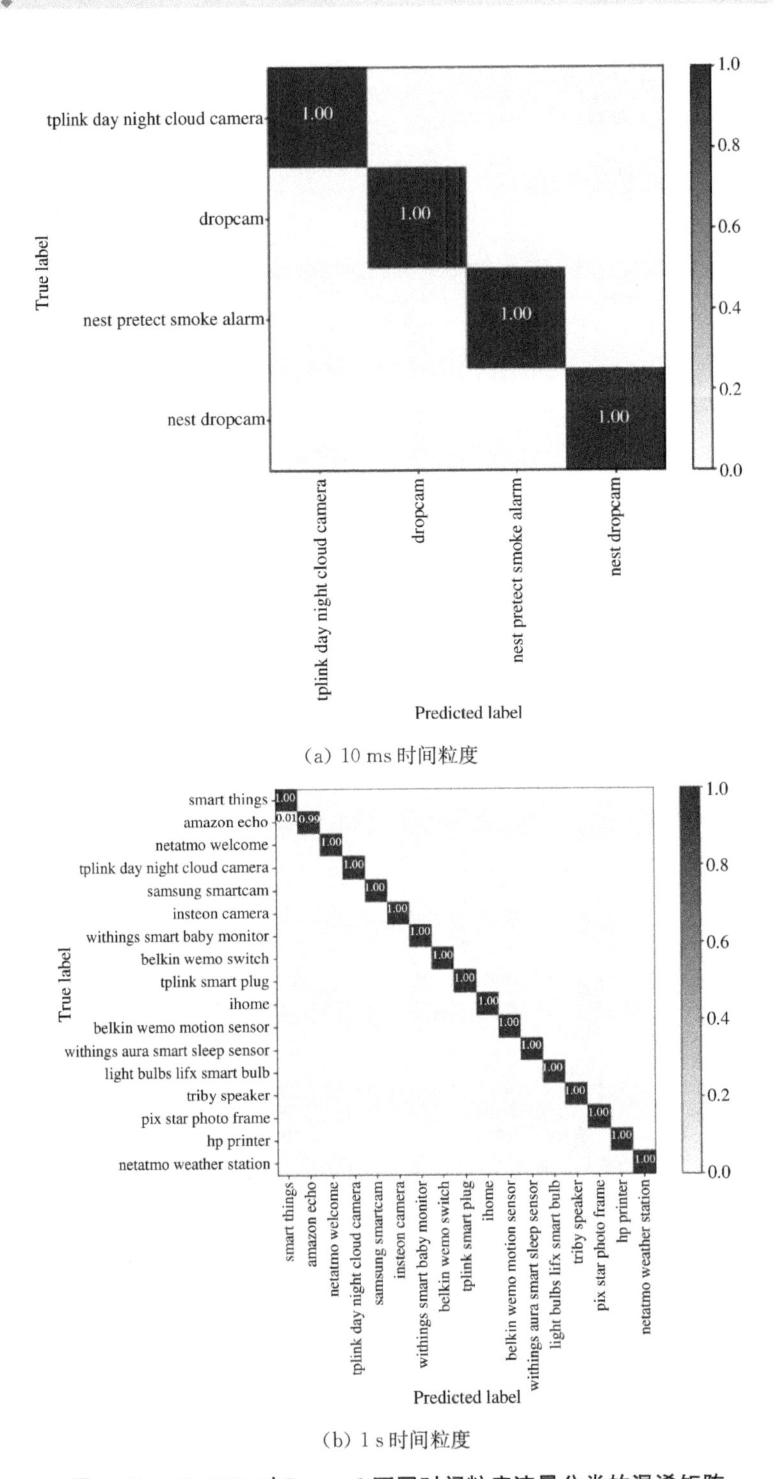

(a) 10 ms 时间粒度

(b) 1 s 时间粒度

图 6.11 1D CNN 对 Dataset2 不同时间粒度流量分类的混淆矩阵

为获取高速网络的海量数据环境，将 Dataset3 的 MAWI-20200603 与 Dataset1 中活跃状态的物联网流量混合作为训练集。重新采集 Dataset1 中各设备在活跃状态下 600 s 的流量，与时长为 900 s 的 MAWI-20200610 混合作为测试集。按照时间粒度为 10 ms、时间窗口为 10 s 进行特征提取，每条样本是长度为 1 000 的 SFR 特征序列。训练集和测试集的样本数量分布如表 6.10 所示。

表 6.10　混合流量训练集和测试集的样本数量分布

数据集	背景流量样本数	物联网流量样本数	总样本数
训练集	87 792	42 109	129 901
测试集	77 163	708	77 871

图 6.12 展示了混合流量下三种模型的性能指标，所有模型均具有优秀的分类性能，分类准确率均在 99%以上。其中，1D CNN 模型性能最好，具有 99.72%的准确率，99.85%的精确率，99.72%的召回率以及 99.77%的 F1_score。即便是性能最差的 CNN-LSTM 模型也具有 99.06%的准确率，99.69%的精确率，99.06%的召回率以及 99.31%的 F1_score。证明了本章物联网设备识别方法在高速网络环境中的适用性。

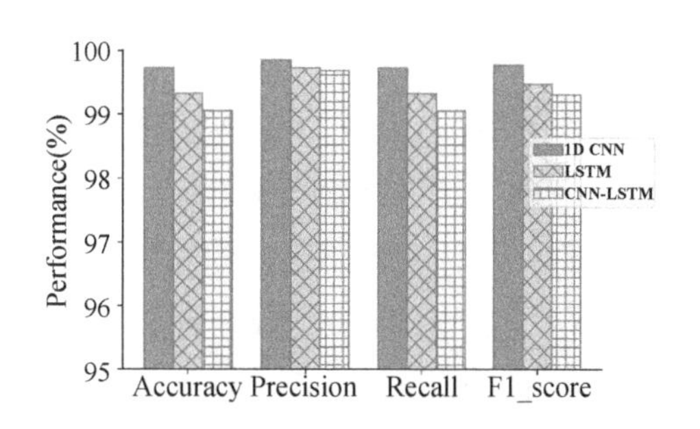

图 6.12　三种模型对混合流量分类的性能指标

6）时间性能

前文实验结果表明，无论是在物联网数据集 Dataset1、Dateset2 还是混合流量上，本章提出的物联网设备识别方法都表现出了出色的性能，证明了所提出的基于时间粒度的单一特征提取方法以及深度学习模型的有效性。

除此之外，对本章方法的实用性进行分析。为了证明本方法可以实时处理高速网络流量，使用具有 453 043 378 个数据包的 900 s 主干网流量 MAWI-20200603 分析了整体方法的时间性能，分析指标包括特征提取时间和模型预测时间。

特征提取时间：对 MAWI-20200603 数据按照时间粒度 10 ms、时间窗口 10 s 进行特征提取，获得了 87 792 个样本，每条样本是长度为 1 000 的 SFR 特征序列。总处理时间为 140 783 ms，生成一个样本的平均时间为 1.60 ms。

模型预测时间：在三种模型中，1D CNN 的速度最快，完成预测只需要 9.71 s，平均一个样本需要 0.11 ms 的预测时间。即使有三个卷积层，1D CNN 的预测时间为 11.41 s，一个样本的平均预测时间为 0.13 ms。

综上所述，对于带宽为 10 Gbps 的真实主干网中 900 s 的数据，本方法的总处理时间为 150.493 s。生成和预测一个样本的总时间为 1.71 ms。上述结果表明，该方法可以用于主干网流量的实时分类。

6.3 本章小结

本章提出了一种基于深度学习的高速网络中物联网设备识别方法，该方法利用物联网设备独特的周期性流量传输模式，基于时间粒度提取可伸缩流速率作为特征，从而全面、精准表征流量的瞬时变化。通过搭建深度学习模型，充分学习设备流量的时空特征，实现优秀的分类性能。

本章首先对物联网设备识别问题、模块设计、基于周期时长的时间粒度选择方法、基于时间粒度的单一特征提取方法以及基于深度学习方法的分类器构建进行了详细的介绍。随后，分别在物联网数据集以及混合流量上进行实验，并与同类方法进行对比。实验结果表明，本方法在混合主干网流量的高速网络场景下，能够对其中的物联网设备流量进行准确识别，具有良好的时间性能以及普遍适用性。

第7章

高速网络中服务流量分类

7.1 流量分类的基本问题

流量分类的目的是确定网络流量的服务类型，常见的服务类型有视频、游戏、音频、文件下载、网页浏览等[55]。高速网络流量分类对于 Internet 服务提供商（Internet Service Provider, ISP）保证网络服务质量（Quality of Service, QoS）有着至关重要的作用。在网络交互过程中，ISP 需要推断网络流量的服务类型，从而对不同类型的服务提供不同级别的服务质量，保证网络用户的体验质量[56]。所以，流量分类可以有效帮助 ISP 进行高质量的网络管理和 QoS 监控。此外，流量分类还可以对网络中的攻击流量进行检测，例如对 DDoS(Distributed Denial of Service)攻击流量检测。

本章研究高速网络中流量服务分类的问题，在高速网络中进行流量分类的难点如下：

首先，高速网络中流量传输速度快且数据量庞大，难以对高速网络中的全部流量进行分析。随着网络技术的快速发展,网络的传输速度越来越快,应用越来越丰富,这导致网络流量暴增。受限于存储设备和分析能力,ISP难以对高速网络中的流量进行全采集,只能获得流量的抽样数据,在缺失信息的情况下分析网络流量特征。

其次,随着加密技术的发展,传统的基于深度报文检测的流量分类方法无法对现在的网络进行流量分类。使用人工智能技术对网络流量进行分类是目前常用的方法。

已有大量使用监督学习进行流量分类的方法,但是对高速网络中的流量进行人工标注的成本过高,基于监督学习的方法难以直接应用在高速网络中。随着网络传输速度加快,高速网络中数据量十分庞大,需要大量的时间和人力资源来进行标注。并且,高速网络中的数据也非常复杂,需要专业的技能和知识进行标注。所以在高速网络中进行人工标注的成本非常高[57]。监督学习方法依赖于大量的标签进行模型训练,如果直接应用在高速网络中,需要花费大量成本进行标注,所以无法直接应用在高速网络中。

无监督学习的方法可以基于无标记信息的数据进行训练,并依据数据间的相似性对样本进行聚类[58]。但是,基于无监督学习方法在高速网络中进行流量分析时,难以处理高速网络中样本不聚集的服务。高速网络中某些服务的数据相似度降低,受特征选择的影响,这些服务的数据在特征空间上的分布较为分散,会导致无监督学习方法误判,把属于同一类的样本在聚类后分为多个簇。现有的工作[59][60]都不可避免地存在这个问题,这需要花费大量的工作去手工合并这样的簇,缺乏实用性。

最后,现实环境中网络状态的波动会产生难以预料的网络拥挤,网络中的流量统计特征会受到一定影响,从而使得流量分类器的准确率下降。

因此,为了有效应对高速网络中的海量数据、提高无监督学习方法在高速网络中的实用性并解决统计特征受网络状态波动的影响,本章使用了一种基于滑动窗口构建流量特征的高速网络流量服务分类方法,设计了两阶段聚类算法(Two-Stage Cluster Algorithm, TSC)来对高速网络流量的特征进行聚类。两阶段聚类算法包含了两次聚类过程,第一次聚类过程被设

计为对全部的特征向量进行聚类，第二次聚类过程被设计为对部分特征向量进行聚类。第二次聚类过程自动将属于同一服务类别的簇进行合并。所以两阶段聚类算法无需手工合并，大大缩减了算法的实际应用时间，可以显著提高无监督方法在高速网络流量分类任务中的实用性。

7.2 基于两阶段聚类算法的高速网络流量服务分类

7.2.1 使用 HashTable 组流

对网络中的流量进行分类，首先需要组流，再对流进行区分。本章中，组流的目的是根据数据包的三元组(协议号、源端口号、源 IP)对网络流进行划分，将具有同样三元组的数据包放在同一个处理单元进行统计。有些数据包例如 ARP 协议没有上层应用信息，视为无效数据包。此外如果数据包缺失协议号、源端口号或源 IP 也视为无效数据数据包。

本章使用了 HashTable 结构来对高速网络中的抽样数据包进行组流。该 HashTable 的主要数据结构是哈希表加链表，目的是采用链式地址法解决哈希冲突，使用 HashTable 组流的主要步骤如下：

步骤 1：使用 FarmHash[61] 对数据包的三元组(7 Bytes)进行哈希，得到该数据包的哈希值。

步骤 2：使用哈希表的大小对哈希值取模，根据该值找到该数据包在哈希表中的位置。

步骤 3：如果当前位置不存在其他三元组，则将三元组放入到该位置。否则，遍历当前链表，寻找该数据包对应的三元组位置。

步骤 4：如果找到该数据包对应的节点，将数据包的信息统计到该节点后，将该节点更新到链表头部，通过更新策略提高链表查找命中概率，提高查找效率。如果没有找到该数据包对应的节点，就在链表头部插入一个新的节点，并将该数据包的信息更新到新节点中。

7.2.2 数据包大小分布特征

为了对高速网络中的加密流量进行分类，本章使用数据的流粒度统计信息构造特征向量。大多数流量分类的研究工作中使用数据包大小作为对加密流量进行分类的特征之一，但数据包大小会受到数据链路层以太网帧填充的影响，而 TCP 头部的选项字段可能占用 TCP 头部中末尾的空间[62]。由此可见，数据包的大小会根据网络环境会发生变化。因此，我们选择有效载荷大小作为数据包大小，这是比数据包整体大小更合适的特征属性。

基于捕获的流量，本章统计分析了每个服务类型的数据包载荷大小特征，分析结果如图 7.1 所示。图中红点是随机选定一条流中的每个数据包载荷大小，蓝点则是这个选定流的平均数据包大小。从图中结果可以看到视频服务的数据包通常比较大，因为视频传输的数据量较大。而游戏的数据包大小的平均值较小，因为游戏客户端产生的信息都比较小。对于聊天服务所产生的流量，数据包大小的分布相对比较均匀，因为聊天会传输图片和视频这些大的数据包，也会传输文本这样的小数据包。此外，从结果中可以看出，不同服务类型的数据包长度统计特征是不同的。

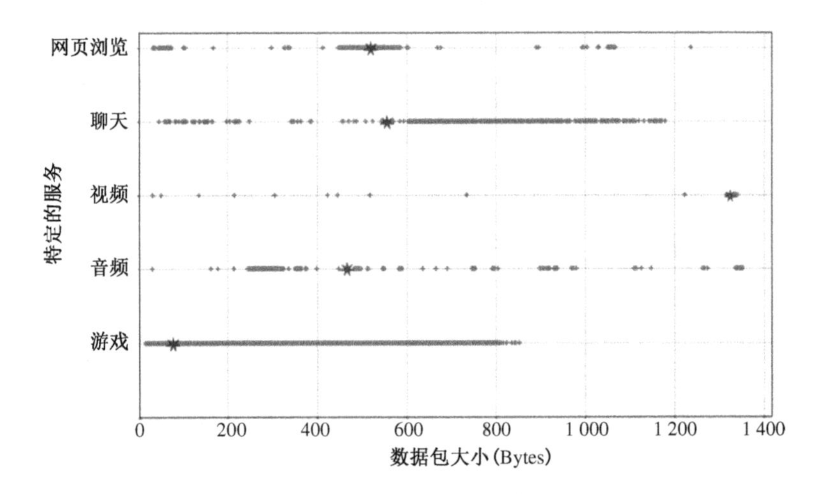

图 7.1　不同服务的数据包载荷大小

为了更准确地识别流量的服务类型，本章统计流的数据包载荷长度分布(Packet Size Distribution，PSD)来构建特征向量，不同服务的数据包大小

分布概率如图 7.2 所示。

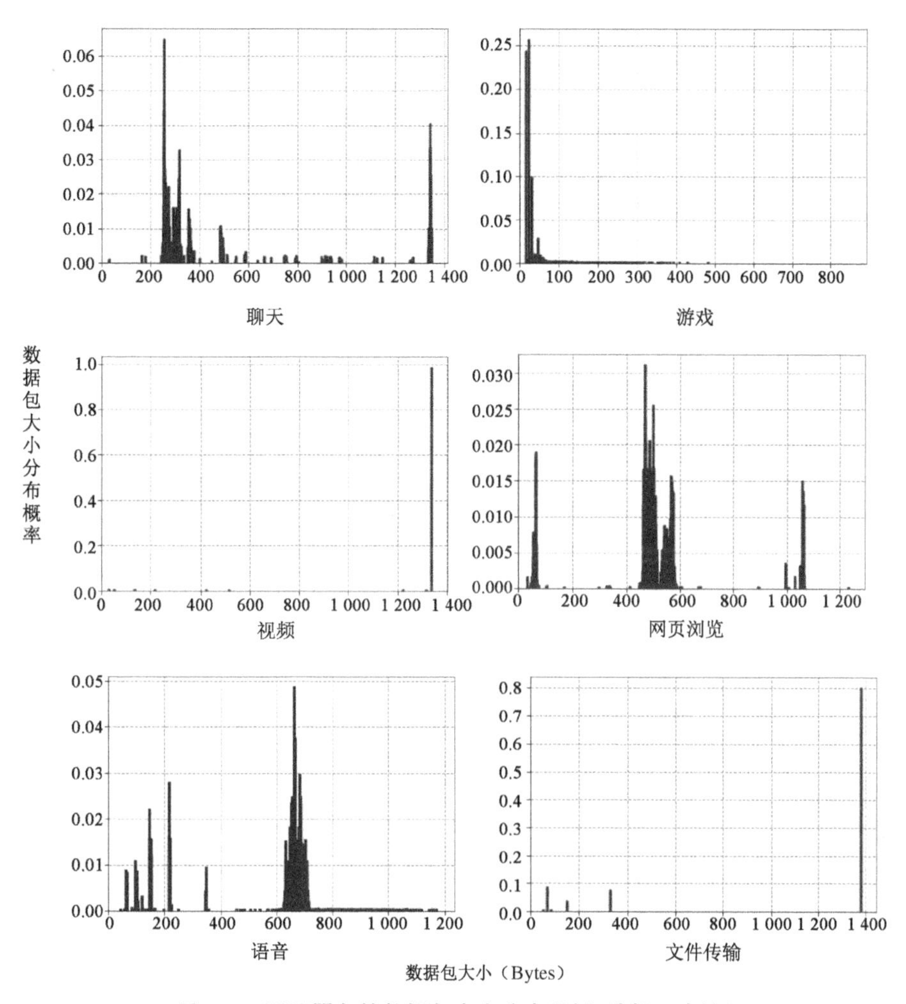

图 7.2　不同服务的数据包大小分布(随机选择一个流)

图 7.2 中，每个服务的数据包大小分布具有明显的差异：其中游戏服务中大约有 90%的数据包集中在 30 Bytes 左右，而视频和文件传输服务的数据包则集中在大于 1 000 Bytes 的部分，但是文件传输中小数据包的分布概率高于视频服务。聊天流量和网页流量的数据包的分布则比较分散，但是聊天流量中小数据包的分布概率相对高于网页流量中小数据包的分布概率。所有的分析结果表明，数据包大小分布可以作为网络流量服务分类的特征。

为了在高速网络中进行服务分类，本章使用抽样样本统计流量特征。只要样本总数足够大，抽样样本的数据包大小分布概率应仍能保持不同服务的差异性和同类服务的相似性。我们对ISCX数据集中不同服务的流量样本进行抽样和统计，得到了不同服务的某条流在未抽样和抽样后(抽样率为1/64)的数据包大小分布概率。结果如图7.3所示，其中，同一服务的数据包大小分布概率在抽样前和抽样后基本保持一致，不同服务的样本在抽样后的数据包大小分布概率仍具有差异性。所以可以通过统计抽样数据的数据包大小分布概率来提取流量特征，实现流量的服务分类。

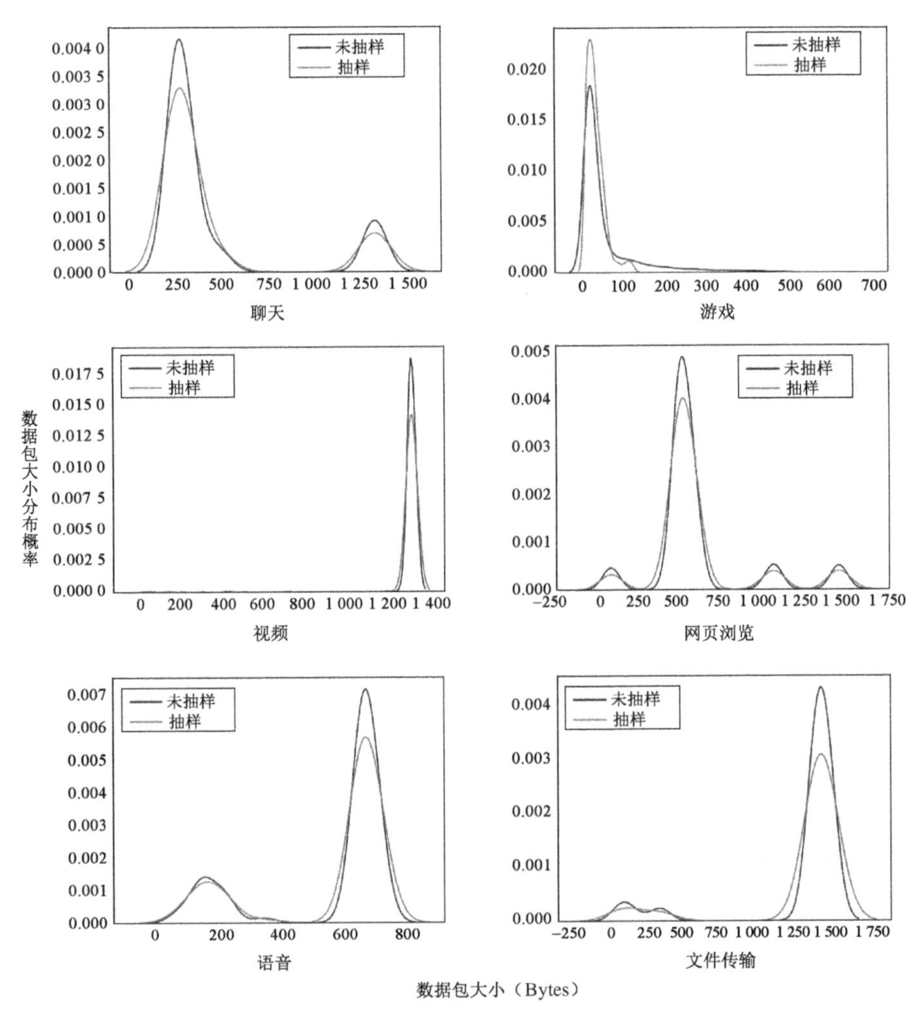

图7.3　不同服务流量在抽样和未抽样情况下的数据包大小分布概率(随机选择一条流)

数据链路的最大传输单元(Maximum Transmission Unit，MTU)会导致数据包发生分片。MTU 和流量的服务类型无关，主要受到运营商的设置和设备类型的差异而有所不同。当两个设备进行通信交换数据包时，两者中间所有路由器、交换机和服务器的 MTU 都会影响数据包，如果数据包大小超过路径中任意一点的 MTU，数据包就会被分片[63]。分片传输的存在，导致大部分的数据包的数量在 MTU 值处产生聚集。我们对 MAWI 数据集中的数据包大小分布进行了统计，如图 7.4 所示，在 MAWI 数据集的数据包大小分布图中，大于 1 000 Bytes 的部分有多个峰值，峰值的位置表示数据包在该处产生了聚集，这是由于数据包分片导致。图 7.4 表明主干网中不同数据链路的 MTU 不同，数据包的大小在多处聚集。主干网中不同链路的 MTU 导致数据包的大小在多处聚集，难以统一不同链路的数据包大小分布。

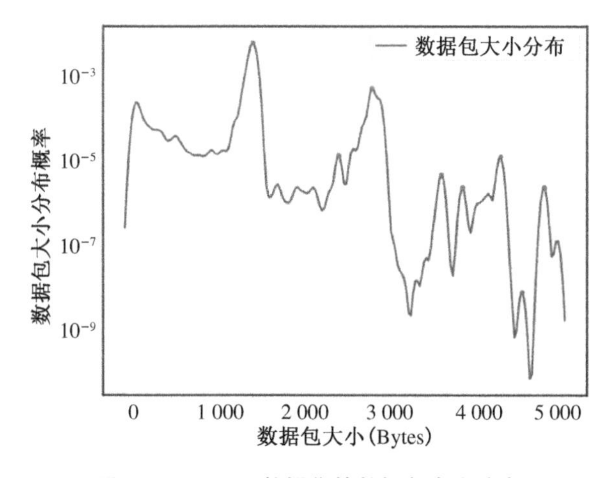

图 7.4　MAWI 数据集的数据包大小分布

为了减少 MTU 不同对统计数据包大小分布造成的影响，需要统一数据包大小的最大值，才能统一不同数据链路的数据包大小分布。本章通过实验比较将数据包的上限设置为 L。在统计数据包大小分布概率时，如果一个数据包的大小 l 大于 L，就将其看作 l/L 个大小为 L 的数据包。

本章基于三元组 $<protocol, sip, sport>$ 来标识一个服务流，并统计这个服务标识的数据包大小分布，将数据包大小区间 0—L 均匀划分为 n 个区间，统计数据包在这 n 个区间的大小分布，此外在长度为 0 和 L 处单独统计数据包的分布。对于任一服务标识 i，根据公式 7.1 统计数据包大小分布，其中 L_{i0} 代表服务标识 i 中大小为 0 的分布概率，L_{i0} 等于大小为 0 的数据包个数除于总的数据包个数。L_{i1}，L_{i3}，…，L_{in} 依次代表服务流 i 在 0—L 中的 n 个区间的数据包大小分布概率，假设第 k 个区间的数据包个数为 n_k，总的数据包个数为 N，其中第 k 个区间的计算方法如公式 7.2。$L_{i(n+1)}$ 代表服务标识 i 中数据包大小为 L 的分布概率，$L_{i(n+1)}$ 等于大小为 L 的数据包个数除于总的数据包个数。在统计数据包大小分布过程中，为了降低 MTU 不同所带来的影响，我们将数据包的最大长度限制为 L，如果存在数据包的大小 l 大于 L，将其看作 l/L 个数据包并将其记录到 $L_{i(n+1)}$ 中。

$$f_i=\left(\frac{L_{i0}}{3},\frac{L_{i0}+L_{i1}}{3},\frac{L_{i0}+L_{i1}+L_{i2}}{3},\cdots,\frac{L_{i(k-1)}+L_{ik}+L_{i(k+1)}}{3},\cdots,\frac{L_{i(n-1)}+L_{in}+L_{i(n+1)}}{3},\frac{L_{in}+L_{i(n+1)}}{3},\frac{L_{i(n+1)}}{3}\right) \qquad \text{公式 7.1}$$

$$L_{ik}=\frac{n_k}{N} \qquad \text{公式 7.2}$$

受到网络波动的影响，一个服务标识的数据包大小分布可能会有微小变化，同一服务标识的特征向量在不同时间段内发生差异。为了减少网络波动对流量服务分类的影响，本章基于窗口统计服务标识的数据包大小分布概率，窗口内拥有固定数量的数据包，如图 7.5 所示。具体的，当我们统计

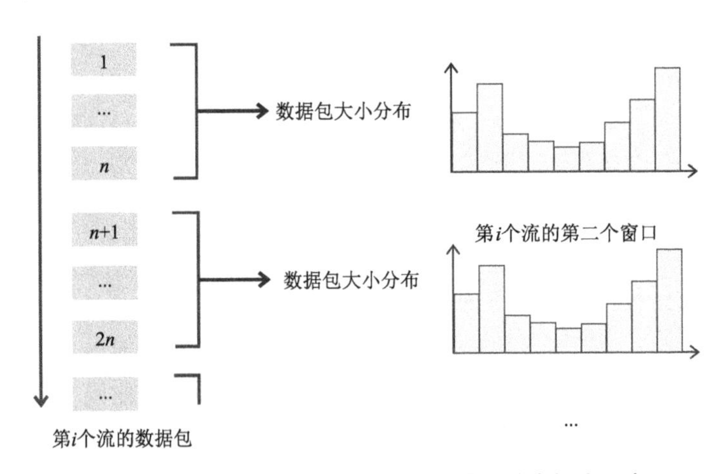

图 7.5　基于累计数据包来统计数据包大小分布概率示意图

了一个服务标识 n 个数据包时，数据包大小分布的数据包数量达到 Y 时，会保存当前的数据包长度分布，并用一个新的数据包长度分布继续统计。随着数据包的不断累积，一个服务标识会统计得到多个数据包长度分布。如果服务标识 i 存在多个数据包长度分布，为这个服务标识 i 构建多个特征向量，若一个服务标识有 n 个窗口的长度分布，则其会有 n 个特征向量 $\{f_1, f_2, \cdots, f_n\}$。

7.2.3 对数转换和归一化

为了提高网络流量中不同服务间的差异性，需要对数据包大小分布进行对数转换和归一化。经过对比研究发现，在计算特征向量间的相似度时，数据包大小分布中概率为 0 和概率趋近于 0 的区间对计算余弦相似度的影响较小。比如视频服务和文件传输服务的数据包大小分布较为相似，但是在数据包大小小于 500 Bytes 的部分，视频服务的数据包大小概率分布为 0，文件传输服务的数据包大小概率分布大于 0，但趋近于 0。导致部分视频服务和文件传输服务的特征向量的相似度过高，难以区分这两类服务的特征向量。为了提高数据包大小分布中概率等于 0 的值和概率趋近 0 的值的差异性，本章对提取的特征向量进行了对数转换，然后通过归一化让数值限定在 0～1。对于特征向量集合中的第 i 个特征向量 $f_i = \{(l_0)_i, (l_1)_i, (l_2)_i, \cdots, (l_n)_i, (l_{n+1})_i\}$，我们根据公式 7.3 对该特征向量进行对数转换和归一化。最后归一化后的特征向量为 $\hat{f}_i = \{(\hat{l}_0)_i, (\hat{l}_1)_i, (\hat{l}_2)_i, \cdots, (\hat{l}_n)_i, (\hat{l}_{n+1})_i\}$。

$$(\hat{l}_k)_i = \frac{\log_2(l_k)_i - \log_2(l_k)_{\min}}{\log_2(l_k)_{\max} - \log_2(l_k)_{\min}} \qquad \text{公式 7.3}$$

7.2.4 类别分布矩阵

类别分布矩阵（Category Distribution Matrix，CDM）是本章设计的一个能够反映类间关联性的二阶矩阵，二阶矩阵中的值记录着对应类别间的相关性大小。聚类算法通过使用统一的距离阈值或其他判定条件对样本数据进行统一的划分，容易将属于同一服务但在特征空间中分布不凝聚的样本分为不同类。经过实验研究，发现在对抓取的流量数据进行聚类后，部分属于同一服务标识的特征向量被分为不同的类，造成这种现象的原因是该服务的流量受到了网络波动，统计特征发生了微小改变。同一服务标识的特征向量应该属于同一服务，如果同一服务标识有多个特征向量，这些特征向量一部分被分到类别 X，一部分被分到类别 Y 中，则说明类别 X 和类别 Y 有一定的相关性，可能属于同一服务类型。本章设计了类别分布矩阵（$CDM[\ ][\ ]$）来统计出现这种情况的次数，并作为后续计算和判断类别间关联性的依据。

算法 7.1　类别分布矩阵构建算法

输入：聚类后的类别数量 N，所有的服务标识三元组 $Triplets=\{triplet_1, triplet_2, \cdots, triplet_m\}$，

以及 $triplet_i$ 的特征向量对应的服务类别 $Categorys_i=\{c_{i1}, c_{i2}, \cdots, c_{il}\}$

输出：类别分布矩阵 $CDM[N][N]$

1：$CDM[N][N]=0$　//初始化为空二阶矩阵

2：$k=1$

3：$a, b=1$

4：**for** $k\to m$ **do**　//遍历每一个三元组

5：　　**for** $a\to l$ **do**　//遍历第 k 个三元组的每一个分类结果

6：　　　　**for** $b\to l$ **do**　//遍历第 k 个三元组的每一个分类结果

7：　　　　　　**if** $c_{ka}\neq c_{kb}$ then　//判断两个类别标签是否相同

8：　　　　　　$CDM[c_{ka}][c_{kb}]++$

9：　　　　　　$CDM[c_{kb}][c_{ka}]++$　//将这两个类别的二阶矩阵加 1

10：　　　　　　**end if**

11：　　　　**end for**

12：　　**end for**

13：**end for**

14：**Return**　$CDM[N][N]$

类别分布矩阵的构建方法如算法 7.1 所示。$CDM[X][Y]$代表类别 X 和类别 Y 在同一三元组中出现的次数，若 $CDM[X][Y]=K$，则代表类别 X 和类别 Y 在同一三元组服务标识中出现 K 次，K 越大，类别 X 和类别 Y 的关联性越大。

假设第一次凝聚聚类的聚类结果中一共有 12 个类，根据这 12 个类间的

关联性构建的类别分布矩阵的示意图如图 7.6 所示，$CDM[X][Y]=K$ 代表类别 X 和类别 Y 在同一三元组中出现 K 次，比如 $CDM[0][7]=7$ 代表类别 0 和类别 7 在同一个三元组中出现 7 次。

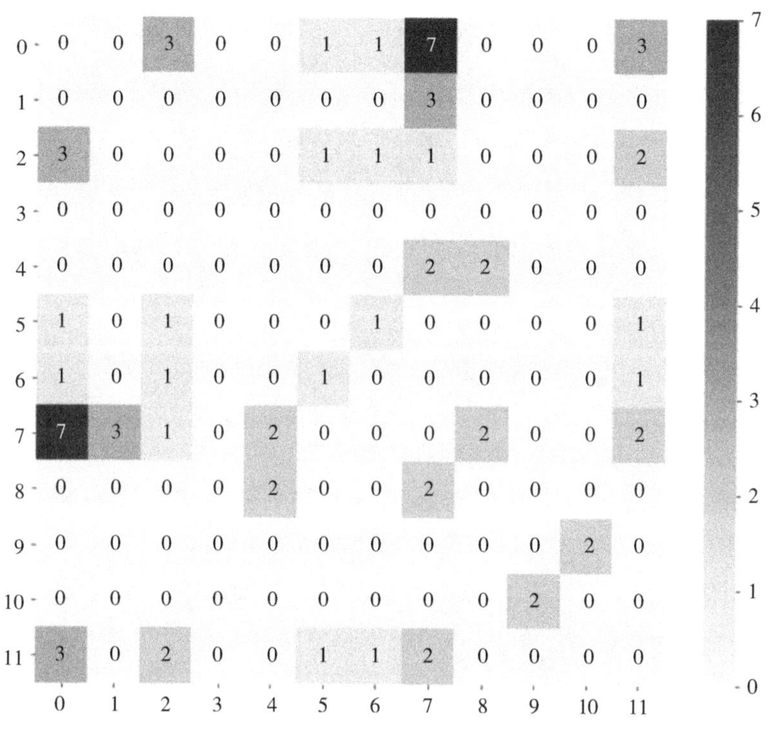

图 7.6　12 个类的类别分布矩阵示意图

7.2.5　凝聚聚类算法

本章基于凝聚聚类算法实现提出的服务分类方法，所使用的凝聚聚类算法的具体流程如下：

步骤 1： 设定凝聚聚类算法的距离阈值，将训练样本集中的每个样本都作为一个类。根据同类对象相似度较高，不同类对象相异度较大的聚类原理，本章使用公式 7.5 评估聚类性能来确定凝聚聚类的距离阈值。其中 $DataNum$ 表示特征向量的总数，$labelNum$ 表示聚类后的类别总数，$ServiceNum$ 表示不同三元组的总数，λ 的计算公式如公式 7.4，n_c 表示同一三元组中全部特征向量被分为同一类的向量数，n_d 表示类中只有一个三元组的数量。

$$\lambda = \frac{labelNum}{ServiceNum} \qquad \text{公式 7.4}$$

$$SoAC = \lambda * \frac{n_c}{DataNum} + (1-\lambda) * \frac{n_d}{labelNum} \qquad \text{公式 7.5}$$

步骤 2: 计算每个类的平均特征向量,使用平均特征向量代表对应的类。我们使用类的平均特征向量来计算类与类之间的相似度。若类别 X 中有 n 个特征向量,其中第 i 个特征向量 f_i 包含 m 个属性值 $\{(x_1)_i, (x_2)_i, \cdots, (x_m)_i\}$,我们根据公式 7.6 计算同一类的平均特征向量 $\overline{X} = \{\bar{x}_1, \bar{x}_2, \cdots, \bar{x}_m\}$。

$$\bar{x}_j = \frac{\sum_{k=1}^{n}(x_j)_k}{n} \quad (j = 1, 2, \cdots, m) \qquad \text{公式 7.6}$$

步骤 3: 通过每个类的平均特征向量计算类间的欧式距离,将距离最近的两个类进行合并。若类别 X 的平均特征向量为 $\bar{X} = \{\bar{x}_1, \bar{x}_2, \cdots, \bar{x}_m\}$,类别 Y 的平均特征向量为 $\bar{Y} = \{\bar{y}_1, \bar{y}_2, \cdots, \bar{y}_m\}$,则类别 X 和 Y 的欧氏距离 $Dist(X, Y)$ 的计算方法如公式 7.7。

$$Dist(X, Y) = D_{XY} = \sqrt{\sum_{k=1}^{m}(\bar{x}_k - \bar{y}_k)^2} \qquad \text{公式 7.7}$$

步骤 4: 重复步骤 2 和步骤 3,如果所有类间的欧氏距离都大于设定的距离阈值,则停止凝聚算法。

7.2.6 两阶段聚类算法

凝聚聚类算法使用统一的距离阈值进行聚类,但这难以处理高速网络中多样的服务。因为某些服务之间的样本的相似度度量会比较小,比如视频服务和文件传输服务,这两类的服务的相似度比较高,凝聚聚类需要使用比较低的距离阈值才能将视频服务和文件传输服务的样本分开。但是某些服务内的样本间的相似度不同,这可能是受网络波动的影响,导致该服务的统计流量特征发生变化,这时凝聚聚类需要使用较大的距离阈值才能将该服务给聚类到相同的类中。在这种情况下，使用一次聚类的分类方法难以准确地进行分类，容易产生错误分类，需要人工合并，缺乏实用性。

本章设计了两阶段聚类方法（TSC），该方法包含了两次凝聚聚类过程，第一次凝聚聚类后，通过分析类别分布矩阵得到第二次凝聚聚类的距离阈值和训练样本，可以将属于同一服务的簇进行合并，由于不需要过多的手工合并，TSC 可以高效地应用在服务类型很多的高速网络中，提高 ISP 管理网络链路的效率。TSC 方法包括两次凝聚聚类过程，第二次凝聚聚类算法具体过程如算法 7.2 所示，TSC 算法的示意图如图 7.7 所示，其中具体步骤如下：

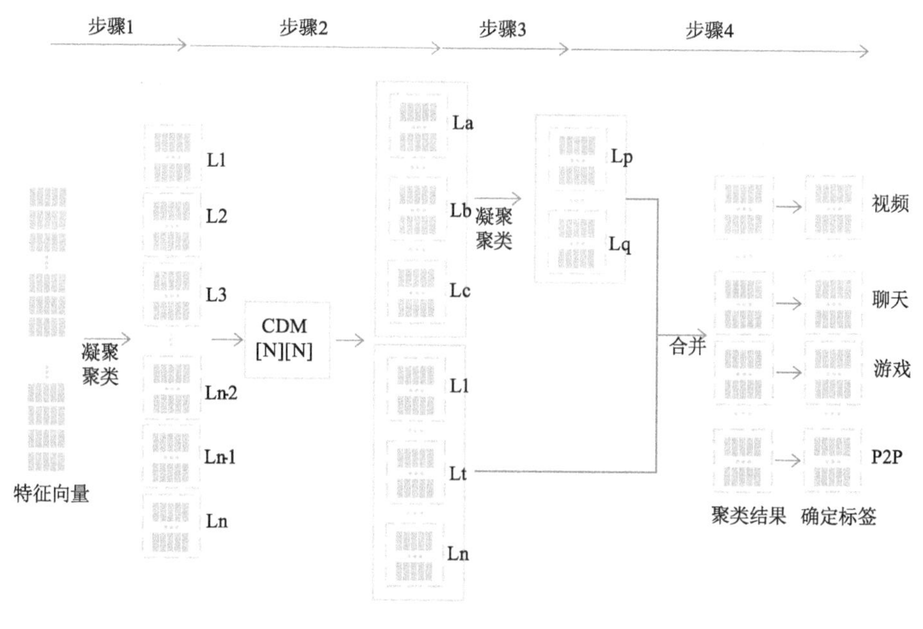

图 7.7　TSC 算法示意图

步骤 1： 使用凝聚聚类算法对全部的特征向量进行第一次聚类。本章使用凝聚聚类算法对训练集中的全部特征向量进行凝聚聚类。

步骤 2： 根据算法 7.1 构建类别分布矩阵（*CDM*[][]）。TSC 算法根据类间的关联性构建类别分布矩阵，通过类别分布矩阵发现两个类别间的关联性，所谓的关联性就是两个类别属于同一服务的可能。类别分布矩阵的构建方法如算法 7-1 所示。

步骤3: 根据算法7.2进行第二次凝聚聚类。第一次凝聚聚类可能会将属于同一个服务的样本分类到不同类中,两阶段聚类算法通过构建类别分布矩阵来寻找出现错误分类的样本,并对这些样本进行第二次凝聚聚类,从而将属于同一服务的类进行合并。

算法7.2 基于类别分布矩阵的凝聚聚类算法

输入:第一次聚类后的类别数量 N,类别分布矩阵 $CDM[N][N]$,阈值 $Sty\_Threshold$,阈值 $Dist\_Threshold$

输出:聚类结果

1: $F\_Set=\{\}$, $Average\_Set=\{\}$ //初始化集合
2: **While** *True* **do**
3: $S=\{\}$, $X=0$, $Y=0$
4: **for** $P=0 \rightarrow N-1$ **do** //遍历 N 个类
5: **for** $Q=0 \rightarrow N-1$ **do** //遍历 N 个类
7: **if** $P \neq Q$ **and** P, Q **notin** F_Set **and** $CDM[P][Q]>CDM[X][Y]$
8: $X \leftarrow P, Y \leftarrow Q$
9: **end if**
10: **end for**
11: **end for**
12: **if** $Dist(X,Y)<Dist\_Threshold$ **and** $Sty(X,Y)>Sty\_Threshold$ **and** X, Y **not in** F_Set **then**
13: $S \leftarrow X, Y$ //将类别 X 和类别 Y 的特征向量添加到集合 S 中
14: **else then break**
15: **end else**
16: **end if**
17: **for** $K=0 \rightarrow N-1$ **do**
18: //使用公式(7-9)计算 $Sty(X,Y,K)$
19: **if** $Dist(X,K)<Dist\_Threshold$ **and** $Dist(K,Y)<Dist\_Threshold$ **and** $Sty(X,Y,K)>Sty\_Threshold$ **and** K **not in** F_Set **then**
20: $S \leftarrow K$ //将类别 K 的特征向量添加到集合 S 中
21: **end if**
22: **end for**
23: $Average\_Set \leftarrow S$ 中的平均特征向量
24: $F\_Set \leftarrow S$
25: **end while**
26: $R \leftarrow Average\_Set$ 中特征向量间最小的欧氏距离
27: 使用距离阈值 R 对 F_Set 中的特征向量进行凝聚聚类
28: **Return** 对 F_Set 的聚类结果

算法7.2根据类别分布矩阵挑选出进行第二次凝聚聚类的类别，并根据这些类别间的最小欧式距离计算第二次凝聚聚类的距离阈值。具体的，算法中第1行初始化了两个空集合：F_Set 和 $Average\_Set$，F_Set 用于存放进行第二次凝聚聚类的类别的特征向量，$Average\_Set$ 用于存放 F_Set 中每个类别的平均特征向量。第4到11行通过两层循环寻找类别分布矩阵中不存在于 F_Set 且值最大的两个类 X,Y。第12到16行通过公式7.8计算 $Dist(X,Y)$ 与阈值 $Dist\_Threshold$ 比较，通过公式7.6计算 $STY(X,Y)$ 与阈值 $Sty\_Threshold$ 比较，若 X,Y 满足条件，就添加到集合 S 中，若不满足，就结束算法。第17到22行通过公式7.7和公式7.9寻找与类别 X,Y 相似的类，并添加到集合 S 中。第23行计算集合 S 中所有向量的平均特征向量，然后添加到集合 $Average\_Set$ 中，并将集合 S 中的所有特征向量添加到集合 F_Set 中。第26行根据 $Average\_Set$ 中的平均特征向量间的最小欧式距离计算距离阈值 R。第27行使用距离阈值 R 对集合 F_Set 中的特征向量进行凝聚聚类。第28行返回凝聚聚类结果。

$$STY(X,Y)=\frac{Distribution\_Matrix[X][Y]}{Dist(X,Y)} \qquad \text{公式 7.8}$$

$$STY(X,Y,K)=\frac{Distribution\_Matrix[X][K]+Distribution\_Matrix[K][Y]}{Dist(X,K)+Dist(K,Y)}$$

公式7.9

步骤4： 合并全部的特征向量，确定每个类的服务标签。将所有的特征向量进行合并，根据训练样本集中的少量有服务标签的样本，来确定每个类的服务类型。如果一个类中只包含某一个服务标签的样本，则认为这个类属于该服务，如果一个类中没有包含带有服务标签的样本，则需要进一步的手工验证。

无监督学习方法在用于识别时，需要计算待识别样本与无监督聚类的每一个类别之间的相似度，通过比较相似度来判断待识别样本属于哪一个类，从而确定待识别样本的服务类型。由此可见，使用无监督学习方法在判断待识别样本时需要进行大量的计算来计算相似度。面对高速网络中的海量流量，只依赖无监督学习方法来判断流量的服务类型缺乏高效性，因为高速网络中服务类别多,需要处理的数据量庞大,通过计算相似度的方式效率低。有监督学习方法通过使用有标签的训练集来训练分类模型,通过分类模型直接对网络流量进行识别,所有监督学习方法在识别效率上比无监督学习更高。因此,在使用无监督学习进行两阶段聚类的基础上,本章利用无监督聚类的结果,使用有监督学习训练服务分类模型。

7.2.7 基于监督学习的服务分类模型训练方法

为了提高算法对待识别样本的识别效率,本章对 TSC 方法得到的有标记的特征向量进行监督学习,通过训练分类模型来对高速网络中的流量进行快速的服务类型识别。本章评估了决策树(Decision Tree, DT)、随机森林(Random Forest, RF)、支持向量机(Supprot Vector Classification, SVC)、AdaBoost 分类器、二次判别分析算法(Quadratic Discriminant Analysis, QDA)等 5 个监督学习算法,并根据不同监督学习方法的评估结果来确定最适合高速网络中流量服务分类的机器学习算法。

7.3 实验数据和实验结果

7.3.1 数据集构建

网络流量服务分类领域存在的一个问题是数据集不同,因此许多研究工作不具有可比性,并且由于大多数研究工作只能在特定实验数据集中取得良好的成绩,缺乏普适性和说服力。近年来,研究学者们大多考虑使用 ISCX VPN-nonVPN 数据集作为流量分类的验证数据,本章同样也考虑使用 ISCX VPN-nonVPN 数据集来验证本章的实验结果。该数据集是在 2016 年采集的真实世界流量数据集,数据集存在着时间久远、样本规模不足的问题,所以为了让本实验所使用的数据集更能反映目前网络中的样本特征,本章还使用了最近采集的高速网络流量数据集来训练机器学习模型。

综合上述情况，本章从模型方法对比分析角度与现实意义角度出发，基于以下数据集进行实验与分析。

（1）MAWI 数据集：该数据集是 WIDE 项目于 2020 年 6 月在 10 Gbps 互联网捕获的 900 s 流量数据。流量捕获在 WIDE 主干网内的多个点收集，跟踪采用 tcpdump 原始格式，以便所有标头信息可用，可用于详细的流量分析。本章将 MAWI 数据集作为训练集用于监督学习分类器的训练，并将 MAWI 数据集作为高速网络背景流量。

（2）ISCX VPN-nonVPN 数据集：该数据集具有一定的公信力，可以有效检测本章提出的方法的准确性，同时为了体现本章方法的优异性，本章使用 ISCX VPN-nonVPN 数据集来与流量服务分类领域最近的研究进行对比实验，来直观的体现本章实验的高准确性。我们使用 ISCX VPN-nonVPN 数据集中包含足够样本的五个类别进行实验：VoIP，Streaming，FileTransfer，Browsing，P2P。

（3）DataSet1：为了验证本章提出的方法在高速网络流量中服务分类的准确性，本章混合了 MAWI 数据集与 ISCX VPN-nonVPN 数据集来模拟流经高速网络中的网络流量。本章将该混合数据集称为 DataSet1，DataSet1 一共包含了 298 241 190 个数据包。

（4）DataSet2：为了验证本章提出的方法可以对高速网络中的 DDoS 攻击流量进行检测，本章混合了 MAWI 数据集和 CIC-DDoS2019 公开数据集，本章将该混合数据集称为 DataSet2。CIC-DDoS2019 包括了良性流量和最新的常见 DDoS 攻击流量，其中 DDoS 攻击流量占数据集的 56.7%，包括了 43 128 个样本，良性流量占数据集的 43.2%，包括了 32 859 个样本，混合流量的方法参考 DataSet1 的构建方法。

$$t\_update = M_{start} + T_{init} + t\_origin - I_{start} \qquad \text{公式 7.10}$$

为了将 ISCX VPN-nonVPN 的流量混入 MAWI 数据集中，本章重新计算 ISCX VPN-nonVPN 中数据包的时间，然后将更新了时间的数据包按照时间顺序插入到 MAWI 数据包中。本章首先计算 ISCX VPN-nonVPN 中流量的持续时间 T_1，T_1 等于 ISCX VPN-nonVPN 中最后一个数据包的时间 I_{end} 减去第一个数据包的时间 I_{start}。然后计算 MAWI 中流量的持续时间

T_2，T_2 等于 MAWI 中最后一个数据包的时间 M_{end} 减去第一个数据包的时间 M_{start}。如果 $T_1 < T_2$，就在 $(0, T_2 - T_1)$ 数值区间内产生一个随机初始值 T_{init}。反之，在 $(0, \sigma * T_0)$ 数值区间中生成一个随机值作为初始值 T_{init}，其中 σ 为混合因子。为了保证 ISCX VPN-nonVPN 中大部分数据包混入到 MAWI 流量中，混合因子 σ 应该尽可能的小，所以本章将混合因子 σ 设置为 0.05。然后将 ISCX VPN-nonVPN 中每个数据包的时间 t_origin 根据公式 7.10 更新为 t_update。最后，根据更新时间 t_update，将 ISCX VPN-nonVPN 中的数据包按照时间顺序混入 MAWI 中，得到 DataSet1。

7.3.2 评价指标

本章基于实验需要选用了实验结果精确率、召回率、F1_score 和 *SoAC* 得分四个指标来评估分类器模型的性能。

精确率(Precision)定义为对于每个类别，其真阳性(TP)与真阳性和假阳性(FP)之和的比率，计算方法如公式 7.11。召回率(Recall)定义为对于每个类别，其真阳性(TP)与真阳性和假阴性(FN)之和的比率，计算方法如公式 7.12。F1_score 定义为精度与召回率的调和平均值，计算方法如公式 7.13。*SoAC* 得分根据公式 7.5 计算。

$$Precision = \frac{T_p}{T_p + F_p} \qquad \text{公式 7.11}$$

$$Recall = \frac{T_p}{T_p + F_n} \qquad \text{公式 7.12}$$

$$\text{F1\_score} = 2\frac{R * P}{R + P} \qquad \text{公式 7.13}$$

7.3.3 实验参数设置

本节通过对照试验来确定 TSC 算法流程中所使用的参数，其中包括第一次凝聚聚类的距离阈值、算法 7.2 中的阈值 *Dist_Threshold*、*Sty_Threshold*。

第一次凝聚聚类的距离阈值大小对两阶段聚类算法的准确性至关重要。距离阈值作为凝聚聚类算法中迭代终止的条件，会在迭代过程中将小

于距离阈值的两个簇进行合并。如果选择了过大的距离阈值，聚类算法可能将原本属于不同服务的样本分类到同一个簇中；如果选择了过小的距离阈值，聚类算法可能将原本属于同一服务的样本分类到不同的簇中，降低结果的准确性。所以选择合适的距离阈值对本章的两阶段聚类算法至关重要。

本章通过使用公式7.8评估聚类性能来确定第一次凝聚聚类使用的距离阈值。在保持其他实验条件不变的情况下，设置不同的距离阈值进行实验，实验数据集选用MAWI数据集，通过*SoAC*得分来评估聚类性能。其中TSC算法的*Dist_Threshold*设置为0.1，*Sty_Threshold*设置为20，实验结果如图7.8所示，当距离阈值小于0.08时，TCP数据和UDP数据的*SoAC*得分随着距离阈值的增加而上升；当距离阈值为0.08时，TCP数据和UDP数据的聚类效果达到最好；当距离阈值大于0.08时，TCP数据和UDP数据的*SoAC*得分随着距离阈值的增加而下降。所以，本章中将第一次凝聚聚类的距离阈值设置为0.08。

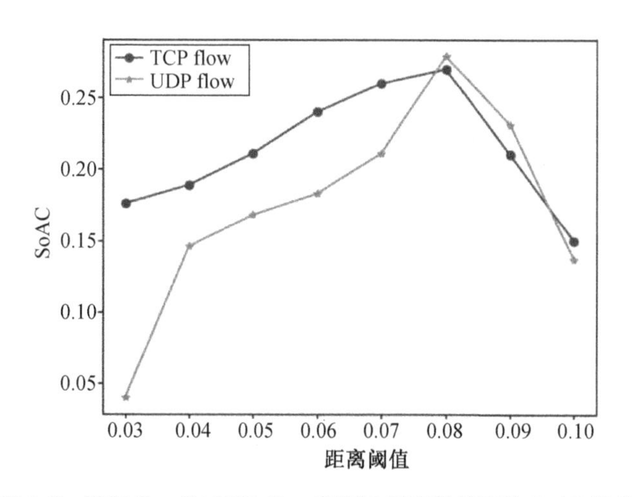

图7.8　TCP flow和UDP flow在不同距离阈值下的SoAC得分

本部分使用*SoAC*得分评估聚类性能来确定算法7.1中*Dist_Threshold*、*Sty_Threshold*的值。这两个参数用于算法7.1中判断两个类是否属于同一服务，所以对实验结果至关重要。我们让第一次凝聚聚类的阈值设置为0.08，并保持其他条件不变，然后让*Dist_Threshold*分别为

0.08,0.10,0.12 进行实验,通过比较不同 *Sty_Threshold* 下的 *SoAC* 得分来确定最佳的值。实验结果如图 7.9 所示,*Dist_Threshold* 为 0.10 时的 *SoAC* 得分大于同 *Sty_Threshold* 下,*Dist_Threshold* 为 0.8 和 1.2 时的 *SoAC* 得分。并且在不同 *Dist_Threshold* 下,*Sty_Threshold* 为 15 时,*SoAC* 得分最高,聚类性能最佳。所以,本章的后续实验将 *Dist_Threshold* 设置为 0.10,并将 *Sty_Threshold* 设为 15。

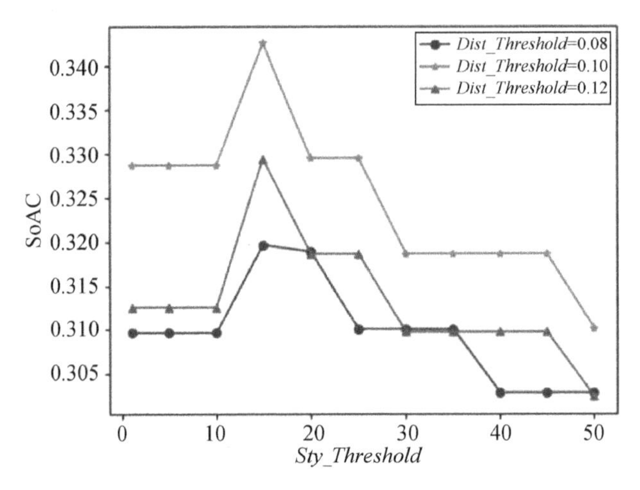

图 7.9　*Dist_Threshold* 为 0.08,0.10,0.12 时,不同 *Sty_Threshold* 取值的 SoAC 得分

7.3.4　实验结果

本章选择了 5 种常见的监督学习算法来训练分类器,然后在 DataSet1 上进行评估。本文只关注 DataSet1 中来源于 ISCX VPN-nonVPN 数据集中 5 个类别的评估结果,不关注 DataSet1 中包含的 MAWI 数据集的评估结果。此外,本章使用 *macro avg* 对每个类别的精确度、召回率和 F1 得分加和求平均。如图 7.10 所示,随机森林算法在 5 种算法中表现最佳,其在 6 个类别的平均精确率为 91.61%,平均召回率为 92.49%,平均 F1_score 为 91.97%。最终,选择随机森林算法在离线阶段训练分类器。

本章使用 DataSet1 在未抽样和抽样的情况下进行实验,评估分类模型的准确性。我们使用精确率(Precision)、召回率(Recall)、F1_score 评估实验结果,实验结果如表 7.1,其中 P2P 准确率最高,达到了 97.67%的精确

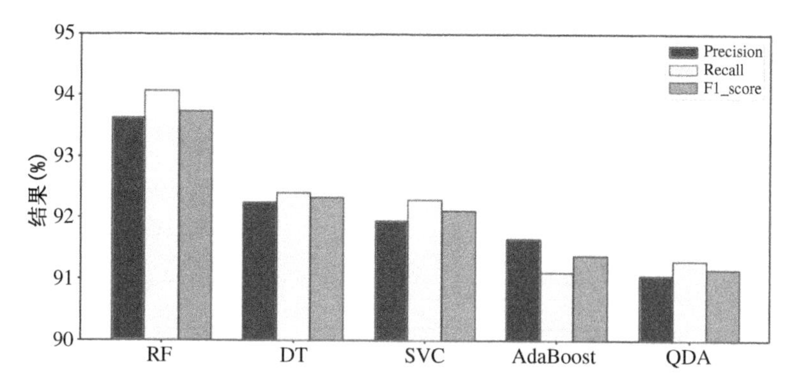

图 7.10　不同监督学习算法的对比实验结果

率，94.74%的召回率，96.18%的 F1_score。我们用 *macro avg* 来计算五个类别的平均精确率和平均召回率。统计结果表明，我们的方法得到了 93.58%的平均精确率和 94.06%的平均召回率。

表 7.1　本文提出的方法应用于 DataSet1 的评估结果

类别	Precision(%)	Recall(%)	F1_score(%)
VoIP	88.03	97.32	92.45
Streaming	96.65	95.34	95.99
File Transfer	88.95	93.77	91.30
Browsing	96.58	89.14	92.71
P2P	97.67	94.74	96.18

为了证明我们提出的方法能应用在高速网络中，我们对 DataSet1 进行了系统抽样来评估分类模型。我们分别将抽样率设置为 1、1/8、1/16、1/32 和 1/64 进行实验，得到不同抽样率下的 Precision、Recall 和 F1_score，然后使用 *macro avg* 计算不同类别的平均精确率、平均召回率和平均 F1_score，实验结果如表 7.2，结果表明，我们提出的方法在不同抽样率下都具有较高的准确性，即使当抽样率为 1/64(占全部数据包的 1.587 5%)时，仍能达到 91.35%的平均精确率和 91.89%的平均召回率，实验结果表明，我们提出的方法在抽样环境下具有较高的准确性，可以应用在高速网络的服务分类任务中。

表 7.2　本章提出的方法在不同抽样率下的评估结果

抽样率	Macro Precision(%)	Macro Recall(%)	Macro F1_score(%)
1	93.58	94.06	93.73
1/8	92.87	92.97	92.92
1/16	91.31	92.09	91.70
1/32	91.51	91.98	91.74
1/64	91.35	91.89	91.62

7.3.5　对比实验

Jonas Höchst[64]等人提出一种基于时间间隔的特征向量构造和半自动聚类标记的服务分类方法，该方法基于时间间隔的特征向量构造方法将流量分成指数增长的时间段，并计算每个时间段内的统计属性，然后使用神经自动编码器实现特征降维和聚类。基于指数增长的时间间隔可以统计到足够的特征信息，但是需要统计和保存海量的信息，缺乏足够的效率。Zhao 等人[65]根据 SOM 和 K-means 结合的算法实现了服务分类模型，该算法首先通过 SOM 网络进行流量聚类，派生出聚类编号和每个聚类中心值，然后将这些值作为运行 K-means 算法的初始参数，来进行服务分类。该分类相比传统的 K-means 可以达到更高的准确率，但该方法需要进行海量计算，处理效率较低。

本章与类型的方法在 DataSet1 上进行了比较实验。本章的方法在三个方面优于这两种方法。

首先，本章基于数据包大小分布概率进行两阶段聚类，对分类结果不理想的样本进行了重聚类，在处理相似的不同样本时也拥有很高的准确性。实验结果如图 7.11 所示，本章的方法在 6 个类别上的精确率和召回率都要高于对比的两个方法，在 VoIP 和文件传输以及视频流中的表现明显高于其他两个方法。

其次，对比方法都使用了数据包的个数和数据包到达间隔等特征，需要使用全采集的流量，难以应用在高速网络中。本章的方法根据数据包的长度分布来构造特征向量，能使用抽样的数据包实现服务分类，并具有优秀的

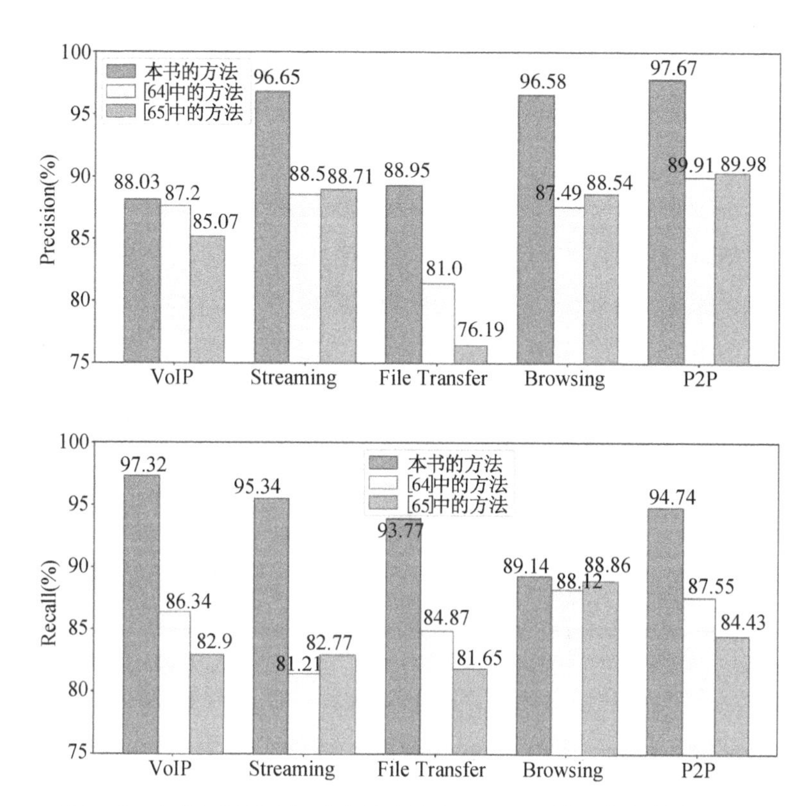

图 7.11　本书与[64]和[65]中的方法在 DataSet1 数据集上的实验对比

准确性。此外,高速网络中传输速率高,每秒钟会传输数以万计的数据包。对比方法 1 基于指数增长的时间间隔来统计特征,需要统计 2 096 s 的数据包,对骨干网的 ISP 来说,难以保存如此海量的数据。所以基于时间间隔的统计方法不适用于高速网络,本章基于累计一定的数据包来统计特征,只需要使用有限的内存,处理效率更高。

此外,两个对比方法在使用聚类算法完成聚类后,都需要大量的手工来合并部分属于同一服务的簇,缺乏实用性。本章提出的方法基于 TSC 算法,在第一次聚类的基础上,通过类别分布矩阵来获得簇间的相关性,以此进行第二次聚类来自动合并部分簇,所以本章的方法只需要少量的人工参与,实用性更高。

7.3.6　网络异常流量识别

除了应用于正常的服务分类,本章的方法还可以发现网络异常流量。

为了验证本章提出的方法，对高速网络中 DDoS 攻击流量的检测效率，本章在不同抽样率下对 DataSet2 中的流量进行抽样，并评估了不同抽样率下的 DDoS 攻击流量检测结果。我们分别将抽样率设置为 1、1/8、1/16、1/32、1/64、1/128、1/256、1/512 进行实验，得到不同抽样率下对 DDoS 攻击流量检测的精确率、召回率和 F1_score，实验结果如表 7.3 所示。结果显示，本章在不同抽样率下对 DDoS 攻击流量检测的精确率可以达到 97%以上，召回率可以达到 98%以上，并且当抽样率为 1/512 时，抽样后存在的 6 219 个 DDoS 攻击样本中有 6 093 个 DDoS 攻击样本被检测到，对 DDoS 攻击流量检测的精确率仍可以达到 97.99%，召回率可以达到 99.41%。实验结果表明，本章提出的服务分类方法可以对高速网络中的 DDoS 攻击流量进行检测。

表 7.3　本章提出的方法对 *DataSet2* 中的 DDoS 攻击流量的检测结果

抽样率	抽样后的 DDoS 样本数量	检测到的 DDoS 样本数量	Precision (%)	Recall (%)	F1_score (%)
1	43 128	42 528	98.61	99.12	98.86
1/8	43 128	42 256	97.98	99.01	98.49
1/16	38 879	38 019	97.79	98.90	98.34
1/32	20 306	19 906	98.03	99.13	98.57
1/64	15 199	14 881	97.91	99.03	98.47
1/128	15 024	14 713	97.93	99.18	98.55
1/256	11 012	10 762	97.73	99.23	98.47
1/512	6 219	6 093	97.99	99.41	98.69

7.4 本章小结

本章提出了一个针对高速网络流量的服务分类方法，该方法通过网络

服务流的数据包大小分布概率构建流量特征，能有效区分不同服务，可以对未加密流量和加密流量进行服务分类，也可以对异常流量进行识别。本章设计的 TSC 方法能够快速地将聚类结果映射到具体的服务，以此构建的机器学习模型能够快速地在高速网络中进行网络流量的服务类别识别。

第8章 服务器状态感知

8.1 服务器丢包状态感知的基本问题

网络攻击种类多，并且黑客会不断更新攻击技术，对于未知攻击，安全检测系统难以直接检测出。因此，对于需要重点保护的网络设备，可以从其他途径感知其状态，当感知到设备状态发生异常时，启动防御系统对其进行重点防护。本章介绍基于流量分析感知服务器状态的方法。

随着互联网的发展和各类移动终端的普及，互联网中占比最多的流量是视频流量。2021年上半年，视频流量在总流量的占比已达到53.72%[66]。伴随着移动互联网的发展，移动视频流量预计将以每年约30%的速度不断增长，到2025年，移动网络中的视频流量预计将占总流量的76%[67]。对视频服务器的攻击检测和防御也成为各服务运营商关注的重点问题，因此本章针对视频服务器进行状态感知研究。

网络应用的服务质量直接受到网络QoS(Quality of Service)的影响。QoS指的是端到端的服务质量，一般包括丢包、延迟、吞吐量、抖动等。其中

丢包和吞吐量在大多数研究中被认为是所有因素中最关键的参数。当视频数据包发生丢失时,可能会造成视频播放过程中出现卡顿现象或者播放出现错误等现象。因此,本文主要针对视频传输过程中发生的丢包进行测量。

丢包是指一个或多个数据包无法通过互联网上到达目的地。丢包是反映服务器状态的一个重要因素。对于视频传输服务来说,正常情况下,服务器不断地向视频客户端传输数据,视频数据存储客户端的缓冲区中,缓冲区中的视频数据被解码成可播放的视频片段。当缓冲区存储的视频数据大小超过一定阈值后视频开始播放。在视频播放过程中,如果出现丢包等情况,可能会造成缓冲区中的数据逐渐变少。当缓冲区存储的视频片段为空的时候视频出现卡顿,甚至会出现播放错误等现象。

针对丢包测量,主动和被动测量都可以测量出数据包丢失情况。与主动测量相比,被动测量的结果更真实地反映了网络路径中丢失数据包的状态[68]。目前,大多数被动丢包测量算法使用 TCP 头信息来检测数据包丢失。TCP 协议实现了两种机制:超时和快速重传[69]。一些研究人员通过超时检测 TCP 的数据包丢失,而这种方法必然是一个耗时的操作,导致无法及时检测到数据包丢失。其他研究者使用快速重传来更快地检测 TCP 的丢包。然而,这种方法只对一小部分的数据包丢失有效[70][71]。此外,一些视频传输采用 UDP 协议,但 UDP 缺乏关键的头信息,所以这种方法很难检测到 UDP 的丢包。另一方面,大多数丢包检测方法需要使用全采集流量,这很耗费空间和资源,在高速网络上无法实施。因此最好的方法是分析抽样的流量数据。虽然有一些基于 NetFlow 的丢包检测方法,NetFlow 功能的本质是对网络数据包进行抽样后处理。但是需要同时为每个流使用计数器计数,并在各转发点之间进行比较以识别丢包,这很耗费时间和空间[72][73][74],此外,这些方法往往需要使用多个采集点的协作,使其难以部署。

本章研究的基于流量抽样和 Feature-Sketch 的丢包检测方法,能够在高速网络中准确实时地对丢包情况进行检测。该方法使用了一种 Feature-Sketch 数据结构能够快速从抽样流量数据中提取出反映丢包状态的流量特征,极大地减小了流量分析的代价。在提取出关键流量特征基础上,利用随机森林模型(RF)和梯度上升模型(XGB)对流量特征进行训练,构建了丢包检测模型来检测丢包。实验结果表明，Feature-Sketch 数据结构和丢包检测分类模型可以部署在软路由上对网络中的丢包情况进行准确实时地检测。

8.2 基于流量抽样和 Feature-Sketch 的丢包检测方法

8.2.1 流量抽样

该算法使用基于数据包的流量抽样技术。基于数据包的流量抽样技术主要包括三种：系统抽样技术，随机抽样技术，以及简单抽样技术[75]。从图 8.1 可以看出三种基于数据包的抽样技术之不同：①系统抽样是抽取每个抽样间隔内的第一个观察对象，每个抽样间隔都具有相同的间隔长度；②随机抽样技术是从每个抽样间隔内随机抽取一个观察对象，每个抽样间隔都具有相同的间隔长度；③直接从全部样本中随机抽取样本。

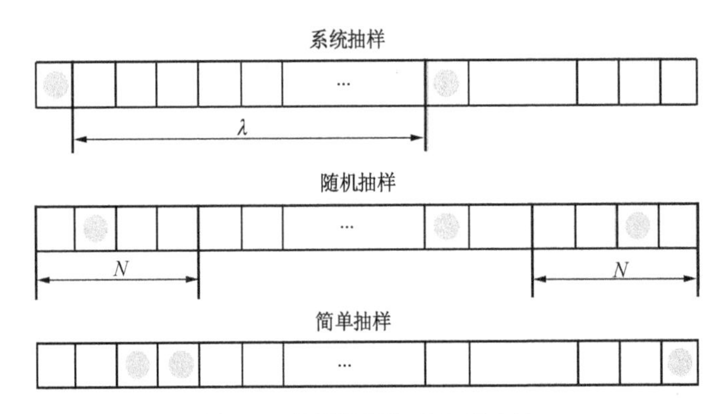

图 8.1　基于数据包的抽样方法

与其他两种抽样技术相比，系统抽样技术具有较短的时间和内存开销的特点。因此，本章使用系统抽样，当一个数据包到达时，计数器值将增加。当这个计数器值达到饱和时会触发一次抽样事件。假设 p 为达到饱和所需的数据包的数量，因此所有数据包的抽样率约为 $1/p$。

8.2.2 Feature-Sketch 设计

1）Sketch 结构

为了快速处理数据包，本章使用了 Sketch 结构。Sketch 结构是一种使用概率计数器对流密度进行近似估计的紧凑数据结构[76][77][78][79]。最常见的 Sketch 结构是 Count-Min Sketch(CM Sketch)[7]。图 8.2 里，CM Sketch 使用一个有 w 列和 r 行的二维计数器阵列来记录流量信息。当更新一个流信息时，通过 r 个哈希函数将数据包哈希到每行的一个计数器中，然后将 r 个计数器的值分别增加 1。当查询特定流信息时，是将所有哈希到的 r 个计数器中的最小值将作为估计结果。

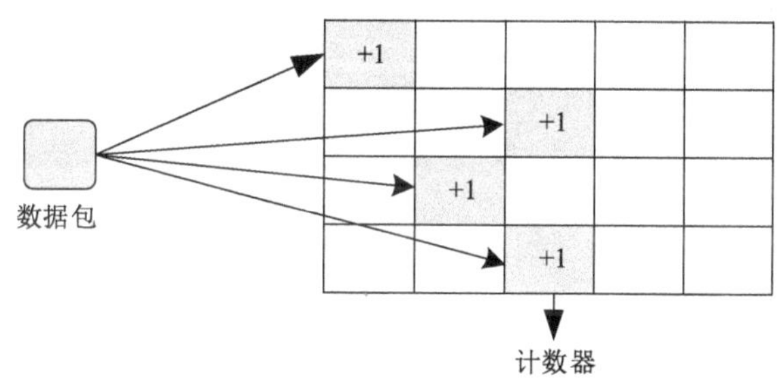

图 8.2 Count-Min Sketch 的数据结构

CM Sketch 结构支持插入流信息和查询近似的流的大小，但它们只计算流流量中每个流的频率，不能记录流量的多个特征。因此，本算法使用一种基于 SpreadSketch[80] 的 Feature-Sketch 结构来分析流量，它使用多个计数器存储流量信息并从计数器值提取出 TCP 和 UDP 的统计信息。为了减少抽样流量数据的影响，根据计数器值的比率关系进一步计算出流量特征。

图 8.3 展示了 Feature-Sketch 的数据结构，它包括了 r 行，每行有 w 个桶，$B(i,j)$指的是在 i 行的第 j 个桶，其中 i,j 满足 $1 \leqslant i \leqslant r$ 和 $1 \leqslant j \leqslant w$。每个桶中包含了 n 个计数器。此外 Feature-Sketch 还与 r 个独立的哈希函数相关，用 h_1, h_2, …, h_r 表示。h_i 是将数据包根据数据包的键值(每个服务器 IP 和端口)哈希到第 i 行的第 j 个桶中。

2）计数器设置

计数器的设置需要先对 TCP、UDT 和 QUIC 协议的传输特性进行分析，这些协议具有以下特点：

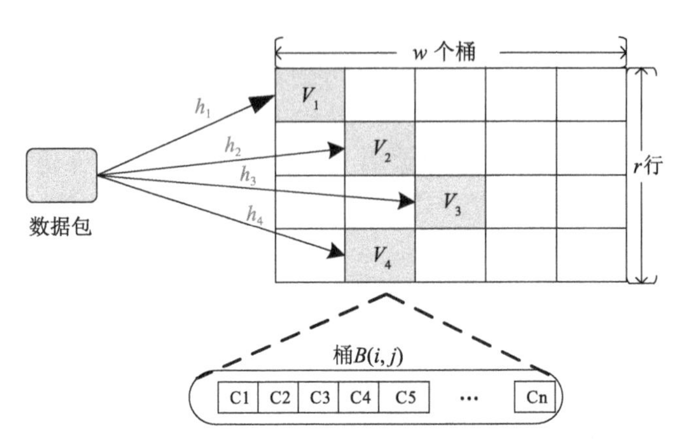

图 8.3 Feature-Sketch 的数据结构

● TCP SACK：TCP SACK 机制在 TCP 数据包中增加了几个 SACK 块选项(最多是 4)，每个 SACK 块都确认了已经收到了一组非连续的数据。SACKs 发送方记录着接收方丢失数据包的信息并只重发这些数据包[81]。具体地，如表 8.1 所示，本章根据 TCP SACK 机制设计了 Csack 计数器。

● UDT NAK：在 UDT 协议中，为了处理数据包丢失，一个消极确认(NAK)被用来明确地反馈数据包丢失状况[82]。一旦检测到丢包，就会产生 NAK 以便发送方能够尽快对拥堵做出反应。丢失信息(丢失数据包的序列号)将在一个时间间隔后被重新发送如果有超时表明重传或 NAK 本身已经丢失。通过通知发送方明确的丢失信息，UDT 提供了一个类似于 TCP SACK 的机制，但 NAK 数据包可以带来比 TCP SACK 更多的信息。由于携带 NAK 的最小 UDP 有效负载是 24 Bytes，本章可以设置 d 的值来区分接收者不同反馈信息，如表 8.2 所示。

● QUIC NACKs：QUIC 使用消极确认 (NACKs)代替 TCP SACKs 机制，但是 NACKs 的范围更大(最多到 255 而不是 4)[83]。NACKs 直接报告丢失的数据包，而不是通过不被确认来报告丢失数据包。尽管 NACKs 和 SACKs 是报告丢失数据包的不同方法，但其结果是类似。同时 QUIC NACKs 的范围比 TCP SACKs 的范围更大，这对较大的接收窗口是有利的。因为 QUIC 是加密的，无法直接通过 DPI 方法提取出 NACKs 的信息，因此像 UDT NAK 一样，d 值被用来区分接收者不同的反馈信息。

表 8.1　TCP 计数器信息

TCP 计数器	描述信息
Csack	客户端数据包中 SACKs 个数
*Ca*1	客户端数据包负载在(0，83] TCP 区间 1 内的个数
*Ca*2	客户端数据包负载在(83，375] TCP 区间 2 内的个数
*Ca*3	客户端数据包负载在(375，1 100] TCP 区间 3 内的个数
*Sa*1	服务端数据包负载在(0，83] TCP 区间 1 内的个数
*Sa*2	服务端数据包负载在(83，375] TCP 区间 2 内的个数
*Sa*3	服务端数据包负载在(375，1 100] TCP 区间 3 内的个数
*C*0	客户端数据包负载等于 0 的个数
Cd	客户端数据包负载大于 0 的个数
Cf	携带有 SYN 和 PSH 标识的客户端数据包个数
*S*0	服务端数据包负载等于 0 的个数
Sd	服务端数据包负载大于 0 的个数
Sf	携带有 SYN 和 PSH 标识的服务端数据包个数

表 8.2　UDP 计数器信息

UDP 计数器	描述信息
*Ca*1	客户端数据包负载在(0，*d*] UDP 区间 1 内的个数
*Ca*2	客户端数据包负载在(*d*，140] UDP 区间 2 内的个数
*Ca*3	客户端数据包负载在(140，1 100] UDP 区间 3 内的个数
*Ca*4	客户端数据包负载在(1 100，1 500] UDP 区间 4 内的个数
*Sa*1	服务端数据包负载在(0，*d*] UDP 区间 1 内的个数
*Sa*2	服务端数据包负载在(*d*，140] UDP 区间 2 内的个数
*Sa*3	服务端数据包负载在(140，1 100] UDP 区间 3 内的个数
*Sa*4	服务端数据包负载在(1 100，1 500] UDP 区间 4 内的个数

划分 TCP 区间和 UDP 区间的计数器，其设计是基于最大熵原则，使数据包有效载荷落在每个区间的概率尽可能相等。MAWI 公共数据集被用来确定区间范围。如图 8.4 所示，从 MAWI 公共数据集中数据包长度的概率密度函数(PDF)发现，数据包长度超过 1 000 Bytes 后有多个聚集点，这可能是某些路径的最大传输单元(MTU)(常见路径的 MTU 从 1 000 Bytes 到 1 500 Bytes

不等)。MTU 是路径的一个属性,它与应用类型无关。因此,将超过 1 100 Bytes 的长度划分为一个区间,然后把累积分布函数(CDF)来得到 0 到 1 100 Bytes 的长度分布。最终,决定设置 TCP 区间 1 到 4 是(0, 83],(83, 375],(375, 1 100]和(1 100, 1 500),UDP 间隔 1 至 4 分别是(0, d),(d, 140),(140, 1 100)和(1 100, 1 500)。d 值的设置是为了根据不同的 UDP 传输协议来区分接收方对发送方的反馈。最后还增设了一些辅助计数器如 Sf,Cf 等来进一步区分数据包。计数器的详细情况如表 8.1 和表 8.2 所示。

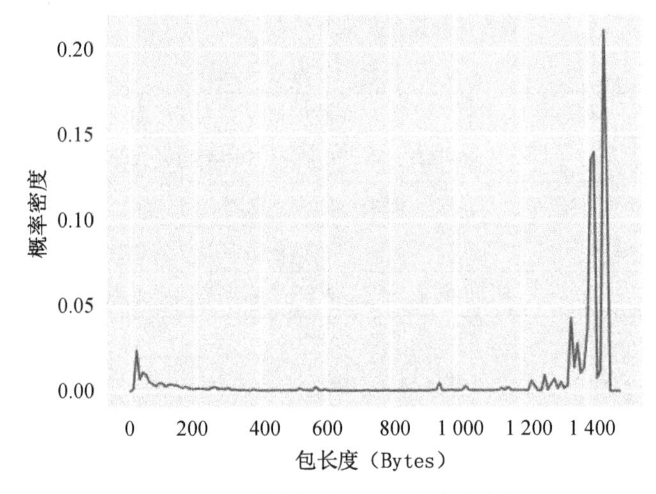

(a) MAWI 数据集中数据包长度概率密度

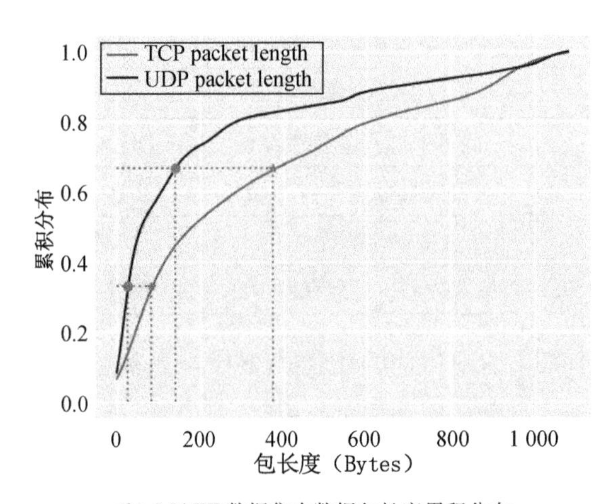

(b) MAWI 数据集中数据包长度累积分布

图 8.4　计算 TCP 和 UDP 的数据包长度区间

3）Feature-Sketch 操作

图 8.5 和图 8.6 展示了 Feature-Sketch 支持的两种基本操作：插入和查询。插入操作是针对数据包流中每一个到达的数据包，都会调用插入操作。首先，将 Feature-Sketch 的所有计数桶中计数器值初始化为零。一旦有数据包到达，数据包的哈希值就会通过 r 个哈希函数计算出来。对于每一行，本章将数据包散列到这行的某个桶中并增加桶中分配的计数器相应的值。查询操作是对于一个给定的输入数据包，Feature-Sketch 提取与数据包相关的计数器的值，并返回跟源数据包相关的每个桶中所有相同的计数器中的最小值。查询操作触发是为了支持特征提取事件。一个特征提取事件是由分配给每个源数据包的 n 个计数器的饱和度触发的并且每当一个数据包被哈希时，n 个计数器的使用情况都会被监测。如算法 8.1 和算法 8.2 所示，TCP 中触发计数器饱和事件是四个计数器的值，包括 $C0$、Cd、$S0$ 和 Sd 在内的四个计数器的值加 1，并最终四个计数器的值之和大于 100。而 UDP 的饱和事件是由所有计数器监测的。一旦达到饱和阈值，n 个计数器的值将被重置为零，并触发特征提取事件。

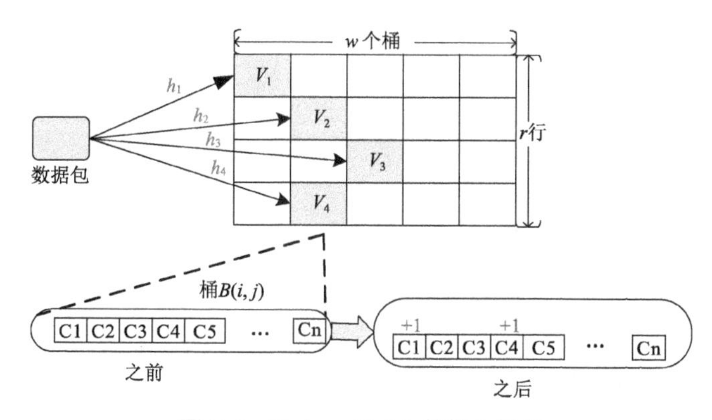

图 8.5　Feature-Sketch 的插入操作

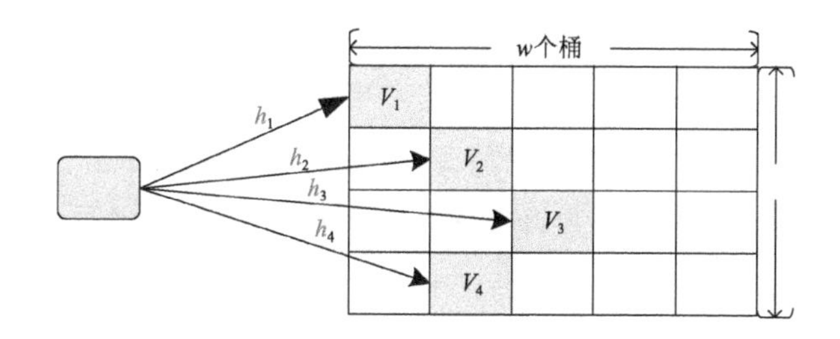

图 8.6　Feature-Sketch 的查询操作

算法 8.1 TCP 特征提取事件触发

输入：数据包(x)
输出：是否触发 TCP 特征提取事件
1：hash the packet x into the bucket $B(i, h_i(x))$
2：Sum← $\sum(C0, Cd, S0, Sd)$
3：**IF** Sum < 100 **THEN**
4：　　hash the next packet x
5：　　**RETURN** False
6：**IF** Sum = 100 **THEN**
7：　　reset $C0$, Cd, $S0$, and Sd to zero
8：　　**RETURN** True

算法 8.2 UDP 特征提取事件触发

输入：数据包(x)
输出：是否触发 UDP 特征提取事件
1：hash the packet x into the bucket $B(i, h_i(x))$
2：Sum← $\sum(Ca1, Ca2, Ca3, Ca4, Sa1, Sa2, Sa3, Sa4)$
3：**IF** Sum < 100 **THEN**
4：　　hash the next packet x
5：　　**RETURN** False
6：**IF** Sum = 100 **THEN**
7：　　reset $Ca1$,$Ca2$,$Ca3$,$Ca4$,$Sa1$,$Sa2$,$Sa3$,and $Sa4$ to zero
8：　　**RETURN** True

8.2.3 特征提取

1) TCP 特征提取

在本算法中，使用 Feature-Sketch 中计数器值的比率关系作为特征，因为计数器值的比率关系比计数器值更能有效地减少流量数据抽样带来的影响。首先，当触发 Feature-Sketch 的饱和事件时，从抽样的数据包信息中计算出 23 个特征。这 23 个特征中前 20 个特征可以根据 TCP 的 13 个基本计数器来计算，而 *Csack* 特征是计算客户端数据包的选项字段中的 SACK 数量。本方法使用 TCP 拥塞控制标志作为另一个主要的 TCP 特征。当收到 3 份重复的 ACK 时，TCP 将会产生拥塞窗口降低的变化，从而导致传输速

率的改变。具体来说,对后 2 个特征的计算如下公式:

$$spdSP = \frac{\sum_{i=1}^{4} Num(S_a i) \cdot p}{diffT} \qquad \text{公式 8.1}$$

$$spdSD = \frac{\sum_{i=1}^{4} Len(S_a i) \cdot p}{diffT} \qquad \text{公式 8.2}$$

在上述公式中,值 p 是抽样间隔,$diffT$ 是两个连续饱和事件之间的时间间隔,$Num(S_a i)$是指 TCP 负载区间 i 中的服务器数据包的数量,$Len(S_a i)$是 TCP 负载区间 i 中所有服务器数据包有效载荷的长度。具体的 TCP 特征信息见图 8.3。

表 8.3　TCP 特征信息

特征名	描述信息
$C0/Pcs$	客户端数据包负载等于 0 的个数和总数据包个数的比例
Cd/Pcs	客户端数据包负载大于 0 的个数和总数据包个数的比例
Cf/Pcs	携带有 SYN 和 PSH 标识的客户端数据包个数和总数据包个数的比例
$S0/Pcs$	服务端数据包负载等于 0 的个数和总数据包个数的比例
Sd/Pcs	服务端数据包负载大于 0 的个数和总数据包个数的比例
Sf/Pcs	携带有 SYN 和 PSH 标识的服务端数据包个数和总数据包个数比例
$C0/Sd$	客户端数据包负载等于 0 的个数和服务端数据包负载大于 0 个数的比例
$C0/Sp$	客户端数据包负载等于 0 的个数和服务端数据包个数的比例
$S0/Cd$	服务端数据包负载等于 0 的个数和客户端数据包负载大于 0 个数的比例
$S0/Cp$	服务端数据包负载等于 0 的个数和客户端数据包个数的比例
$Ca1/Pcs$	客户端数据包负载在 TCP 区间 1 内的个数和总数据包个数的比例
$Ca2/Pcs$	客户端数据包负载在 TCP 区间 2 内的个数和总数据包个数的比例
$Ca3/Pcs$	客户端数据包负载在 TCP 区间 3 内的个数和总数据包个数的比例
$Ca4/Pcs$	客户端数据包负载在 TCP 区间 4 内的个数和总数据包个数的比例
$Sa1/Pcs$	服务端数据包负载在 TCP 区间 1 内的个数和总数据包个数的比例
$Sa2/Pcs$	服务端数据包负载在 TCP 区间 2 内的个数和总数据包个数的比例
$Sa3/Pcs$	服务端数据包负载在 TCP 区间 3 内的个数和总数据包个数的比例

（续表）

特征名	描述信息
$Sa4/Pcs$	服务端数据包负载在 TCP 区间 4 内的个数和总数据包个数的比例
Cp/Pcs	客户端数据包个数和总数据包个数的比例
Sp/Pcs	服务端数据包个数和总数据包个数的比例
$Csack$	客户端数据包中 SACKs 选项的个数
$spdSD$	服务端每秒传输字节速率
$spdSP$	服务端每秒传输包速率

然后，应用基于 L1 正则化方法的特征选择方法[84]，将特征的数量减少到以下 5 个，即 $Csack$、Cp/Pcs、Sp/Pcs、$spdSD$ 和 $spdSP$。表 8.4 显示了应用特征选择后得到的特征和它们各自的信息分数。信息分数代表了每个特征在构建检测模型中的贡献。具有较高信息分数的特征与希望模型检测的问题具有较高的相关性，也被分类器更频繁地使用。具有较高信息分数的 $Csack$ 说明了该特征对于检测是否发生数据包丢失携带有重要信息。在恶劣的网络条件和网络攻击的情况下，更多的 SACKs 选项对应于较低质量的网络线路。另一方面，拥塞窗口也与网络性能的突然变化有关，导致传输能力降低，这点也由表中的 Cp/Pcs、Sp/Pcs、$spdSD$ 和 $spdSP$ 看出。总之，数量增加的 SACKs 选项和有限的数据包传输能力是检测数据包丢失的关键指标。

表 8.4　TCP 特征选择后特征及各自的信息分数

信息分数	特征名
0.5	$Csack$
0.15	Cp/Pcs
0.15	Sp/Pcs
0.1	$spdSD$
0.1	$spdSP$

2）UDP 特征提取

在本方法中，利用含有 NAK 的客户端数据包的不同 UDP 有效载荷来区分接收方的反馈，具体地本方法将表中的值 d 设置为 20 Bytes，因为携带

最少 NAK 的客户端数据包的 UDP 负载是 24 Bytes。此外，UDT 的拥塞控制可用于确定是否发生数据包丢失。为了有效和公平地利用带宽，如果没有来自接收方的负反馈（延迟，丢包），只有正反馈（确认），那么数据包发送率 x 就会增加 $\alpha(x)$：

$$x = x + \alpha(x) \quad \text{公式 8.3}$$

$\alpha(x)$ 是不增长的，它随着 x 的增加而接近 0。同时，对于任何负反馈来说，发送率会以一个恒定的系数 $\beta(0 < \beta < 1)$ 下降：

$$x = x(1 - \beta) \quad \text{公式 8.4}$$

与获得 TCP 特征的方式类似，在记录了 UDP 流量的统计值后，本章计算 UDP 流量的特征，并筛选出可以估计 UDP 丢包的主要特征。首先，当 Feature-Sketch 的饱和事件触发时，从抽样的数据包信息中计算出 16 个特征。UDP 特征的详细信息见表 8.5。

表 8.5　UDP 特征信息

特征名	描述信息
$Ca1/Pcs$	客户端数据包负载在 UDP 区间 1 内的个数和总数据包个数的比例
$Ca2/Pcs$	客户端数据包负载在 UDP 区间 2 内的个数和总数据包个数的比例
$Ca3/Pcs$	客户端数据包负载在 UDP 区间 3 内的个数和总数据包个数的比例
$Ca4/Pcs$	客户端数据包负载在 UDP 区间 4 内的个数和总数据包个数的比例
$Sa1/Pcs$	服务端数据包负载在 UDP 区间 1 内的个数和总数据包个数的比例
$Sa2/Pcs$	服务端数据包负载在 UDP 区间 2 内的个数和总数据包个数的比例
$Sa3/Pcs$	服务端数据包负载在 UDP 区间 3 内的个数和总数据包个数的比例
$Sa4/Pcs$	服务端数据包负载在 UDP 区间 4 内的个数和总数据包个数的比例
$(Ca1+Ca2)/Pcs$	客户端数据包负载在 UDP 区间 1 和区间 2 内的个数和总数据包个数的比例
$(Ca3+Ca4)/Pcs$	客户端数据包负载在 UDP 区间 3 和区间 4 内的个数和总数据包个数的比例
$(Sa1+Sa2)/Pcs$	服务端数据包负载在 UDP 区间 1 和区间 2 内的个数和总数据包个数的比例
$(Sa3+Sa4)/Pcs$	服务端数据包负载在 UDP 区间 3 和区间 4 内的个数和总数据包个数的比例

（续表）

特征名	描述信息
Cp/Pcs	客户端数据包个数和总数据包个数的比例
Sp/Pcs	服务端数据包个数和总数据包个数的比例
$spdSD$	服务端每秒传输字节速率
$spdSP$	服务端每秒传输包速率

其次，应用基于 L1 正则化方法的特征选择方法，将特征的数量减少到以下四个，即 $Ca1/Pcs$、$Ca2/Pcs$、$spdSD$ 和 $spdSP$。特征选择的结果表明，有四个与 UDT 丢包有关的关键特征，前两种是与 UDT 中使用的确认机制有关，后两种是与 UDT 中使用的拥塞控制有关。

表 8.6 显示了应用 FS 后选择的每个特征和它们各自的信息分数。每个特征在构建检测模型中的贡献可以从其信息分数中得到验证。特别是，$Ca1/Pcs$ 和 $Ca2/Pcs$ 所代表的 UDT 中的确认信息与其他特征相比，具有更高的信息分数。这表明，确认信息携带着比拥塞控制更重要的信息用于检测是否发生丢包。

表 8.6　UDP 特征选择后特征及各自的信息分数

UDT		QUIC	
信息分数	特征名	信息分数	特征名
0.35	$Ca1/Pcs$	0.3	$Ca1/Pcs$
0.35	$Ca2/Pcs$	0.3	$Ca1/Pcs$
0.15	$spdSD$	0.2	$spdSD$
0.15	$spdSP$	0.2	$spdSP$

在 QUIC 方面，QUIC 也实现了拥塞控制。QUIC 的拥塞控制和丢失恢复是对 TCP cubic 的重新实现，且增加了一些机制。QUIC 区分了两个阶段：慢速启动和拥塞避免。在慢速启动阶段，拥塞窗口按指数增长，而在拥塞避免阶段则是线性增长。一个新的连接总是在慢速启动阶段开始，直到发生丢包。丢包发生后，通常会触发快速重传，连接也会变为或保持在避免拥塞阶段。在本章中，利用了包含 NACKs 的客户端数据包的不同 UDP 有

效载荷来区分丢包率，具体地，本章将表 8.2 中的间隔 d 设置为 32 Bytes。然后，就像 UDT 一样，当 Feature-Sketch 的饱和事件被触发时，Feature-Sketch 从抽样的数据包信息中计算出 16 个特征。这些特征的具体信息见表 8.5。最后，本章可以得到基于 L1 正则化方法的特征选择后的特征，每个特征及其信息分数如表 8.6 所示。

8.2.4　丢包预测

在建立模型时，需要先对丢包状态进行分类。为了避免测试阶段的结果出现偏差，在训练分类器模型之前，在 3 个丢包等级中平衡了实例的数量：低（丢包率低于 5%）、中（丢包率介于 5% 到 20% 之间）和高（丢包大于 20%）。

为了检测数据包丢失，使用两种机器学习方法，包括 RF 模型和 XGB 模型。对于每个特征集，使用 20 棵决策树的 RF 模型和使用 100 棵决策树的 XGB 模型在训练集上进行训练，因为这两个模型在相同的分类任务上的训练速度和准确度都优于其他模型，而且树的数量是通过多次尝试决定的，以避免欠拟合和过拟合。在训练过程中，训练样本的顺序是随机的，以避免任何序列位置的影响。

在指标方面，在测试集上计算了两个模型的分类精度、召回率和 F1_score。精度计算为 TP 与 TP 和 FP 之比，相当于预测某个问题的准确性。召回率等于 TP 除以该类总实例的比率，衡量模型从数据集中识别某个链路丢包问题的能力。通常情况下，使用 F1_score 来综合评价一个模型的精度和召回率。这三个指标的计算方法是：

$$Precision = \frac{TP}{TP + FP} \qquad \text{公式 8.5}$$

$$Recall = \frac{TP}{TP + FN} \qquad \text{公式 8.6}$$

$$F1 = \frac{2Precision \times Recall}{Precision + Recall} \qquad \text{公式 8.7}$$

8.3 实验与结果分析

8.3.1 数据准备与实验环境

出于训练和测试的目的，最终在抖音直播（TCP）、SRT 直播（UDT）和 QUIC 视频中采集了流量数据。在流量采集环境中，如图 8.7 所示，实验采集环境中使用了软路由设备，它具有设置路由规则的功能，并且可以利用网络仿真工具 netem 和 tc 来控制丢包率。在 Linux 中使用这些工具，可以在带宽、延迟和丢包方面模拟不同的网络条件。

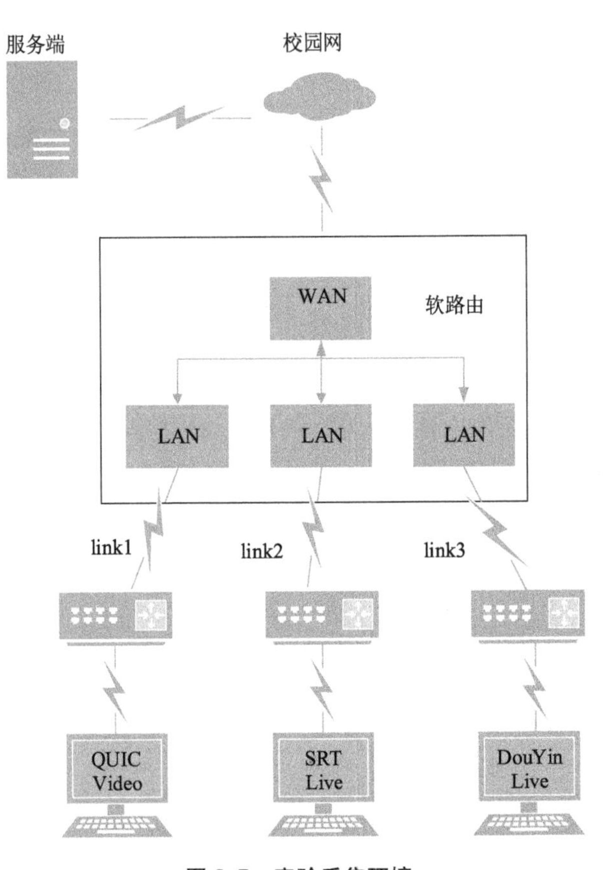

图 8.7 实验采集环境

在以上实验环境中，最终得到包含 18 000 个样本的数据集，包括 6 000 个 TCP 样本、6 000 个 UDP(QUIC)样本和 6 000 个 UDP(UDT)样本，每个协议样本包括了 3 个不同的抽样率 1/16、1/64 和 1/256。在每个网络链路中，所有 3 个应用的流量都根据 IP 和源端口被识别出来，并且只对每个应用的流量进行特征提取，不考虑所有的其他流量。最终的数据集包含了表 8.3 和表 8.5 描述的相同特征。特别是，每个样本都有 1 个时间戳，标志着从流量获取开始的时间间隔。每个应用样本的 70%被考虑用于训练，其余 30%被用于测试。这意味着每个应用的训练集在每个抽样率下都由 1 400 个训练样本和 600 个测试样本组成。

8.3.2　抽样率对丢包预测准确性的影响

在高速网络中，流量抽样可以降低流量处理时所需的资源需求和流量分析速度。考虑到不同的抽样方法的时间消耗采用了基于数据包的系统抽样方法。但是不同的抽样间隔也会对丢包预测模型的准确性产生影响。考虑测试抽样间隔 p 对丢包预测模型准确性的影响时，本实验使用数据准备阶段生成的样本集合。此样本集合主要包括了 3 种抽样间隔的 3 种协议的数据，抽样间隔分别为 16、64 和 256。在测试抽样间隔 p 对丢包预测准确性的影响时，本实验主要采用两种机器学习分类模型，即随机森林模型和梯度上升模型。

本实验将 3 种不同的抽样率丢包检测实验结果进行比较，以选择合适的抽样率。最终实验结果如表 8.7 所示，RF 和 XGB 两个模型的结果在检测丢包方面已经显示出很好的表现。具体来说，这 2 个模型的准确率都超过了 95%，最高正确率可达到 100%。另外在使用 Feature-Sketch 提取 TCP 和 UDP 不同抽样率下的流量特征时，XGB 模型的表现略好于 RF 模型。这些结果表明，本章使用的训练数据集创建了非常准确的模型，可以应用于 TCP 和 UDP 协议下的丢包检测。

表 8.7　不同抽样率下丢包检测准确性评估

协议	抽样比	分类模型	Precision	Recall	F1
TCP	1/16	RF	0.97	0.97	0.97
		XGB	0.99	0.99	0.99

（续表）

协议	抽样比	分类模型	Precision	Recall	F1
TCP	1/64	RF	0.97	0.97	0.97
		XGB	0.98	0.98	0.98
	1/256	RF	0.96	0.96	0.96
		XGB	0.95	0.95	0.95
UDP	1/16	RF	0.99	0.99	0.99
		XGB	1	1	1
	1/64	RF	0.98	0.98	0.98
		XGB	0.98	0.98	0.98
	1/256	RF	0.95	0.95	0.95
		XGB	0.95	0.95	0.95
QUIC	1/16	RF	1	1	1
		XGB	1	1	1
	1/64	RF	0.98	0.98	0.98
		XGB	0.98	0.98	0.98
	1/256	RF	0.96	0.96	0.96
		XGB	0.97	0.97	0.97

同时，在抽样率为1/256时，丢包预测模型的准确性存在损失问题。本章分析预测准确率损失的主要原因是Feature-Sketch饱和事件的存在。当饱和事件发生时，丢包率被错误地检测。进一步分析，这是抽样率导致的问题，当抽样率较小的时候会导致从不同的网络丢包情况中抽样，使得丢包分类器难以准确预测丢包率。图8.7中的结果也显示，与抽样率为1/64和1/256相比，将抽样率设置为1/16，两个模型的网络丢包预测精度都会有明显提高。所以，准确率损失问题可以通过设置更大的抽样率而得到弥补。这将建立一个基于更好数据集的预测模型，从而能够更准确地检测网络数据包丢失。

8.3.3 Feature-Sketch时间性能评估

从流量数据中提取特征是Feature-Sketch的关键工作。评估Feature-

Sketch 的处理时间对于确定本章方法是否可用于实时丢包检测非常重要。因此，分析 Feature-Sketch 的时间效率是非常必要的。分别使用 MAWI 数据集和数据准备阶段的数据集验证了 Feature-Sketch 的实时性能，采用的 MAWI 数据集是 2020 年 6 月在采样点 G 采集得到的流量数据，平均速率达到 2 Gbps。

定义的时间消耗变量如下：

T_{hash}：使用 SHA1 算法计算一个数据包的 r 个哈希值的时间。

T_{insert}：更新 Feature-Sketch 中的计数器的时间。

T_{query}：查询 Feature-Sketch 中的计数器值的时间。

$T_{extract}$：从 Feature-Sketch 中的计数器值中提取特征的时间。

T_{sketch}：Feature-Sketch 的处理时间。

根据 Feature-Sketch 的设计原理，只有当抽样数据包的数量达到 100 个时，才会触发饱和事件。因此，可以得到 Feature-Sketch 的处理时间如下。

$$T_{sketch} = 100 \cdot (T_{hash} + T_{insert} + T_{query}) + T_{extract} \qquad 公式 8.8$$

在测试 Feature-Sketch 时间性能评估时，本实验将 Feature-Sketch 部署在一台高性能电脑上，该电脑的各项参数如表 8.8 所示。通过对 MAWI 数据集和私有数据集进行多次测试，实验共计进行 20 轮，并对结果取平均值，来得到 Feature-Sketch 主要操作的平均消耗时间。需要注意的是，本实验排除了硬盘读写操作的影响，不考虑输入和输出瓶颈。本实验中设置抽样率为 1/16。

表 8.8　实验电脑性能参数

项目	参数
CPU	lntel(R) Core(TM) i9-10900K CPU @ 3.70GHz
内存	128 GB
硬盘	2TB SSD
系统	Windows 10

本实验主要从 Feature-Sketch 的主要操作的时间耗费角度分析了 Feature-Sketch 的时间性能。从表 8.9 所示 Feature-Sketch 主要操作的平

均时间消耗中,哈希算法所用的时间要比其他操作所用的时间长得多。在 Feature-Sketch 的实现中,使用了 SHA1 算法,该算法用软件来实现比较耗时。考虑到系统的应用,可以改用其他简单的哈希算法或用硬件芯片实现,这两种方法都可以使哈希的速度提高 10 倍。

表 8.9 Feature-Sketch 各项操作平均时间消耗

	TCP(μs)	UDT(μs)	QUIC(μs)
Thash	5.551	4.067	4.279
Tinsert	0.593	0.254	0.484
Tquery	0.396	0.392	0.356
Textract	0.657	0.534	0.467
Tsketch	654.657	471.834	512.367

本实验根据一个数据包的哈希时间,Feature-Sketch 每秒可以处理约 2×10^6 个数据包,这意味着它可以处理高达 2 000 Kbps 骨干网的流量数据。这个结论是基于两个基本条件:①哈希算法是在硬件中实现的;②输入和输出瓶颈被消除。

另一方面,Feature-Sketch 对 TCP、UDT 和 QUIC 的所有处理时间都小于 1 ms,最小的处理时间只需要 471.834 μs,这意味着 Feature-Sketch 完全可以满足丢包检测的实时性要求。

8.3.4 丢包检测负载评估及对比

本实验从检测延迟和内存方面对比评估了本章丢包检测方法 LossDetection 与现有工作的情况。参与对比的算法 LossRadar 也是一种数据包丢失检测方法,它使用与 Sketch 相似的布隆过滤器数据结构[85]部署在每个交换机上,从而收集流量摘要来捕获所有丢失的数据包 而内存和带宽的开销很小。本章比较了他们在同条件下的实验检测延迟和内存开销。

在测试 LossDetection 丢包检测的检测延迟评估时,可以将检测延迟分为数据包传输时间、T_{sketch}(Feature-Sketch 处理时间)和 $T_{classification}$(分类识别时间)。T_{sketch} 参考 10.3.3 节中 Feature-Sketch 的平均处理时间,而数据包传输时间可以忽略不计,这取决于传输速度。$T_{classification}$ 则是机器学习分类

模型的识别时间，包括了 RF 和 XGB 模型，总共实验 10 次，并对分类识别时间取平均值。检测延迟对比实验中设置抽样率为 1/16。

在测试 LossDetection 丢包检测的内存消耗评估时，本章将 LossDetection 的内存消耗分为 Feature-Sketch 消耗的内存空间以及机器学习分类模型消耗的内存空间。其中计算 Feature-Sketch 消耗的内存空间的方法如下：

$$M_{sketch} = r \cdot w \cdot Num_{counters} \quad \text{公式 8.9}$$

上述公式中 r 是行数，值 w 是在 Feature-Sketch 中每行的桶数，$Num_{counters}$ 是每个桶的计数器数量。具体来说，每个桶中 TCP 有 13 个计数器，UDP 有 8 个计数器，每个计数器消耗 1 Bytes 内存。

机器学习分类模型消耗的内存空间包括了 RF 和 XGB 模型，总共实验 10 次，并对两个分类模型的 10 次消耗内存空间取平均值。内存消耗对比实验中设置抽样率为 1/16。

1）检测延迟对比

本实验将本章提出的 LossDetection 系统与 LossRadar 的检测延迟进行了对比。LossRadar 在进行丢包检测时不区分 TCP 和 UDP 协议，而且布隆过滤器结构的解码时间可以忽略不计。最终实验结果如图 8.8 所示，LossDetection 使用 Feature-Sketch 进行丢包检测需要的处理时间比 LossRadar 少，LossRadar 的检测延迟主要取决于查询周期，而 LossRadar 的查询周期通常为 10 ms。详细来说，LossRadar 的延迟接近 12 ms，而本章方法的最小检测延迟时间只有 3 ms 左右。LossDetection 突出的优点是 Feature-Sketch 处理时间的延迟，它只需要大约 0.5 ms，所以不需要过多的等待时间。

同时，不同分类算法的检测延迟区别也不大。当使用 Feature-Sketch 提取 TCP、UDT 和 QUIC 的流量特征后时，XGB 模型比 RF 模型需要多一点检测时间。考虑到准确性和检测时间延迟之间的平衡，本章建议检测分类模型选择 RF 模型。

2）内存消耗对比

本实验将本章提出的 LossDetection 系统与 LossRadar 的消耗内存空间

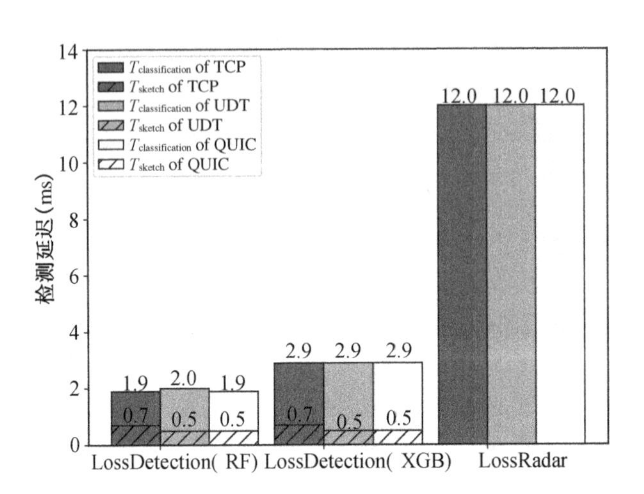

图 8.8　LossDetection 与 LossRadar 的检测延迟对比

进行了对比。最终如图 8.9 所示，与 LossRadar 相比，LossDetection 的内存开销更容易接受。LossRadar 进行全面部署需要大约 243 KB 的内存来处理每个交换机中布隆过滤器数据结构的信息摘要。相比之下，对 QUIC 来说，LossDetection 的最小内存用量只有大约 37 KB，而对 UDT 来说也只有 76 KB 内存空间（$r=4,w=4$）。由于 LossDetection 不需要轮询交换机或构建探针，它只需要 Feature-Sketch 中的一些计数器来实现特征提取，而只需要使用较少的内存用量。

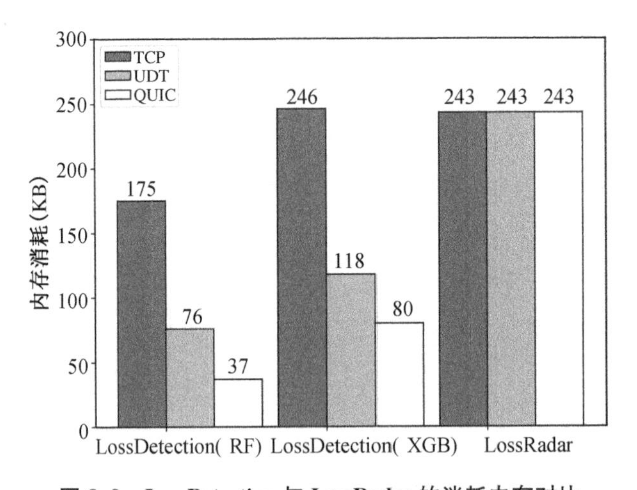

图 8.9　LossDetection 与 LossRadar 的消耗内存对比

此外,还可以得出结论,TCP 丢包检测模型比 UDT 和 QUIC 需要更多的内存用量。消耗更多内存的主要原因是 TCP 和 UDP 特征数量上的差异。为了提高预测模型的准确性,TCP 比 UDP 需要更多的特征。

对于不同检测模型消耗内存的结果,本章分析了 RF 模型和 XGB 模型的内存用量。图中可以看出,RF 比 XGB 模型少用了大约 40 KB 的内存空间。这是因为 XGB 算法更复杂,结果更准确,所以它消耗的内存空间更大。

综上所述,本研究建议应用 RF 模型来检测 TCP 和 UDP 的丢包。

8.4 本章小结

本章介绍了服务器的丢包率感知的研究,针对现有的丢包测量的问题,研究了基于流量抽样和 Feature-Sketch 的丢包检测方法。该方法使用了一种 Feature-Sketch 数据结构,能够快速从抽样流量数据中提取出反映丢包状态的流量特征,极大地减小了流量分析的代价。在提取出关键流量特征基础上,利用机器学习分类模型随机森林模型(RF)和梯度上升模型(XGB)对流量特征进行训练,最后构建了丢包检测模型来检测丢包。实验结果表明,Feature-Sketch 数据结构和丢包检测分类模型可以部署在软路由上对网络中的丢包情况进行准确实时地检测。

第9章 Tor隐蔽通道流量检测

9.1 Tor流量识别的基本问题

匿名网络可以将网络通信双方的信息和关系隐藏。在匿名通信软件中，基于洋葱路由技术（Onion Routing）开发的软件洋葱头（The Onion Router，Tor）发展最成熟，在使用Tor进行网络访问时，需要在客户端和服务器端之间建立多跳路由，对数据包进行多层加密，无法同时获得通信双方的信息，以达到匿名的目的。与其他软件和网络相比，使用Tor进行网络访问更加便利，这类网络在本章中简称为Tor匿名网络。为了进一步加强匿名性，Tor常与混淆技术结合使用，这些混淆技术会将客户端和Tor匿名网络之间的流量伪装成普通流量或者进行加密，给流量分析造成困难。

目前对于Tor混淆流量的研究多数仍然基于常用的流量特征，没有结合具体的混淆方式进行特征分析，并且没有考虑在实际情况下Tor流量的低占比现状。如何在大量的正常背景流量中识别出Tor流量，并且降低流

的连续性对识别的影响，就是本章要研究的问题。

对于实际网络中大规模的流量数据，抽样可以有效降低网络管理中所需要的处理消耗、存储和硬件需求。除了流量抽样，基于哈希思想提出的布隆过滤器[85]（Bloom Filter，BF）、概要数据结构（Sketch），以及分布式处理程序 Hadoop 也已经被用于大规模网络流量的处理和存储。为了实现在实际网络中对 Tor 流量的识别，本章将研究大规模流量数据场景中 Tor 流量识别，这些数据处理技术也被应用到本章的研究中。

如图 9.1 所示，当客户端需要通过 Tor 接入网络时，首先会在客户端运行洋葱代理，向目录服务器发送一个请求，然后目录服务器会选择三个洋葱路由作为中继节点，建立一个加密的客户端-服务器端通信链路。在这条链路中的每个洋葱路由都只能获得与它相连的前后两个路由的信息，客户端也只能获得与其相连的洋葱路由的信息。

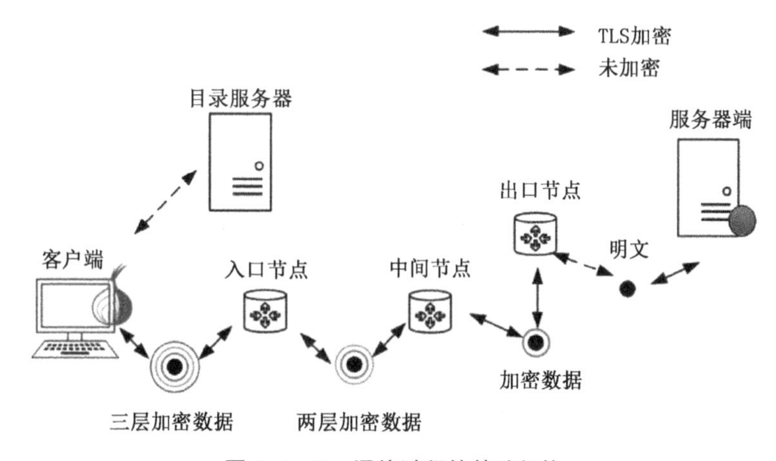

图 9.1　Tor 通信过程的基础架构

在 Tor 通信过程，由于客户端主机在向目录服务器申请链路中的可用路由时，请求并没有加密，因此可以通过对请求报文的分析获得链路中路由的 IP 地址，检测 IP 以实现 Tor 流量的识别，并且机器学习方法也已经用于 Tor 流量识别研究中。因此，为了隐藏 Tor 流量的流量特征，网桥被引入 Tor 的通信架构中。目前国内常用的网桥是 obfs4 和 meek 这两种。网桥的 IP 地址不会存储在目录服务器中，不能够直接获得。由于流量混淆原理的不同，在使用 obfs4 网桥时需要提前通过邮件或者网页获取网桥 IP，而 meek

网桥依托于 CDN 服务，所以无法获得 IP 地址。下面本章分别针对这两种网桥处理后的 Tor 流量进行识别研究。

9.2 针对 obfs4 协议加密的 Tor 流量识别方法

9.2.1 Tor-obfs4 流量特征分析

本章首先将 Tor 基础通信架构和 obfs4 加密协议处理流量的方式结合，介绍 Tor-obfs4 通信过程，然后根据 obfs4 协议的特殊性，将 Tor-obfs4 流量与普通流量进行对比，结合已有的研究分析流量特征。

9.2.1.1 Tor-obfs4 通信过程

当使用配置 obfs4 网桥的 Tor 进行网络访问时，通信过程如图 9.2 所示。

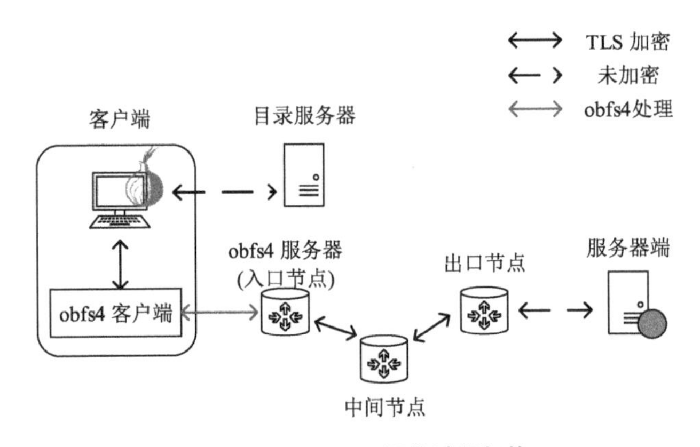

图 9.2　Tor-obfs4 通信过程架构

在客户端主机上启动配置 obfs4 网桥的 Tor 后，在主机上会运行 Tor 服务和 obfs4 客户端。首先 obfs4 客户端与服务器进行密钥的交换和链路的建立，在链路建立过程中，客户端和服务器之间需要进行包内容的匹配，一旦匹配失败则切断连接。与客户端进行通信的 obfs4 服务器的 IP 可以通过网页、邮件或者 Tor 内置的方式申请。一般而言，这些申请到的服务器能够

与客户端之间建立连接,在实际使用中发现,连接建立失败的原因大多是时间戳无法匹配。

在 obfs4 客户端与服务器顺利建立连接后,Tor 流量就会被 obfs4 协议进行加密填充等处理,开始通信。在 obfs4 客户端与服务器端之间传递的流量数据包结构为{TCP{obfs4{多层 TLS{Tor DATA}}}},在到达服务器后会进行 obfs4 解密,如果解密成功,obfs4 传输数据包框架内的标签可以匹配,数据包就会以 Tor 基础数据包的形式继续在链路中进行传输,否则就会丢弃这个数据包。通过对 Tor-obfs4 流量的识别,可以获得客户端和 obfs4 服务器的信息。

根据前文提及的 obfs4 协议的通信过程,可以发现尽管该协议对流量数据进行加密后隐藏了部分流量信息,但它的主要目的是抵御中间人攻击,所以并没有隐藏所有的流量特征,如数据包大小仍然保留一定的规律,这给流量识别研究留下了可行性。

9.2.1.2　流量特征分析

由于 Tor 只能传输 TCP 流量,因此在进行识别时首先可以进行协议的匹配,缩小识别范围。接下来对普通 TCP 流量和 Tor-obfs4 流量进行对比分析,选择合适的特征。

在研究[88]中,对于 Tor-obfs4 流量的识别主要基于握手数据包的特征,包括负载的随机性、认证机制的时间序列以及长度分布。该方法默认能够成功建立通信链路,如果通信链路建立失败,则流量中只存在 obfs4 客户端发出的握手请求数据包,而没有响应数据包,无法使用这个方法。因此,本章更加倾向于使用 obfs4 传输数据包构成的流量进行特征的分析与选择。如图 9.2 所示,obfs4 协议处理过的流量只存在于 obfs4 客户端与服务器之间,在客户端的网络接入点可以进行捕获。

obfs4 协议是针对 TCP 协议的混淆,为了实现通信,TCP 的首部结构不会发生改变。通过对 TCP 首部的 6 个标识位(SYN、FIN、ACK、PSH、RST、URG)进行分析,发现了 Tor-obfs4 流量和普通 TCP 流量的不同之处。

1) 握手阶段区别

通过对在客户端的网络接入点处捕获的流量进行 TCP 流的追踪,如图

9.3 所示，在普通的网页访问流量中存在明显的三次握手过程建立 TCP 连接，而图 9.4 中 Tor-obfs4 的网页访问流量则不存在握手过程的数据包，这是因为在使用 Tor 访问网页前已经建立了 obfs4 客户端与服务器之间的连接，并且交换中继节点密钥，建立完整的 Tor 链路用于传输 TCP 数据，而不需要在访问网页前通过三次握手进行链路的建立。

Protocol	Length	Info
TCP	76	48495 → 80 [SYN] Seq=0 Win=13600 Len=0 MSS=1360 SACK_PERM=1 TSval=2082583
TCP	68	80 → 48495 [SYN, ACK] Seq=0 Ack=1 Win=29200 Len=0 MSS=1452 SACK_PERM=1 WS
TCP	56	48495 → 80 [ACK] Seq=1 Ack=1 Win=13632 Len=0
HTTP	823	GET /v5/core/pstat?&ptid=02022001010000000000&pf=6&c1=4&c2=&lvbck=&r=5542
TCP	56	80 → 48495 [ACK] Seq=1 Ack=768 Win=31232 Len=0
HTTP	445	HTTP/1.1 200 OK
TCP	56	48495 → 80 [ACK] Seq=768 Ack=390 Win=14720 Len=0

图 9.3　普通流量中访问网页流量存在明显的三次握手过程

Protocol	Length	Info
TCP	824	7932 → 58033 [PSH, ACK] Seq=1 Ack=1 Win=68 Len=758 TSval=332612299 TSec
TCP	66	58033 → 7932 [ACK] Seq=1 Ack=759 Win=2107 Len=0 TSval=1855142360 TSecr=
TCP	824	7932 → 58033 [PSH, ACK] Seq=759 Ack=1 Win=68 Len=758 TSval=332613929 TS
TCP	824	[TCP Retransmission] 7932 → 58033 [PSH, ACK] Seq=759 Ack=1 Win=68 Len=7
TCP	1254	58033 → 7932 [ACK] Seq=1 Ack=1517 Win=2130 Len=1188 TSval=1855142806 TS
TCP	624	58033 → 7932 [PSH, ACK] Seq=1189 Ack=1517 Win=2130 Len=558 TSval=185514
TCP	66	7932 → 58033 [ACK] Seq=1517 Ack=1747 Win=68 Len=0 TSval=332614331 TSecr
TCP	1168	7932 → 58033 [PSH, ACK] Seq=1517 Ack=1747 Win=68 Len=1102 TSval=3326143

图 9.4　Tor-obfs4 访问网页流量不存在握手过程

2）PSH 位置 1 数据包占比区别

发送端的 PSH 标志表示需要尽快将缓冲区中的上层数据打包成 TCP 数据包进行发送，并将最后一个 TCP 数据包的 PSH 位置 1。对两类流量中的 PSH 置位数据包分为上下行两个方向进行统计，上行表示客户端发往服务器，获得图 9.5 上下行流量中的 PSH 置位数据包在每个方向的数据包的平均占比。Tor-obfs4 流量与普通流量中的比例存在较大的差异，总体而言，无论经过 obfs4 网桥的流量方向是上行还是下行，Tor-obfs4 流量中 PSH 置位数据包在总数据包中的占比更高，这意味着在 obfs4 客户端与服务器之间上层数据打包成 TCP 数据包进行发送的频率更高。由于在 obfs4 客户端和服务器端之间进行数据传输时需要通过解密是否成功来确保连接是否可靠，因此提高数据包的传输频率，可以在提高检测连接可靠性频率的同时传输更多数据。

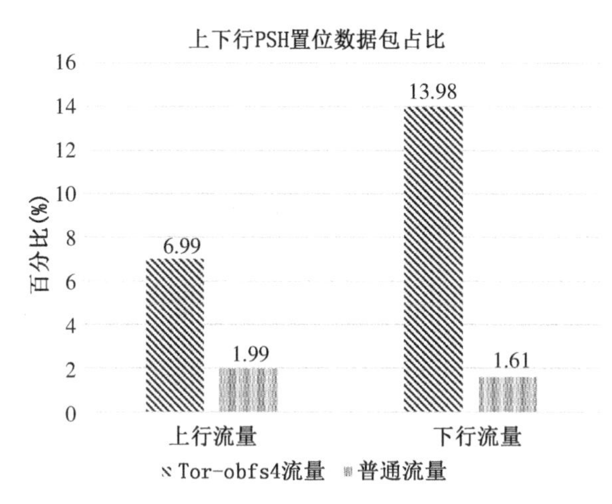

图 9.5　上下行流量 PSH 置位数据包平均占比

3）TCP 包头中时间戳选项区别

TCP 包头中时间戳（Timestamp）选项一般用于两端往返时延测量（Round Trip Time，RTT）以及解决序列号回绕的问题。RTT 可以用于更方便地计算超时重传的时间，保障 TCP 的可靠传输。而 obfs4 网桥通过传输数据包的解密操作的成功与否来保障传输的可靠性，由此可得，Tor-obfs4 流量中含时间戳的数据包的数量也可能与普通流量有所差异。通过对两类流量中时间戳置位的数据包进行统计，在 Tor-obfs4 流量中每百个数据包中平均有 28.6 个数据包有时间戳置位，在普通流量中这个值为 77.9，得到图 9.6。由此可以发现在 Tor-obfs4 流量中含时间戳的数据包数量更少，这表明 Tor-obfs4 流量对于使用 Timestamp 来保障传输可靠性的依赖较低。

4）数据包负载长度的区别

除了与特殊数据包相关的特征，TCP 的负载部分是经过 obfs4 协议处理过的 Tor 流量，这意味着 Tor-obfs4 流量数据包的负载长度肯定会发生改变。通过计算两类流量的 TCP 数据包负载长度的累积分布函数（Cumulative Distribution Function，CDF），做出图 9.7，进行进一步的分析。

CDF 的定义是 $F_X(x)=P(X\leqslant x)$，即对于离散变量 X 而言，所有小于等于 x 的值出现概率的和。结合图 9.7，超过一半的普通流量数据包的负载

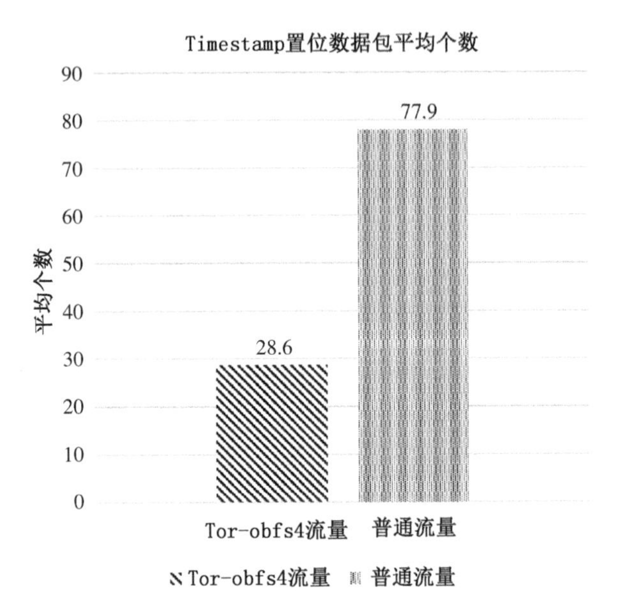

图 9.6　每百个数据包中时间戳置位数据包的平均个数

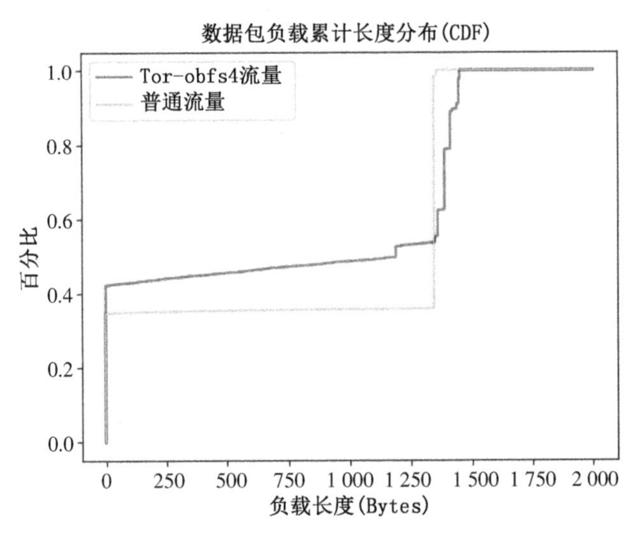

图 9.7　数据包负载长度 CDF

长度在 1 300 Bytes 左右，而 Tor-obfs4 流量数据包中，空数据包占比约为 40%，长度在(0,1 200]Bytes 之间的数据包大约占比 10%，1 250 Bytes 之后数据包负载的长度仍然出现多次变化。由于 obfs4 协议对传输数据包的规

定，obfs4 数据包的最大长度为 1 450 Bytes，小于 TCP 的常用最大分片大小(Maximum Segment Size，MSS)1 460 Bytes，可以作为 TCP 数据包的负载。

所以，特殊数据包和不同区间长度的数据包可以用于识别 Tor-obfs4 流量，具体可用性需要通过进一步的评估和筛选。此外，如果需要在实际网络中进行 Tor-obfs4 流量的识别，则要考虑如何高效处理流量并获得特征。

9.2.2　新型数据结构 Nested Count Bloom Filter

根据上一节对流量特征的分析，为了高效存储数据包信息并获得特征值，本节提出在布隆过滤器的基础上改进的嵌套计数型布隆过滤器(Nested Count Bloom Filter，NCBF)结构。

9.2.2.1　Nested Count Bloom Filter 结构

在实际流量采集的过程中，一个流量文件(.pcap)包含了许多条流，而每条流又包含了许多数据包。流量信息分为流信息，如流之间的时间间隔；和数据包信息，如数据包大小。

为了处理大规模流量中的数据包信息记录问题，本章首先对哈希表和布隆过滤器这两类常用于海量数据处理的结构进行简单对比。这两类结构主要用于实现对元素的快速查询而不是数据的存储，哈希表以空间换时间，在查询之前需要保存元素；而布隆过滤器的空间效率更高，通过查询映射位的状态来判断元素是否存在，不需要存储元素的内容，改进的计数型布隆过滤器也只是增加了增删的功能，用于记录元素的个数。

与布隆过滤器相比，哈希表能够进行元素的存储，但需要消耗更多的内存，因此，本文基于布隆过滤器的思想提出嵌套计数型布隆过滤器(NCBF)结构，通过统计符合条件的数据包数量，记录相同五元组的数据包的相关信息。NCBF 数据结构如图 9.8 所示。

与 CBF 相比，NCBF 将每个计数器扩展成了一个计数块，每个计数块就是一个 CBF。在初始状态下，NCBF 包含了 m 个空计数块。假设存在集合 $S=\{x_1, x_2, \cdots, x_r\}$，其中每个 x 都含有多个统计信息，即 $x=\{I_1, I_2, \cdots, I_q\}$。为了记录每个 x 的统计信息，需要将一部分统计信息 $In=\{I_1, I_2, \cdots, I_n\}(1\leqslant n\leqslant q)$ 作为哈希函数的输入，将对应的 x 映射到多

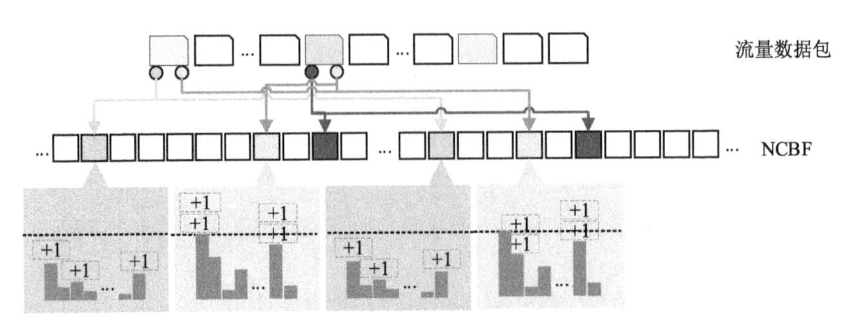

图 9.8　NCBF 数据结构

个计数块中，在这些块中对计数位进行增加，统计满足计数位条件的元素个数，记录元素的统计信息 I。每个 CBF 的计数位的含义和个数由需要记录的信息决定。

例如，在使用 NCBF 存储流量的统计信息时，总流量为集合 S，x 代表不同的数据包，I 表示数据包包含的信息。

当流量输入时，首先将数据包对应的五元组(quintuple)作为哈希函数的输入，即 $In=quintuple=\{I_1, I_2, I_3, I_4, I_5\}$。数据包在经过 k 个哈希函数处理后会被映射到第 h_1(quintuple)，h_2(quintuple)，…，h_k(quintuple)个计数块中，然后在对应的计数块中记录包信息，计数块中的计数位含义和个数根据所需要记录的信息进行设置。

由于每个计数块都是 CBF，这意味着每个计数位只能对满足某个条件的数据包的数量进行统计，例如其中一个计数位的含义为"该数据包是否为长度在 0—30 Bytes 之内的数据包"，当输入的数据包长度在 0—30 Bytes 之内，则将该计数位加 1。在流量中，相同五元组的数据包经过哈希函数的处理一般会映射到相同的计数块中，并根据数据包的不同内容，在计数位中记录数据包的统计信息。

与哈希表相比，NCBF 保留了 BF 的高空间效率，并不需要存储完整的元素信息，而是通过计数位的增加统计满足条件的元素数量，计数块中记录的是映射到相同位置的元素的统计信息。由于 NCBF 的这类特性，计数位含义和个数的确定就显得非常重要。

9.2.2.2　参数设置分析

与 BF 一样，NCBF 也存在误判的可能性。误判率的公式为公式 9.1，其

中 m 表示计数块的个数，r 表示不同的参数元组 In 的个数。

$$\varepsilon \approx (1 - e^{-\frac{kr}{m}})^{k} \qquad \text{公式 9.1}$$

根据公式，不同的参数元组的数量和误判率呈正相关，计数块的个数和误判率呈负相关。因此，需要在两者之间取得平衡，保证误判率在合理范围内。

在实际使用中，不同的参数元组的数量由 NCBF 所处理的数据决定，无法提前进行设置，因此，只能通过调整计数块的数量，使误判率尽可能合理。

误判率的大小还会影响特征值的计算结果。当使用 NCBF 来记录数据包的统计信息时，使用数据包的五元组作为哈希函数的输入。在利用数据包的统计信息计算特征值时，需要确定一个数据包数量的阈值 τ，一旦在计数块中的数据包数量达到 τ，就将计数块中的统计信息提取，用于特征值的计算，然后将计数块清空。如果误判率过大，意味着不同五元组的数据包计数出现误增加，导致某个五元组的数据包计数可能会提前到达 τ 值，进而影响特征值。

此外，当使用 NCBF 提取 Tor-obfs4 流量识别的特征时，误判率也会影响特征值的提取。由于 Tor-obfs4 流量的数量较少，为了让 NCBF 能够处理足够的 Tor-obfs4 数据包以达到阈值 τ，需要对数据包进行足够长时间的处理。由于实际网络中大多数是大象流，一条流中存在大量数据包，那么在 NCBF 对数据包的处理过程中，如果误判率过大，这些大象流中的数据包就会更容易出现误增加，进而导致特征值的提前计算。

因此，为了尽可能保证特征值计算的准确性，需要让误判率在合理的范围内，也就是设置合理的计数块数量。

根据 NCBF 的结构，计数块的大小也需要提前进行设置，数量和大小两个参数决定了 NCBF 占用的内存大小。如果占用的内存过大，就会失去高空间效率的优势。

总而言之，在实验中需要对 NCBF 设置合理的计数块的数量、计数块的大小和哈希函数的数量，以保证误判率和分配的内存大小在可接受的范围内，能够尽可能长时间处理数据包并且尽可能降低错误映射的概率，这些参数值与数据规模和硬件环境有关。

9.2.3 基于新型数据结构 NCBF 的 Tor-obfs4 流量识别方法

在完成了对 Tor-obfs4 流量特征分析以及提出新型的数据包信息统计的数据结构后，可以利用新型数据结构进行特征值的计算，将处理后的流量数据使用机器学习算法进行处理，建立 Tor-obfs4 流量的识别模型。

9.2.3.1 识别特征选取

根据前文对 Tor-obfs4 流量特征进行的分析，不同长度的数据包数量和特殊数据包的数量可以作为特征。并且由于 obfs4 协议支持 IAT-mode，会导致数据包被拆分，数量变多。结合目前常用的流量特征，首先总结了三类特征，如表 9.1 所示。

表 9.1 Tor-obfs4 流量特征

类型	特征描述	特征归一化
数量特征	上下行数据包数量	数据包数量/非空数据包总数
	不同长度的数据包数量	不同长度的数据包数量/相同方向的非空数据包总数
	特殊数据包数量	特殊数据包数量/相同方向的非空数据包总数

其中有一些特征已经在别的 Tor-obfs4 流量识别实验中得到了可行性的验证，如 600 字节的包出现的频率。这三种特征在归一化后都是比例特征，不依赖于流的连续性，因此可以应用于抽样后的流量中。为了获得这些比例特征的值，需要对报文首部进行分析，更新 NCBF 中计数位的值，并在到达提取阈值的时候提取 NCBF 的计数块中的统计信息进行计算，为了尽可能减少计算量，需要进一步减少特征的数量，这也可以减少计数块的计数位数量，提高资源利用效率。同时，选择的特征也需要具有代表性，能够满足模型训练的要求。

为了缩减建立模型时使用的特征数量，本文中使用随机森林算法进行特征的筛选。随机森林算法中进行特征重要性评估的思想是判断每个特征在随机森林的每棵决策树上作出的平均贡献，常用基尼指数进行计算。

基尼指数又称为基尼不纯度，表示在样本集合中一个随机选中的样本

被分错的概率。在 Python 的 sklearn 包中，特征重要性基于基尼指数进行计算。我们将最后输出的重要性评分用 VIM 表示，每个特征的重要性用 VIM_j 表示。基尼指数的计算如公式 9.2 所示。

$$GI(m)=\sum_{k=1}^{K}p_{mk}(1-p_{mk})=1-\sum_{k=1}^{K}{p_{mk}}^{2} \qquad \text{公式 9.2}$$

其中 p_{mk} 表示在节点 m 中类别 k 所占的比例。

特征 X_j 在节点 m 的重要性的计算公式，如公式 9.3 所示。

$$VIM_{jm}^{gini}=GI_m-GI_l-GI_r \qquad \text{公式 9.3}$$

其中 GI_l 和 GI_r 表示节点 m 分支后的两个新节点的基尼指数。

如果特征 X_j 在决策树 i 中出现的节点在集合 M 中，那么 X_j 在第 i 棵树的重要性为：

$$VIM_{ij}^{gini}=\sum\nolimits_{m\in M}VIM_{jm}^{gini} \qquad \text{公式 9.4}$$

其中集合 M 表示特征 X_j 出现的所有节点。

假设随机森林中共有 n 棵树，那么：

$$VIM_{j}^{gini}=\sum_{i=1}^{n}VIM_{ij}^{gini} \qquad \text{公式 9.5}$$

最后输出的特征重要性为归一化后的结果，如公式 9.6 所示。

$$VIM_j=\frac{VIM_j}{\sum_{i=1}^{c}VIM_i} \qquad \text{公式 9.6}$$

通过使用基于基尼系数的特征选择方法计算特征重要性，本文最终选用的 Tor-obfs4 流量识别特征以及重要性分数如表 9.2 所示。

表 9.2　Tor-obfs4 流量识别特征重要性

特征名	特征含义	重要性分数
$bwd\left(\frac{range_1}{Data}\right)$	下行长度在 (0, 61] 字节的包占非空数据包总数的比例	0.206 592

（续表）

特征名	特征含义	重要性分数
$bwd\left(\frac{range_4}{Data}\right)$	下行长度大于 1 050 字节的包占非空数据包总数的比例	0.154 57
$bwd\left(\frac{Data}{Pck}\right)$	下行的非空包与单向包总数的比值	0.095 711
$bwd\left(\frac{psh}{Data}\right)$	下行的 PSH 置位包占非空数据包总数的比例	0.082 727
$fwd\left(\frac{range_4}{Data}\right)$	上行的长度大于 1 050 字节的包占非空数据包总数的比例	0.077 91
$bwd\left(\frac{range_2}{Data}\right)$	下行的长度在（61，465］字节的包占非空数据包总数的比例	0.077 43
$fwd\left(\frac{psh}{Data}\right)$	上行的 PSH 置位包占非空数据包总数的比例	0.073 635
$\frac{bwd(Emp)}{fwd(Data)}$	下行的空包与上行的非空包的比值	0.050 955
Timestamp	经过该网络节点的流中是否多于一半的数据包具有时间戳	0.044 416
$\frac{bwd(Emp)}{Pcks}$	下行的非空包与双向包总数的比值	0.037 41
$\frac{fwd(Emp)}{Pcks}$	上行的非空包与双向包总数的比值	0.033 841
$fwd\left(\frac{Data}{Pck}\right)$	上行的非空包与单向包总数的比值	0.030 836
$fwd\left(\frac{range_2}{Data}\right)$	上行的长度在（61，465］字节的包占非空数据包总数的比例	0.026 115
$\frac{fwd(Emp)}{bwd(Data)}$	上行的空包与下行的非空包的比值	0.007 852

在 CDF 分析的基础上，进一步作出 Tor-obfs4 流量负载长度所在区间的分布图 9.9，可以发现在 60 字节左右的负载数量出现短暂上升，然后一直呈下降趋势直到 465 Bytes 左右，从 470 Bytes 开始，负载数量整体呈上升趋势。结合 CDF 图发现，将近 50％的 Tor-obfs4 数据包的负载长度都大于 1 000和 1 250 Bytes 中的某个值，在分布图中可以看出，负载长度大于 1 050 Bytes数据包的数量出现了明显的增加。因此，在进行长度区间划分

时，以 61 Bytes、465 Bytes、1 050 Bytes 作为长度区间边界。

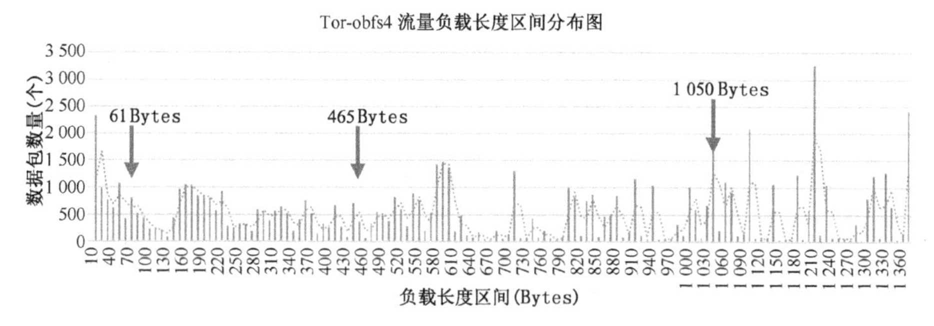

图 9.9　Tor-obfs4 流量负载长度区间分布图

根据特征重要性分数，发现与下行数据包相关的特征重要性评分普遍更高。在普通流量中，下行表示数据包由应用服务器发出；在 Tor-obfs4 流量中，下行表示数据包由 obfs4 服务器发出。无论在哪类流量中，上行数据包都主要是对应用内容的请求，在 Tor-obfs4 流量中，这些请求会先打包成 512 Bytes 的 Tor 数据，然后再通过 obfs4 协议的处理，作为 TCP 数据包的负载。如果普通流量中的 HTTP 请求数据大小在 512 Bytes 左右，TCP 协议对这些类似长度的请求数据包会进行相同方式的处理，这导致普通流量很难与 Tor-obfs4 流量区分。

而下行数据包主要是应用服务器返回的数据，在普通流量中会根据 TCP 的最大负载 1 460 Bytes 进行划分分包，而在 Tor-obfs4 流量中一般会根据 obfs4 传输数据包的最大负载 1 448 Bytes 进行划分，如果 IAT－mode 进行了其他的设置，那么下行流量的区分度就会更高。

最终，本文中选择了 14 个特征，并且只需要在 NCBF 的计数块中设置 12 个计数位，如表 9.3 所示。

表 9.3　NCBF 的计数位设置

计数位	记录的统计信息	计数位	记录的统计信息
Cnt_1	下行的数据包数量	Cnt_4	上行的非空包数量
Cnt_2	下行的非空包数量	Cnt_5	下行的 PSH 置位数据包数量
Cnt_3	上行的数据包数量	Cnt_6	上行的 PSH 置位数据包数量

（续表）

计数位	记录的统计信息	计数位	记录的统计信息
Cnt_7	长度在(0, 61]的下行数据包数量	Cnt_{10}	长度在(61, 465]的下行数据包数量
Cnt_8	长度在(61, 465]的下行数据包数量	Cnt_{11}	长度大于1 050的上行数据包的数量
Cnt_9	长度大于1 050的下行数据包的数量	Cnt_{12}	带有Timestamp的数据包数量

结合NCBF的参数设置分析以及特征选择的结果，可以发现当达到阈值τ后，需要计算的特征值有14个。为了便于表示，下文中将每τ个数据包计算得到的14个特征值称为一条特征向量。

9.2.3.2 数据处理流程

在整个实验流程中需要处理两部分数据，一部分是训练数据，另一部分是验证数据。两类数据提取的特征相同，因此可以用相同的流程进行处理。

这些数据都需要经过流量抽样、NCBF处理，最终通过提取NCBF中的统计信息获得特征值。本文中选择系统抽样方法，按照固定比例对流量数据包进行抽样。下文算法9.1描述了使用NCBF处理流量数据的方法。

算法 9.1　NCBF 处理流量数据方法

输入：流量中所有数据包P，抽样比r，NCBF的阈值τ

输出：特征值列表$Flist$

1：初始化 将NCBF计数块中的计数位都置为0，$Flist=[]$

2：根据r对数据包进行抽样，剩余$P\times r$个数据包

3：$i\leftarrow P\times r$

4：**WHILE** $i\neq 0$ //存在未处理的数据包

5：　　使用哈希函数处理五元组，将数据包映射到计数块中，记录统计信息，$i--$

6：　　**IF** 相同五元组映射到的计数块中 $\min(Cnt_1)=\tau \,||\, \min(Cnt_3)=\tau$

7：　　提取统计信息，计算特征向量$Feature$，$Flist.append(Feature)$

8：　　清空该五元组映射到的所有计数块

9：　　**END IF**

10：**END WHILE**

当流量文件(.pcap)输入时，首先设置抽样比，对其中的数据包进行抽

样，然后使用哈希函数处理数据包的五元组，将其映射到对应的计数块中，每一个计数块中都设置为上一节提到的 12 个计数位，根据数据包的信息对这些计数位进行处理。由于每个数据包会被映射到多个计数块中，当这些计数块中记录的最小的数据包的数量到达阈值 τ 时，就将该计数块中的信息进行提取，计算获得一条特征向量。通过对每个数据包的处理，最终获得特征向量。

9.2.3.3　识别模型的建立

本文使用 Python 提供的 sklearn 包进行机器学习模型的训练，包括随机森林、SVM、KNN、多层感知机（Multilayer Perceptron，MLP）以及朴素贝叶斯算法。

训练所用的数据集是来源于自采普通流量以及部分自采 Tor-obfs4 流量数据集，并设置 $r=1$，$\tau=100$，用算法 9.1 进行特征的提取。在训练过程中该数据集以 7∶3 的比例划分为训练集和测试集。

在进行算法效果评价时，准确率、精确率、召回率和 F1 分数是常用的四种指标，计算方法如公式 9.7～公式 9.10 所示。由于对模型的评估以 Tor-obfs4 流量识别的指标结果为主，因此在这些公式中，*TP* 表示将 Tor-obfs4 流量样本预测为 Tor-obfs4 样本的数量，*TN* 表示将普通流量样本预测为普通样本的数量，*FP* 为将普通流量样本预测为 Tor-obfs4 样本的数量，*FN* 表示将 Tor-obfs4 样本预测为普通样本的数量。

$$Accuracy=\frac{TP+TN}{TP+TN+FP+FN} \qquad \text{公式 9.7}$$

$$Precision=\frac{TP}{TP+FP} \qquad \text{公式 9.8}$$

$$Recall=\frac{TP}{TP+FN} \qquad \text{公式 9.9}$$

$$F1\text{-}Score=2\times\frac{Precision\times Recall}{Precision+Recall} \qquad \text{公式 9.10}$$

最终，不同机器学习方法获得的模型评估结果如图 9.10 所示，其中准确率来源于全部的测试结果，其余参数来源于 Tor-obfs4 流量的测试结果。

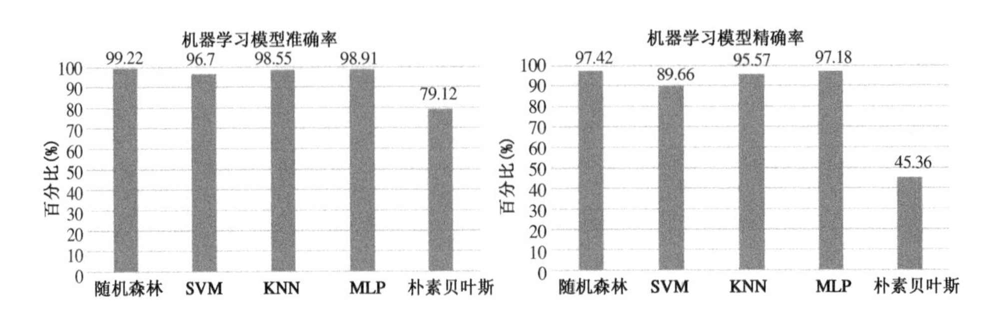

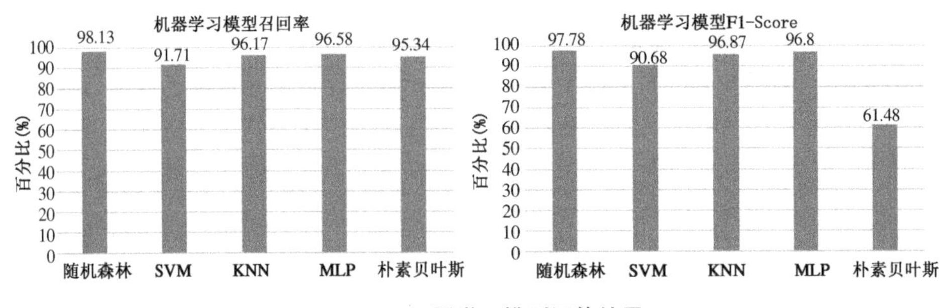

图 9.10 机器学习模型评估结果

从图中可以看出，与其他机器学习方法相比，基于决策树算法并改善了过拟合问题的随机森林算法表现更好，因此选择随机森林模型作为识别模型。

9.2.4 验证实验与分析

本节主要进行了对于模型的验证实验，包括实验环境与所用数据集的情况展示，NCBF 参数设置的分析，以及验证实验结果与分析。

9.2.4.1 实验环境与数据集采集

为了验证本章提出的 Tor-obfs4 流量识别模型的可用性进行实验，所用机器 CPU 为 i5-9500T，软件环境 Python 版本为 py3.8.1，scikit-learn 版本为 1.0.2。

验证时所用数据集包括自行采集的 Tor-obfs4 流量以及公开的大规模背景流量。

自行采集 Tor-obfs4 流量时，在主机上使用配置了 obfs4 网桥的 Tor 浏览器，在通信链路建立后使用 Wireshark 采集网页访问的流量。拓扑结构如

图 9.11 所示。

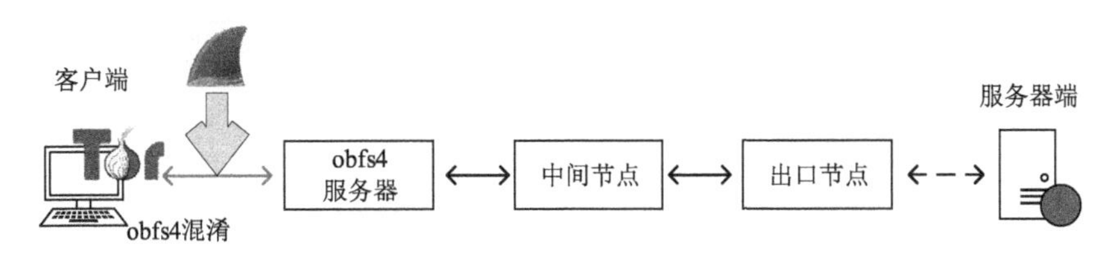

图 9.11　Tor-obfs4 流量采集拓扑

自行采集的 Tor-obfs4 流量情况如表 9.4 所示。

表 9.4　自采 obfs4 流量情况

序号	obfs4 网桥 IP	流量大小(MB)
1	5.45.99.221	12.55
2	31.125.57.236	20.03
3	77.116.193.228	3.25
4	80.209.236.17	15.04
5	89.10.171.206	76.88
6	90.59.254.230	23.78
7	93.104.77.90	25.64
8	152.199.38.30	2.08
9	185.82.126.18	31.86
10	185.101.97.102	338.67
11	185.220.101.99	62.65

公开的背景流量数据集使用了 MAWI 工作组采集的 15 min 主干网流量(https://mawi.wide.ad.jp/mawi/ditl/ditl2019-G/201904090000.html)。该数据集来源于 2019 年 4 月 9 日的采样点 G,包含了超过 1 亿个数据包,并且其中 72.93%是 TCP 数据包。采样点 G 是 WIDE 管理的采样点之一,它位于东京的一条 10 Gbp 的链路上。

9.2.4.2　NCBF 参数调整

基于验证实验中使用的背景流量数据集,本文对 NCBF 的参数进行分析调整，目的是在内存和误判率之间获得平衡，以及能够在合理的内存条件下尽可能长时间处理流量。

假设 NCBF 中存在 2^n（$m=2^n$）个计数块，那么需要 n 位来存储计数块的序号。k 是哈希函数的个数，每个哈希函数会输出一个计数块的序号，因此，在哈希函数处理后，会获得 k 个 n 位的哈希值。为了获得这 k 个哈希值，在 NCBF 中使用了 SHA1 作为哈希函数，对 SHA1 会输出的 20 字节（160 比特）哈希值进行划分。如果 k 的值过大，那么进行一次 SHA1 的操作获得的哈希值可能不足以用于划分。

如果需要将每个元素映射到 4 个计数块中，那么 SHA1 就会被划分成 4 个 40 位的哈希值，这意味着此时 NCBF 最多可以拥有 2^{40} 个计数块。

接下来，通过修改抽样比获得不同数量的五元组，这些五元组都来源于 15 min 的公开数据集。本方法使用 *NQP*（the Number of Quintuples from Public Dataset）代表从公开数据集中获得的五元组数量。

对公式 9.1 进行调整，可以获得误判率（False Positive Rate，*FPR*）和不同五元组个数 *NDQ* 之间的关系，如公式 9.11 所示。

$$FPR \approx (1-e^{-\frac{k*NDQ}{m}})^k \qquad \text{公式 9.11}$$

在 NCBF 结构中，k 是一个大于 1 的固定值，在此可不做讨论。当内存不变，即计数块数量和大小不变时，*FPR* 和 *NDQ* 呈现正相关。一旦 *FPR* 增长到某个值，相同五元组的数据包在插入时可能就会出现碰撞，进而影响特征值的计算。因此，需要在设计阶段就为 NCBF 分配合适的内存，即设置合理的计数块的数量和大小，将 *FPR* 控制在一定范围内以降低哈希碰撞对特征值计算的影响。

首先将 *FPR* 的值设置为 1/100，这意味着在插入 100 个不同的五元组后，接下来插入的其他五元组所包含的数据包可能会出现映射错误。由于相同五元组的数据包数量非常多，将 *FPR* 设置为这个值，哈希冲突对特征值计算的影响可以忽略不计。

基于表 9.3，每个计数块只需要 12 个计数位，所以可以给每个计数块分配 12 Bytes 的内存，尽管每个计数位只有 1 Bytes，但可以记录 $2^8-1=255$ 个数据包，阈值的设置也可以进行调整。那么 NCBF 所占用的总内存可以

用公式 9.12 计算。

$$Me = m * 12\ bytes \qquad \text{公式 9.12}$$

Me 代表 NCBF 的内存。

通过调整抽样比，可以获得不同的 NQP。当抽样比不同时，从公开数据集中抽样出的数据包数量不同，会导致一些五元组不出现在抽样结果中。从公开数据集中获得的不同 NQP 数量如表 9.5 所示。

表 9.5　公开数据集中抽样后的不同五元组数量

抽样比	NQP
1/16	450 344
1/64	178 930
1/256	71 204

基于上述准备，可以使用公式 9.13 计算在不同内存大小的情况下 NCBF 清空前可以处理的连续流量时间。

$$T \approx \frac{NDQ}{NQP} * 15\ \text{min} \qquad \text{公式 9.13}$$

T 代表 NCBF 清空所需的时间。

由于 NQP 来源于相同的公开数据集，那么为了获得 T 的值，需要根据 NDQ 的值。NDQ 的值可以根据公式 9.11 进行计算，在公式 9.11 中，将 k 的值固定为 4，FPR 为 1/100，所以可以通过调整 m 的值以获得不同的内存条件下的 T 的值。结果如表 9.6 所示。

表 9.6　NCBF 内存和流量处理时长的对应关系

抽样比	m	Me	NDQ	T
1/16	2^{20}	12.0 MB	1.00E+05	3.32 min
	2^{22}	48.0 MB	4.00E+05	13.28 min
	2^{25}	384.0 MB	3.00E+06	1.77 hr
	2^{28}	3 072.0 MB	3.00E+07	14.16 hr
	2^{30}	12 288.0 MB	1.00E+08	2.36 d

（续表）

抽样比	m	Me	NDQ	T
1/64	2^{20}	12.0 MB	1.00E+05	8.35 min
	2^{22}	48.0 MB	4.00E+05	33.41 min
	2^{25}	384.0 MB	3.00E+06	4.46 hr
	2^{28}	3 072.0 MB	3.00E+07	1.49 d
	2^{30}	12 288.0 MB	1.00E+08	5.94 d
1/256	2^{20}	12.0 MB	1.00E+05	20.99 min
	2^{22}	48.0 MB	4.00E+05	1.40 hr
	2^{25}	384.0 MB	3.00E+06	11.20 hr
	2^{28}	3 072.0 MB	3.00E+07	3.73 d
	2^{30}	12 288.0 MB	1.00E+08	14.93 d

从表中可以发现，当抽样比设置为 1/16，将 NCBF 的内存设置为大约 12 288 MB 时，NCBF 可以连续处理 2 天的流量，即 2 天清空一次。在连续处理 2 天的流量后，哈希冲突的概率才会上升。随着抽样比例的提高，数据包的数量减少，NCBF 可以处理更长时间的流量。

9.2.4.3 实验结果及分析

本文利用自采流量进行了模型的验证实验，为了进一步验证模型的可用性，对流量进行了数据包抽样并且调整了 Tor-obfs4 流量的占比，以模拟实际网络中 Tor-obfs4 流量数量少的情况。

为了模拟 Tor-obfs4 流量在实际网络中占比很低的情况，本文以背景流量数据包的数量为基准，在验证时调整了 Tor-obfs4 流量数据包的数量，调整结果表 9.7 所示。

表 9.7 Tor-obfs4 流量数据包数量调整结果

Tor-obfs4 流量 数据包数量	背景流量 数据包数量	Tor-obfs4 流量 数据包/总数据包
17 613	1 418 227 476	0.01%
70 197	1 418 227 476	0.05%
140 784	1 418 227 476	0.10%

（续表）

Tor-obfs4 流量 数据包数量	背景流量 数据包数量	Tor-obfs4 流量 数据包/总数据包
217 314	1 418 227 476	0.15%
282 564	1 418 227 476	0.20%
350 600	1 418 227 476	0.25%
425 874	1 418 227 476	0.30%

在调整完流量占比后，对不同占比的流量进行抽样并使用 NCBF 处理，使用识别模型进行验证。由于使用的验证 Tor-obfs4 流量的 IP 地址是已知的，所以可以直接进行评估参数（精确率、召回率、F1-score）的计算。

在分析识别结果之前，首先对抽样结果进行分析。如果 Tor-obfs4 流量的数量太少，那么抽样后留下的数据包可能不足以计算获得特征向量，进而构成特征列表。通过调整抽样比和流量占比，验证流量中 Tor-obfs4 数据包生成的特征向量数量如图 9.12 所示。

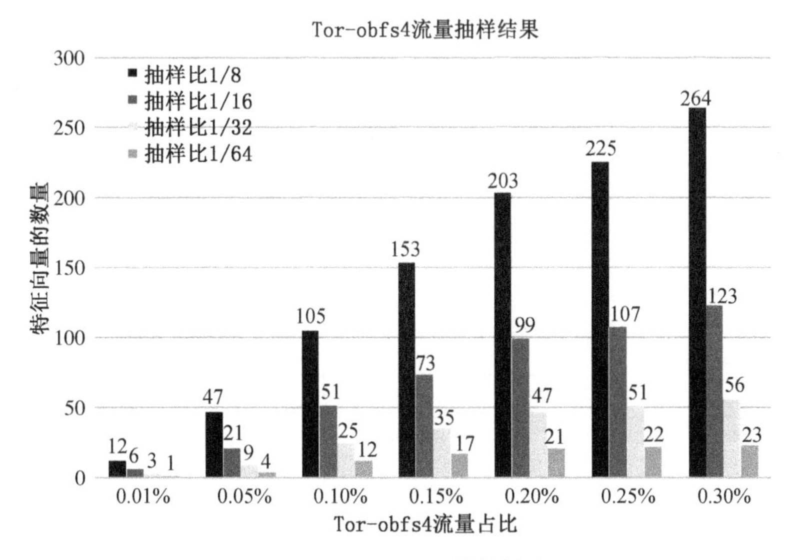

图 9.12 Tor-obfs4 流量抽样结果

当 Tor-obfs4 流量数据包仅占整体流量的 0.01%，在 1/8 进行抽样后，NCBF 处理这些数据包依然可以获得 12 条特征向量。随着流量占比的提高，对应的特征向量的数量也随之增加。这意味着即使是在 Tor-obfs4 流量占比很低的大规模流量环境中，NCBF 依然可以从抽样后的数据包中获得特征向量。

在分析完抽样结果之后，对 Tor-obfs4 流量的识别结果进行评估。结果如表 9.8 所示。

表 9.8 Tor-obfs4 流量识别模型验证结果

Tor-obfs4 数据包占比	抽样比	精确率(%)	召回率(%)	F1-score
0.01%	1/8	25	100	0.400
	1/16	23.08	100	0.375
	1/32	50	100	0.667
	1/64	25	100	0.400
0.05%	1/8	57.32	100	0.729
	1/16	54.05	95.24	0.690
	1/32	50	100	0.500
	1/64	33.33	100	0.827
0.10%	1/8	74.24	93.33	0.827
	1/16	75.38	96.08	0.845
	1/32	73.33	88	0.800
	1/64	78.57	91.67	0.846
0.15%	1/8	84.88	95.42	0.896
	1/16	87.50	95.89	0.915
	1/32	89.19	94.29	0.917
	1/64	93.75	88.24	0.910
0.20%	1/8	84.48	96.55	0.901
	1/16	82.30	93.94	0.877
	1/32	85.19	97.87	0.911
	1/64	91.30	100	0.955
0.25%	1/8	86.48	93.78	0.900
	1/16	84.43	96.26	0.900
	1/32	87.72	98.04	0.926
	1/64	75.86	100	0.863

（续表）

Tor-obfs4 数据包占比	抽样比	精确率(%)	召回率(%)	F1-score
0.30%	1/8	86.69	96.21	0.912
	1/16	82.31	98.37	0.897
	1/32	85.07	98.28	0.912
	1/64	81.48	95.65	0.880

从上表中可以发现，当 Tor-obfs4 流量的占比增加时，精确率明显提高，召回率则稳定在 95%。当 Tor-obfs4 流量仅占 0.15%时，识别结果的 F1-score 大约为 0.9。然而当占比从 0.2%提升到 0.3%时，精确率呈现出了下降的趋势。在经过分析后我们认为可能是因为在调整占比时对 Tor-obfs4 数据包的随机选择，导致了偏差的出现。

接下来将本章的方法与研究[88]中使用的方法进行比较，该研究中直接使用了 Weka 中的随机森林算法。在对比实验时仍然使用了本章中的数据集，使用了该研究中的算法进行实验。对比结果如表 9.9 所示。

表 9.9　对比实验结果

Tor-obfs4 数据包占比	抽样比	本文方法			对比方法		
		精确率(%)	召回率(%)	F1-score	精确率(%)	召回率(%)	F1-score
0.01%	1/8	25	100	0.400	/	0	/
	1/16	23.08	100	0.375	/	0	/
	1/32	50	100	0.667	/	0	/
	1/64	25	100	0.400	/	/	/
0.05%	1/8	57.32	100	0.729	100	91.70	0.957
	1/16	54.05	95.24	0.690	100	50	0.667
	1/32	50	100	0.500	/	0	/
	1/64	33.33	100	0.827	/	/	/
0.10%	1/8	74.24	93.33	0.827	100	83.30	0.909
	1/16	75.38	96.08	0.845	100	68.80	0.815
	1/32	73.33	88	0.800	75	54.50	0.632
	1/64	78.57	91.67	0.846	100	25	0.4

(续表)

Tor-obfs4 数据包占比	抽样比	本文方法			对比方法		
		精确率(%)	召回率(%)	F1-score	精确率(%)	召回率(%)	F1-score
0.15%	1/8	84.88	95.42	0.896	100	93.80	0.968
	1/16	87.50	95.89	0.915	100	76.90	0.87
	1/32	89.19	94.29	0.917	85.7	54.50	0.667
	1/64	93.75	88.24	0.910	100	60	0.75
0.20%	1/8	84.48	96.55	0.901	94.5	88.10	0.912
	1/16	82.30	93.94	0.877	100	64.90	0.787
	1/32	85.19	97.87	0.911	100	100	1
	1/64	91.30	100	0.955	100	25	0.4
0.25%	1/8	86.48	93.78	0.900	98.50	91.70	0.95
	1/16	84.43	96.26	0.900	96.60	93.30	0.949
	1/32	87.72	98.04	0.926	100	84.20	0.914
	1/64	75.86	100	0.863	100	57.10	0.727
0.30%	1/8	86.69	96.21	0.912	98.80	97.60	0.982
	1/16	82.31	98.37	0.897	97.20	97.20	0.972
	1/32	85.07	98.28	0.912	100	94.70	0.973
	1/64	81.48	95.65	0.880	87.50	100	0.933

从表 9.8 中可以发现，在 Tor-obfs4 流量占比很低(0.01%和 0.05%)时，研究[88]中的方法基本上无法识别出 Tor-obfs4 流量的存在。

9.3 针对 meek 技术处理的 Tor 流量识别方法

9.3.1 Tor-meek 流量特征分析

接下来通过相同的步骤，对 Tor-meek 流量的特征进行分析。

9.3.1.1　Tor-meek 通信过程

Tor-meek 通信过程架构，如图 9.13 所示。

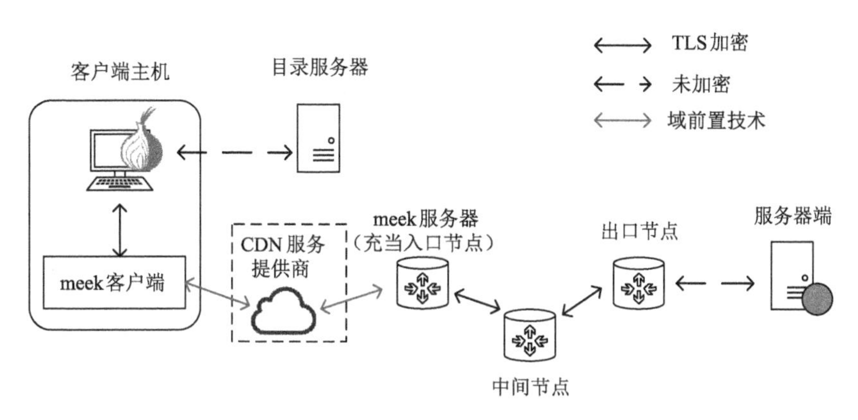

图 9.13　Tor-meek 通信过程架构

与基础架构相比，在通信链路上增加了 meek 客户端、CDN 服务器，以及充当入口节点的 meek 服务器。与 obfs4 网桥相同，当选择了 meek 作为网桥之后，在主机上会运行 Tor 服务和 meek 客户端。客户端主机发出的 Tor 流量会在 meek 的处理下增加 HTTP 头部和 TLS 头部，伪装成发送给 CDN 服务器的数据包。

与 obfs4 网桥相比，meek 网桥更加注重的是将流量隐藏在普通流量中，而非直接对传输数据进行加密。由于 meek 处理的流量会先经过 CDN 服务器，所以在客户端的网络接入点捕获的流量中的通信双方是客户端和 CDN 服务器，传输的数据包结构为{TCP{TLS{HTTP{3 层 TLS{Tor DATA}}}}}，其中外层的 TLS 加密是由 meek 客户端完成的，在发送到 CDN 服务器后，这一层 TLS 会被解密。

对于流量捕获软件而言，在 HTTP 包头内的数据会被认为是应用数据，这导致 Tor-meek 流量与正常的 HTTPS 流量数据包结构非常相近。

9.3.1.2　流量特征分析

尽管 obfs4 协议和 meek 技术都是对 Tor 基础数据包的混淆，但由于 obfs4 协议是私有协议，使用 obfs4 协议加密的数据包无法被流量解析软件进行解析，只能解析到 TCP 协议；而 meek 技术则对 Tor 数据包进行 TLS

加密，抓取的流量能够解析出 TLS 协议。普通流量文件中能够解析出的协议种类更多。三类流量协议如图 9.14 所示。

No.	Time	Source	Destination	Protocol	Length	Info
19	6.264873	116.211.186.208	192.168.0.234	TCP	68	80 → 48242 [SYN, ACK] Seq=0 Ack=1 Win=2
20	6.268835	192.168.0.234	36.110.238.50	TCP	285	36310 → 80 [PSH, ACK] Seq=1 Ack=1 Win=1
21	6.268838	192.168.0.234	116.211.186.208	TCP	76	48243 → 80 [SYN] Seq=0 Win=13600 Len=0
22	6.269554	116.211.186.208	192.168.0.234	TCP	56	80 → 48240 [ACK] Seq=1 Ack=768 Win=3123
23	6.273185	192.168.0.234	116.211.186.208	TCP	76	48244 → 80 [SYN] Seq=0 Win=13600 Len=0
24	6.273903	223.5.5.5	192.168.0.234	DNS	156	Standard query response 0xed65 AAAA ifa
25	6.274057	36.110.238.50	192.168.0.234	TCP	56	80 → 36310 [ACK] Seq=1 Ack=230 Win=1587
26	6.274068	36.110.238.50	192.168.0.234	HTTP	81	HTTP/1.1 100 Continue
27	6.274187	192.168.0.234	116.211.186.208	TCP	76	48245 → 80 [SYN] Seq=0 Win=13600 Len=0
28	6.275681	116.211.186.208	192.168.0.234	HTTP	445	HTTP/1.1 200 OK
29	6.296288	116.211.186.208	192.168.0.234	TCP	68	80 → 48245 [SYN, ACK] Seq=0 Ack=1 Win=2

(a) 普通流量协议

No.	Time	Source	Destination	Protocol	Length	Info
1	0.000000	192.168.0.105	5.45.99.221	TCP	824	7932 → 58033 [PSH, ACK] Seq=1 Ack=1 Wir
2	0.239692	5.45.99.221	192.168.0.105	TCP	66	58033 → 7932 [ACK] Seq=1 Ack=759 Win=21
3	1.629515	192.168.0.105	5.45.99.221	TCP	824	7932 → 58033 [PSH, ACK] Seq=759 Ack=1 W
4	1.929882	192.168.0.105	5.45.99.221	TCP	824	[TCP Retransmission] 7932 → 58033 [PSH,
5	2.029287	5.45.99.221	192.168.0.105	TCP	1254	58033 → 7932 [ACK] Seq=1 Ack=1517 Win=2
6	2.031257	5.45.99.221	192.168.0.105	TCP	624	58033 → 7932 [PSH, ACK] Seq=1189 Ack=15
7	2.031414	192.168.0.105	5.45.99.221	TCP	66	7932 → 58033 [ACK] Seq=1517 Ack=1747 Wi
8	2.055114	192.168.0.105	5.45.99.221	TCP	1168	7932 → 58033 [PSH, ACK] Seq=1517 Ack=17
9	2.169467	5.45.99.221	192.168.0.105	TCP	78	[TCP Dup ACK 5#1] 58033 → 7932 [ACK] Se

(b) Tor-obfs4 流量协议

No.	Time	Source	Destination	Protocol	Length	Info
1	0.000000	10.201.43.159	117.18.232.200	TCP	66	62444 → 443 [SYN] Seq=0 Win=64240 Len=0
2	0.070927	117.18.232.200	10.201.43.159	TCP	66	443 → 62444 [SYN, ACK] Seq=0 Ack=1 Win=
3	0.071002	10.201.43.159	117.18.232.200	TCP	54	62444 → 443 [ACK] Seq=1 Ack=1 Win=13132
4	0.090665	10.201.43.159	117.18.232.200	TLSv1.2	571	Client Hello
5	0.161619	117.18.232.200	10.201.43.159	TCP	60	443 → 62444 [ACK] Seq=1 Ack=518 Win=670
6	0.162267	117.18.232.200	10.201.43.159	TLSv1.2	1514	[TCP Previous segment not captured] ,
7	0.162292	10.201.43.159	117.18.232.200	TCP	66	[TCP Dup ACK 3#1] 62444 → 443 [ACK] Seq
8	0.162370	117.18.232.200	10.201.43.159	TCP	1514	[TCP Out-Of-Order] 443 → 62444 [ACK] Se
9	0.162401	10.201.43.159	117.18.232.200	TCP	54	62444 → 443 [ACK] Seq=518 Ack=2921 Win=
10	0.162484	117.18.232.200	10.201.43.159	TLSv1.2	1230	Ignored Unknown Record
11	0.163267	117.18.232.200	10.201.43.159	TCP	1514	443 → 62444 [ACK] Seq=4097 Ack=518 Win=

(c) Tor-meek 流量协议

图 9.14　三类流量协议展示图

由此可得，流量中与 TLS 相关的特征可以用于 Tor-meek 流量的识别。相关特征主要包括数量特征和长度特征，接下来从这两个方面进行流量特征的分析。与 Tor-obfs4 流量特征分析时一样，只需要对 Tor-meek 流量和普通的 TCP 流量进行对比。

(1) 数量特征

由于 meek 会将 Tor 数据包加上 HTTP 包头，而 HTTP 是一个基于请求的协议，只有收到请求，服务器端才会将数据返回客户端。为了使服务器能够返回数据，meek 客户端会向服务器发送 HTTP 请求，在收到响应后继续等待。如果在等待时间内依然没有数据传输，则继续发送空请求。等待时间会逐渐增长，直到 5 s。这就是 meek 的轮询机制，该机制导致了 Tor-meek 流量中存在更多的小数据包，并且这些小数据包也都会增加 TLS 头部。

尽管流量文件中存在协议栏为 TLS 标识的数据包，但实际上这些数据包仍然是 TCP 数据包，TLS 头部、HTTP 头部和 TLS 加密数据都会作为 TCP 包的负载。TCP 作为字节流协议，如果上层数据超过了 TCP 的 MSS 大小，就会将数据划分到不同的 TCP 数据包中进行传输；与此相对的，多段上层数据也可以在同一个 TCP 包中传输，这就意味着在同一个 TCP 数据包中可能存在多个 TLS 分片数据，如图 9.15 所示，TLS 分片的数据会作为 TCP 数据包的负载。

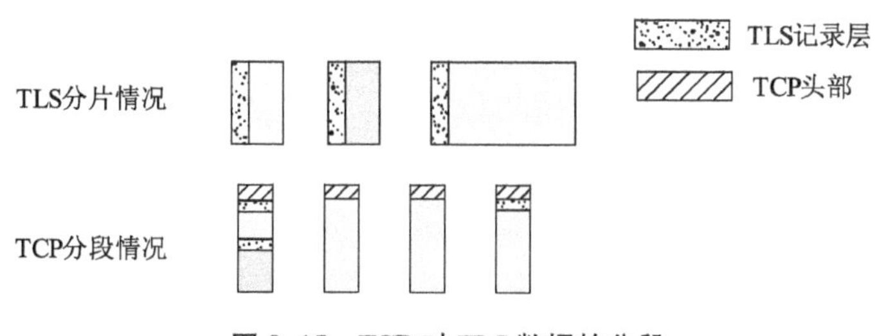

图 9.15　TCP 对 TLS 数据的分段

TLS 分片的长度由 TLS 记录层(Record layer)决定，如果长度没有超过 TCP 的 MSS，并且 TCP 数据包的负载未填满，则可能会出现一个 TCP 数据包中出现多个 TLS 分片的数据块，并且这些数据块都会带有 TLS 记录层作为头部，标识内容类型、TLS 版本，以及数据块的包含的数据长度，如图 9.16 所示。而长度超过 MSS 的 TLS 分片，则会在最后一个 TCP 分段的负载中出现记录层，标识整个 TLS 分片的负载数据长度。

很显然，如果 TLS 分片的长度设置过大，就会导致拆分出的 TCP 包过多，数据传输受到丢包的影响就会变大。为了降低丢包的影响，提升传输的可靠性，需要将 TLS 分片的长度减小，但这也会增加记录分片信息的消耗。

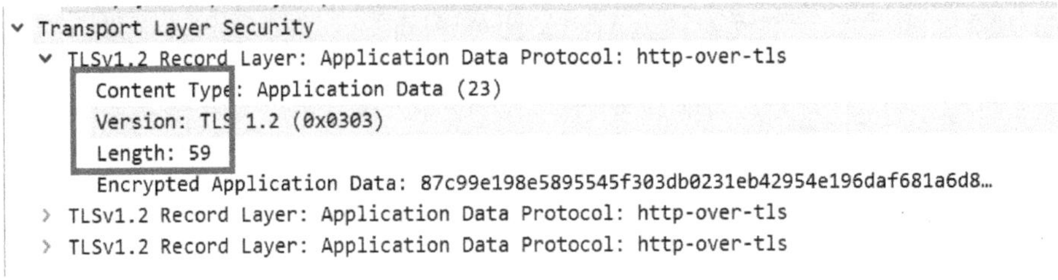

```
∨ Transport Layer Security
  ∨ TLSv1.2 Record Layer: Application Data Protocol: http-over-tls
      Content Type: Application Data (23)
      Version: TLS 1.2 (0x0303)
      Length: 59
      Encrypted Application Data: 87c99e198e5895545f303db0231eb42954e196daf681a6d8…
  > TLSv1.2 Record Layer: Application Data Protocol: http-over-tls
  > TLSv1.2 Record Layer: Application Data Protocol: http-over-tls
```

图 9.16　TLS 记录层信息

由此我们认为,减小 TLS 分片是 Tor-meek 通信中保证传输可靠性的一种手段。

通过检测数据包负载中 TLS 记录层,可以统计出包含 TLS 记录头部标识的数据包数量,通过对流中包含 TLS 记录头部标识的数据包数量与总数据包数量比值的计算,可以得出在 Tor-meek 流量中包含 TLS 记录头部标识的数据包占总数据包数量的平均占比为 33.3%,而普通流量中只有 0.28%。显然,在 Tor-meek 流量中包含 TLS 记录头部标识的数据包平均占比更高。这是因为与普通流量相比,Tor-meek 中的短分片 TLS 块数量更多。

(2) 负载长度特征

与 Tor 基础流量数据包相比,Tor-meek 流量增加了 HTTP 和 TLS 头部,导致 TCP 数据包的负载长度会发生改变,并且 TLS 头部的长度也会由于 CDN 所选择的加密套件而有所不同。因此,根据普通流量和 Tor-meek 流量的 TCP 数据包负载长度做出如图 9.17 所示的 CDF 图。

很显然,Tor-meek 流量中负载小于 250 字节的数据包数量更多,并且在 1 460 字节左右的数据包占了大约 40%。由于 1 460 字节是 TCP 的 MSS,据此可得该长度的数据包数量多的原因是由于服务器的返回数据的分段。

Tor-meek 流量数据包负载长度的改变除了收到头部增加的影响,轮询机制是另外一个原因。根据依托的 CDN 的不同,meek 客户端所发出和接收的轮询数据包的大小都在 300 Bytes 左右,并且轮询机制导致了数据包数量的增多,进而就会导致总负载长度的增加。

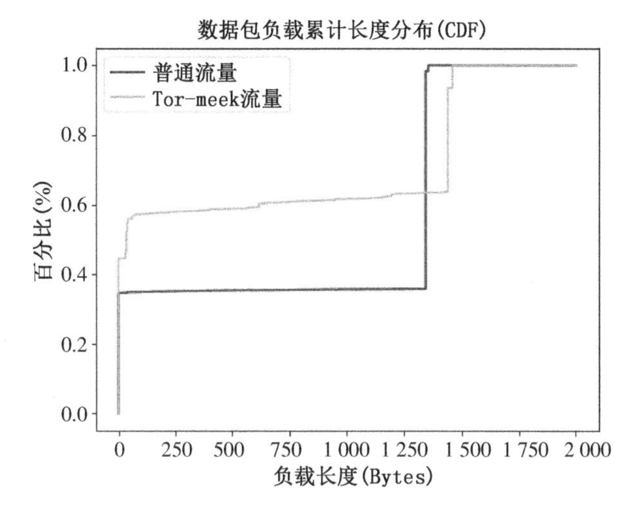

图 9.17　数据包负载 CDF

9.3.2　Tor-meek 流量识别模型建立

在结合 meek 原理和流量情况对特征进行分析后，需要确定可用特征和数据处理方式，并建立可用的 Tor-meek 流量识别模型。

9.3.2.1　识别特征选取

根据流量特征的分析发现 Tor-meek 流量数据包的长度和数量有明显的区分度，因此结合常用的流量特征，先总结了如表 9.10 所示的特征。

表 9.10　Tor-meek 流量特征

特征类型	特征描述	特征归一化
长度特征	上行数据包负载长度	—
	下行数据包负载长度	—
	数据包负载总长度	—
数量特征	上行数据包数量	—
	下行数据包数量	—
	数据包总数量	—
	TLS 数据块数量	TLS 数据块数量/数据包总数量
	不同长度区间的数据包数量	不同长度区间的数据包数量/ 相同方向的非空数据包数量

由于 meek 的轮询机制，导致数据包数量增多，并且轮询数据包 300 Bytes左右的长度也对负载总长度造成了影响。TLS 数据块数量占比在特征分析过程中也体现出了可用性。

在 CDF 图的基础上，进一步给出如图 9.18 所示的 Tor-meek 流量负载长度区间分布图，根据图发现，负载长度为 40 Bytes、1 440 Bytes 和 1 460 Bytes的数据包的数量个数远远超过其他长度的数据包，如果使用长度区间特征，划分点很显然是这三个长度节点。然而，1 440 Bytes 是 IPv6 TCP 的常用 MSS 值，1 460 Bytes 是 IPv4 TCP 的常用 MSS 值，这会导致在(40, 1 440]和(1 440, 1 460]这两个区间长度内的数据包在其他流量中也会大量存在，不足以用于区分 Tor-meek 流量与普通流量。因此，本文中针对 Tor-meek 流量的识别并没有使用长度区间特征。

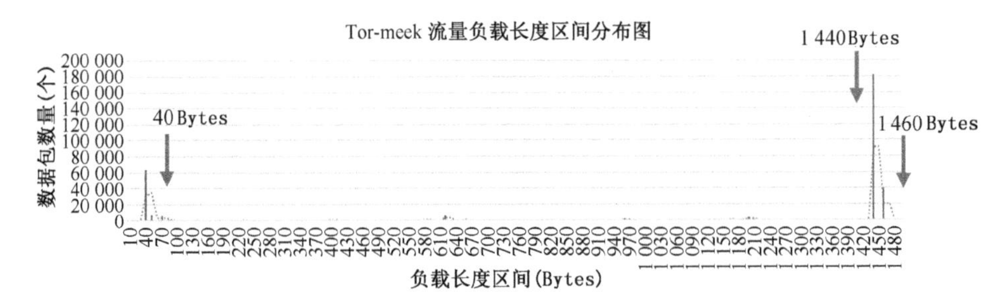

图 9.18　Tor-meek 流量负载长度区间分布图

接下来，对剩余的特征进行了基于基尼指数的特征重要性分数计算，结果如表 9.11 所示。

表 9.11　Tor-meek 流量识别特征重要性

特征名	特征含义	重要性分数
fwd_len	上行数据包负载总长度	0.011
bwd_len	下行数据包负载总长度	0.063
tot_len	数据包负载总长度	0.012
fwd_pck	上行数据包数量	0.005
bwd_pck	下行数据包数量	0.100

（续表）

特征名	特征含义	重要性分数
tot_pck	数据包总数	0.036
fwd_tls	上行 TLS 数据块数量	0.196
bwd_tls	下行 TLS 数据块数量	0.256
tls_pck	TLS 数据块数量	0.295
$\frac{tls\_pck}{tot\_pck}$	TLS 数据块占总数据包的比例	0.025

根据表可以发现，与 Tor-obfs4 流量特征一样，与下行流量相关的特征重要性评分更高，Tor-meek 流量中的下行流量指由 CDN 服务器发回 meek 客户端的流量。下行流量主要是服务器端返回的数据，与上行的请求数据相比数据量更大，分段后的数据包数量也会更多。对于普通流量而言，应用数据直接经过 TLS 加密，而 Tor-meek 流量中的应用数据需要先根据 Tor 的规定划分为 512 字节的多层节点 TLS 加密数据，然后再进行 HTTP 和 TLS 包头的添加，这导致 Tor-meek 流量中的下行数据包负载长度和数量都会受到影响。

9.3.2.2　流量处理流程

由于 Tor-obfs4 流量中都是 TCP 数据包，包头中可以直接获取数据包信息，如数据包负载长度、头部标志位的置位情况等。然而，在前文选择的 Tor-meek 流量识别特征中存在与 TLS 块数量相关的特征，该特征无法从 TCP 包头数据中获得，而是需要对数据包负载中 TLS 记录层的数量进行统计，并且在处理完全部的负载之前，无法确定 TLS 块的数量。

所以在使用 NCBF 处理 Tor-obfs4 流量特征时，只需要处理 20～60 字节的 TCP 数据包头信息就可以完成统计信息的记录，内存的消耗比较少。而对于 Tor-meek 流量而言，提取特征需要对完整的负载都进行读取处理，如果依然使用 NCBF 进行处理，会低于 Tor-obfs4 流量处理的效率。

考虑到 Tor-meek 流量特征需要对大量的流量负载进行处理，而且在特征中还使用了数据包的总负载长度，如果使用 NCBF 对 Tor-meek 流量进行处理，数据包长度可能会超过计数位的 1 Bytes 大小所能存储的长度，导致出现异常。并且由于无法提取预知数据包的大小，难以对 NCBF 进行内存分配。

因此，为了更好地处理 Tor-meek 流量文件，本文中在哈希表的基础上提出能够对完整流量负载进行处理的流处理哈希表（Flow-process Hashtable, FPHT），结构如图 9.19 所示。

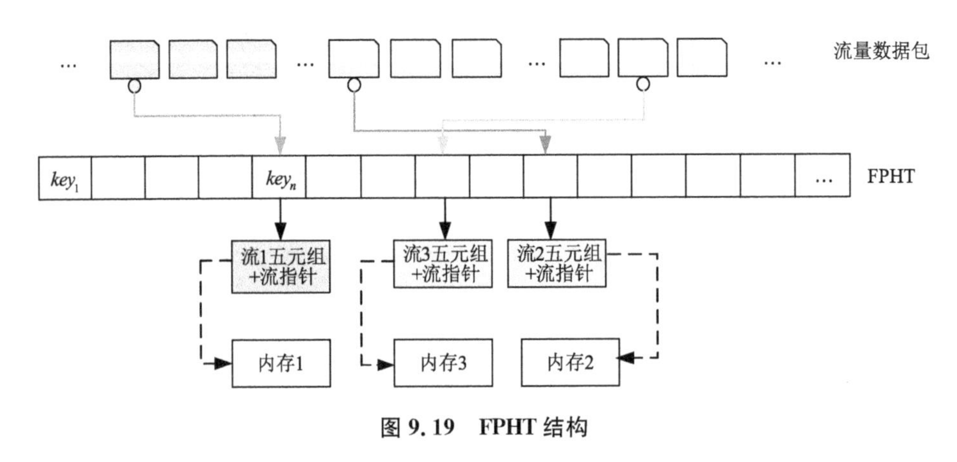

图 9.19 FPHT 结构

FPHT 是对基础哈希表的改进，对记录的存储和查询也基于（关键字 *key*，值 *value*）的结构，每个 *key* 值会对应一个数组用于存放记录，但 FPHT 中的数组并不是直接存储记录的值，而是用于存储指针，将指针指向的内存用于存储记录的值。

当流量数据输入时，首先需要根据数据包的五元组进行哈希处理 *hash*（*quintuple*），获得 *key* 的值，如果该关键字所指向的表中的位置不存在数组，则创建该五元组对应的指针，和五元组信息一起添加到数组中，并将数据包的信息记录在指针指向的内存中。一般而言，不同的五元组会获得不同的 *key* 值，指向不同的位置，然而也不排除出现哈希冲突的可能，即相同的位置中存在两个不同五元组的指针，这时候在插入新数据包信息时，就需要将插入数据包的五元组与指针的五元组进行对比，将信息存入正确的内存中。最后提取信息时，需要从指针指向的内存中提取。

完整的流量处理算法如算法 9.2 所示。

算法 9.2　FPHT 处理流量数据方法

输入：流量中所有数据包 *P*
输出：特征值列表 *Flist*
1：初始化　将 FPHT 置空，*Flist*=[]
2：使用哈希函数处理数据包的五元组，获得 *key* 值，*key*=*hash*(*quintuple*)
3：**WHILE** FPHT[*key*] == **Empty**
4：　　FPHT[*key*].*append*(*array*[*new quintuple* & *Flow Pointer*]) //在表中对应的位置新建数组，存储对应五元组和流指针
5：　　将数据包信息存储在指针 *new Flow Pointer* 指向的内存中，*Flist*.*append*()
6：**END WHILE**
7：初始化遍历指针 *Iteration Pointer*，遍历数组 *array*
8：**IF** *array* 中某个五元组和所处理数据包的五元组相同
9：　　将数据包信息存储在该五元组对应的指针指向的内存中
10：**ELSE**
11：　　将该数据包的五元组和新建的流指针加入数组中
12：**END IF**
13：根据表中的流指针情况，从内存中提取每条流对应的特征值列表 *Flist*

其中第 3～6 行是对第一次出现的数据包的处理，需要在表中的对应位置进行数组的初始化；7～12 行是数据包信息存储过程，考虑到哈希冲突的可能，所以首先需要进行五元组的匹配，才能将信息存储到正确的内存中。

9.3.2.3　识别模型的建立

与 Tor-obfs4 流量识别模型相同，在建立 Tor-meek 流量识别模型时也使用了 5 种机器学习算法（随机森林、SVM、KNN、MLP、朴素贝叶斯）进行比较，最终的模型评估结果如图 9.20 所示。其中准确率来源于全部的测试结果，其余参数来源于 Tor-meek 流量的测试结果。

与其他机器学习算法相比，SVM 的表现显然不佳。通过对测试结果的分析发现，测试集中的所有 Tor-meek 流量都被识别成了普通流量，这导致无法获得 Tor-meek 流量识别的精确率、召回率和 F1-score。由于使用其他算法处理相同的数据时都能够有效区分，说明选择的特征具有区分性。那么 SVM 表现不佳的原因可能是数据不平衡造成的，为了使损失函数最小化，SVM 会选择将少数类也预测成多数类。与之相比，朴素贝叶斯和随机

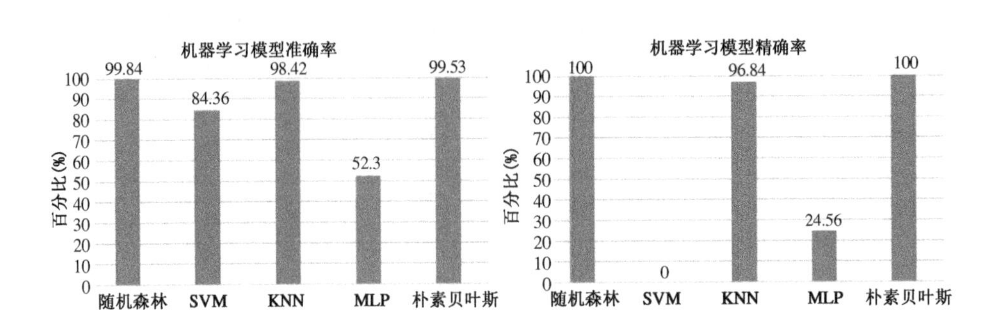

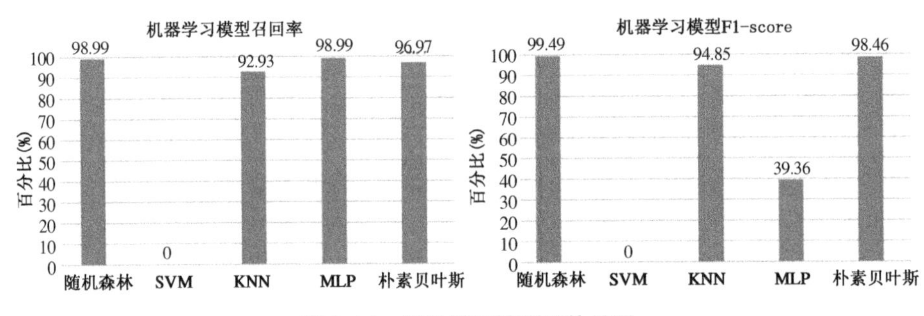

图 9.20　机器学习模型评估结果

森林算法都能够在不平衡数据集上取得比较好的效果。

综合来看，随机森林算法的测试表现最好，因此选择随机森林算法建立 Tor-meek 流量识别模型。

9.3.3　验证实验与分析

为了证实上节中所建立的 Tor-meek 流量识别模型的可用性，需要在其他的数据集中进行实验，证明该模型能够将验证数据集中的普通流量与 Tor-meek 流量区分。

9.3.3.1　实验环境与数据采集

验证 Tor-meek 流量识别模型可用性时使用的实验机器与 9.2.4 节中相同，所用机器 CPU 为 i5-9500T，软件环境 Python 版本为 py3.8.1，scikit-learn 版本为 1.0.2。

在 9.2.4 节中介绍了验证所用的 Tor-obfs4 流量的采集位置与获得的网桥 IP。采集 Tor-meek 流量时，Wireshark 在链路中所处的位置相同，但获取的数据包的源/目的 IP 并非是 meek 客户端与 meek 服务器端，而是客

户端与 CDN 服务器端，采集拓扑如图 9.21 所示。

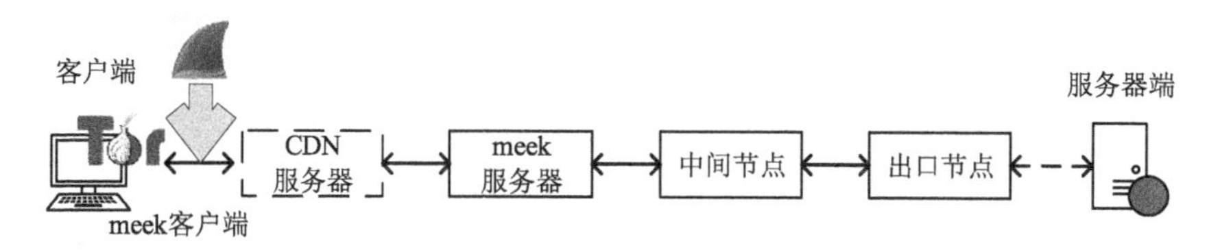

图 9.21　Tor-meek 流量采集拓扑

尽管 meek 网桥的地址无法与 obfs4 网桥地址一样提前获得，也无法通过流量采集获得，但通过分析流量文件中的流大小可以获得如表 9.12 所示的可用 CDN 服务器，其中流量最大的服务器地址是 117.18.232.200。

表 9.12　CDN 服务器地址

序号	CDN 服务器 IP
1	117.18.232.200
2	72.247.100.7
3	20.44.239.154
4	20.189.173.14
5	20.189.173.3
6	52.109.120.32
7	52.113.194.132
8	52.178.17.2

9.3.3.2　实验结果及分析

本节中在自行采集的 Tor-meek 流量数据集中进行了实验。在 Tor-obfs4 流量识别模型的验证实验中，已经证明了流量抽样在低占比的流量识别中的可用性，因此在本节对于 Tor-meek 流量识别模型的验证中，只调整了 Tor-meek 流量与背景流量的比值，以证明本节中所提出模型在低占比 Tor-meek 流量识别中的可用性。

由于在使用 FPHT 进行统计信息的提取时也是对每个数据包的负载进行处理，因此与 Tor-obfs4 流量识别验证实验一样，以背景流量数据包的数量为基准，在验证时调整了 Tor-meek 流量数据包的数量，调整结果如表 9.13 所示。

表 9.13　Tor-meek 流量占比调整

Tor-meek 流量数据包数量	背景流量数据包数量	Tor-meek 流量数据包/总数据包(%)
44 163	453 043 378	0.01
227 460	453 043 378	0.05
455 031	453 043 378	0.10
681 966	453 043 378	0.15
906 857	453 043 378	0.20
1 130 814	453 043 378	0.25
1 328 668	453 043 378	0.30

将两类流量分别使用 FPHT 进行处理，记录特征值，然后使用 Tor-meek 识别模型处理特征文件，最终实验结果如表 9.14 所示。

表 9.14　Tor-meek 流量识别模型验证结果

Tor-meek 数据包占比(%)	精确率(%)	召回率(%)	F1-score
0.01	40	100	0.571
0.05	76.32	100	0.866
0.10	86.96	100	0.930
0.15	90.53	100	0.950
0.20	92.80	100	0.963
0.25	94.23	100	0.970
0.30	95.23	100	0.976

实验结果显示，本方法提出的 Tor-meek 流量识别模型在 Tor-meek 流量数量少的情况下也能够进行有效识别，召回率始终保持在 100%，这意味着所有正确的 Tor-meek 流量都会出现在预测结果中，并且随着 Tor-meek 数据包数量的增加，精确率也在不断上升。

9.4 本章小结

本文在分析两类常用的 Tor 混淆技术的工作原理的基础上，提出了识

别 Tor 混淆流量的方法。

针对 obfs4 协议加密的 Tor 流量识别方法，首先结合 Tor-obfs4 的通信过程和 obfs4 协议对数据包的处理方式对 Tor-obfs4 流量进行分析，选择特征；接着为了更高效地处理流量获得特征值，提出基于布隆过滤器的新型数据结构，并分析其中的参数；然后建立随机森林模型，最后在验证实验中证明了所提出方法在低占比的 Tor-obfs4 流量识别中的可用性。

针对 meek 技术处理的 Tor 流量识别方法，首先基于 Tor-meek 通信过程结合 meek 技术原理对流量进行分析，选择 Tor-meek 流量识别可用的特征；接着针对选择的特征在哈希表的基础上提出 FPHT 结构对流量进行处理；然后建立随机森林模型，并在验证实验中证明了在低占比的 Tor-meek 流量识别中的可用性，随着占比的提高，识别结果的精确率也不断提升。

第 10 章

高速网络中自适应 DDoS 攻击防御方法

10.1 问题描述

当前 DDoS 攻击防御方法通常是基于受害者的粗粒度防御方法，即在经过 DDoS 攻击检测发现受害者后，以受害者地址为粒度，对到达受害者的所有相关流量进行防御，因此对正常流量的影响较大。同时，当前 DDoS 攻击大多伴随着 IP 欺骗，攻击者通过使用虚假 IP 地址，掩盖他们僵尸网络设施的真实身份，防御系统在面对具有 IP 欺骗的 DDoS 攻击时的可用性会下降。在实践中使用的多数 DDoS 攻击防御方案，包括基于黑洞的方案、基于黑名单的方案、基于限速的方案、基于流量清洗的方案、基于出口过滤的方案和基于路由过滤的方案[89]。

(1) 基于黑洞的方案一般是获取受害者地址，并对所有目的地址为受害者的数据包进行阻断来实施防御，从而避免影响网络中其他服务。但该方案在防御攻击的同时会使得受害者的合法用户访问也被阻止。尽管令牌机

制被提出用以解决这种问题，发送方可以从接收方获取短期授权，并将其作为标记令牌放在数据包中与接收方进行通信，但该过程的处理和内存成本很高。而且当攻击者通过窃听等手段获得了令牌并注入数据包时，这种机制的功能就会失效。同时黑洞技术是一种典型的基于受害者地址的粗粒度防御。

(2) 基于黑名单的方案一般是获取攻击数据包中的源 IP 地址，并将这些 IP 地址加入黑名单进行防御，但因为源地址有可能是伪造的，受到 IP 欺骗的影响把虚假的恶意地址加入黑名单，其有效性并不高。一旦攻击者不断变换 IP 地址，黑名单就会失效，同时当攻击流量较大时，维护黑名单会使得对内存的占用非常大。

(3) 基于限速的方案一般根据受害者的具体情况使用固定带宽进行限速，或者根据流量实时情况对到达受害者的流量进行整体的自适应限速。固定限速显然不能根据流量的实时情况进行调整，传统的端口限速操作中，端口允许通过的最大速率是固定不变的，但在实际情况中，存在正常用户访问高峰，若设定速率固定不变，会使正常用户访问受到限制；若设定速率设置过小，防御系统会产生较高误防率[90]。此外，对于限速方法，假设到达受害者的所有流量是通过不同路径到达的，其中一些为攻击流量所在路径，整体限速会使得全部路径共同被限速值限制，且由于攻击流量速度一般较大使得在限速值中占用较多，而使得正常流量受到较大影响。此外，当前基于限速的方案可以基于源 IP 地址和受害者地址进行限速。基于源 IP 地址的限速方案受到 IP 欺骗的影响会失效，而基于受害者地址的限速方案也是一种粗粒度的 DDoS 攻击防御方法。

(4) 基于流量清洗的方案一般使用流量牵引，将受害者的流量重定向到流量清洗中心的清洗设备上，这些流量清洗中心基于深度数据包检测技术对流量成分进行正常和异常判断，对攻击流量进行过滤，减轻攻击对服务器造成的损害，然后把干净流量重新回注到受害者[91]。但是流量牵引与流量回注会使得访问延迟增加，影响用户访问体验，并且需要对到达受害者的全部流量进行清洗，也是一种基于受害者地址的粗粒度防御。

(5) 基于出口过滤的方案是一种经典的防御对策。当前 DDoS 攻击大多伴随着 IP 欺骗，为了应对 IP 欺骗的情况，互联网部署了路由器出口过滤，出口过滤可以确保离开本地网络的流量只携带属于该子网的 IP 地址。然而，攻击者正变得越来越有经验，如果僵尸主机从分配给其子网的地址空间中选择 IP 地址进行欺骗，则无法检测到欺骗的 DDoS 攻击数据包。

(6) 基于路由的过滤也被提出以防止具有 IP 欺骗的 DDoS 攻击。互联网核心中每个链路上的流量通常来自一组有限的源地址，如果链路上的 IP 数据包中出现未曾出现过的源地址，则假定源地址已被欺骗，可以对数据包进行筛选。但是，如果攻击者使用精心挑选的有效源 IP 地址进行欺骗时，这些 IP 地址不会被过滤，这时此机制对防御 IP 欺骗 DDoS 攻击无效[92]。

综上，以上防御方法大多是以受害者地址为粒度的粗粒度防御，需要对到达受害者的所有相关流量采取防御措施。并且当前 DDoS 攻击防御方法在面对具有 IP 欺骗的 DDoS 攻击时实用性较差。因此，相比于当前使用的 DDoS 攻击防御方法，需要设计一种不受 IP 欺骗影响的细粒度 DDoS 攻击防御方法。

10.2 整体设计

本章提出了一种基于 MacIp(Mac 地址，IP 地址)地址对的自适应 DDoS 攻击限速防御方法，对发生 DDoS 攻击的 MacIp 地址对采取自适应限速策略来实现 DDoS 攻击防御。进行本方法的核心思想在于：通过持续预测流量中由源 Mac 地址与目的 IP 地址组成的 MacIp 地址对的流量速度，结合第 3 章所述的攻击检测方法，当检测到某 MacIp 地址对发生了 DDoS 攻击时，使用基于流量速度预测值计算的限速值，对该 MacIp 地址对的流量进行限速。与传统固定限速值的限速策略相比，该策略能够动态地调整限速值，更好地适应网络环境的变化。

本方法是一种位于网络中间位置的 DDoS 攻击防御方案，在高速网络边界对去往目标 IP 地址的流量进行防御。当检测系统检测到攻击发生的

MacIp 地址对后，针对攻击流量的 MacIp 地址对进行细粒度防御，可以减小对正常流量的影响。本方法只针对攻击流量所在的 MacIp 地址对进行限速，不影响其他 MacIp 地址对的流量传输。与以受害者 IP 地址为粒度的粗粒度防御方法相比，不会影响去往受害者 IP 地址中来自其他源 Mac 地址的流量。通过这种限速的方式，更好地保护去往目标 IP 地址的其他源 Mac 地址流量，实现了防御的细粒度。

本方法主要包含三个模块：入口监控模块，参数更新模块，策略生成与下发模块。图 10.1 展示防御方法整体框架，说明各个模块之间的交互。入口监控模块实时监测高速网络边界各流量入口的流量速度情况，并将这些信息发送给参数更新模块。参数更新模块则根据实时的流量变化情况，对限速防御策略所需的流量速度预测值等相关参数进行动态调整和更新。策略生成与下发模块根据参数更新模块的参数自适应生成相应的限速防御策略，对检测出攻击的 MacIp 地址对进行限速防御策略下发。

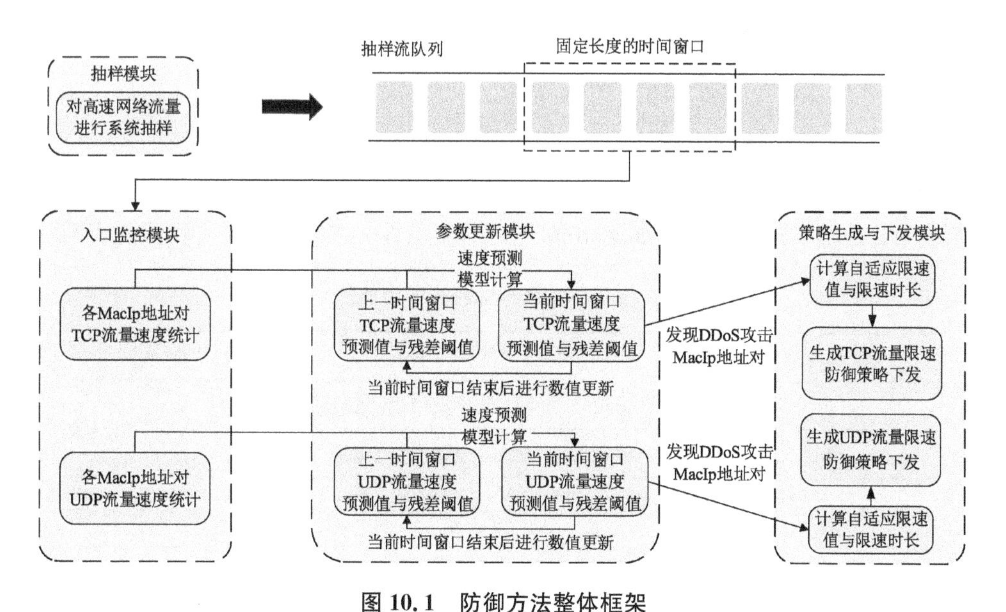

图 10.1　防御方法整体框架

在本方法中，限速防御策略的自适应包含了限速值的自适应和限速时长的自适应。具体来说，对于限速值的自适应，我们采用了单指数移动加权平均值算法来对流量速度进行预测[93]，从而根据流量速度预测值计算确定合适的限速值。而对于限速时长的自适应，则是提出了基于伤害值的自适应限速时长机制，根据实时的流量变化情况动态调整限速时长，以最大限度地保护网络的正常运行。

图 10.1 中的入口监控模块的主要作用是监控高速网络边界节点，进行各 MacIp 地址对流量数据特征的统计，并进行平滑处理，将处理好的速度特征交给参数更新模块，对各 MacIp 地址对实时流量速度状态进行动态化更新[94]。

参数更新模块的主要作用是以入口监控模块处理后的速度数据作为各 MacIp 地址对历史时间窗口流量速度进行学习，来对当前时间窗口的流量速度预测值进行更新。将更新后的流量预测值与残差阈值交给策略生成与下发模块，实现对策略生成与下发模块中防御策略的动态化更新。

策略生成与下发模块的主要作用是当使用本书第 3 章提出的检测方法检测到攻击，并给出攻击流量的 MacIp 地址对后，根据当前时间窗口下的该 MacIp 地址对流量速度预测值计算出限速值，并计算出自适应限速时长。然后，利用限速值和限速时长生成自适应限速防御策略，并将其下发到网络中实施，来实现细粒度自适应防御。

基于以上防御方法的整体框架，在各模块需要使用多个 Sketch 表进行存储记录，其映射键均为 MacIp 地址对，各表功能与作用如下表 10.1 所示，各表的计数桶内部储存元素如表 10.2 所示，在 10.3～10.5 节将进行具体说明。

表 10.1　各模块 Sketch 表的功能

<table>
<tr><th>Sketch 表名</th><th>功能</th><th>所属模块</th></tr>
<tr><td>Stat_tcp</td><td>监控 TCP 协议下各 MacIp 地址对流量速度特征</td><td rowspan="2">入口监控模块</td></tr>
<tr><td>Stat_udp</td><td>监控 UDP 协议下各 MacIp 地址对流量速度特征</td></tr>
<tr><td>Pred_tcp</td><td>记录当前时间窗口下各 MacIp 地址对的 TCP 流量速度预测值计算参数</td><td rowspan="4">参数更新模块</td></tr>
<tr><td>Pred_udp</td><td>记录当前时间窗口下各 MacIp 地址对的 UDP 流量速度预测值计算参数</td></tr>
<tr><td>Thre_tcp</td><td>记录当前时间窗口下各 MacIp 地址对的 TCP 流量速度残差阈值计算参数</td></tr>
<tr><td>Thre_udp</td><td>记录当前时间窗口下各 MacIp 地址对的 UDP 流量速度残差阈值计算参数</td></tr>
</table>

（续表）

Sketch 表名	功能	所属模块
Stra_tcp	记录 TCP 流量限速策略包含限速开始时间，限速值，限速时长等	策略生成与下发模块
Stra_udp	记录 UDP 流量限速策略包含限速开始时间，限速值，限速时长等	

表 10.2　各 Sketch 表中桶的元素

桶中元素	含义	所属 Sketch 表	所属模块
TCP_Pkts	TCP 协议下数据包个数	Stat_tcp	入口监控模块
TCP_size	TCP 协议下数据包大小总和		
UDP_Pkts	UDP 协议下数据包个数	Stat_udp	
UDP_size	UDP 协议下数据包大小总和		
TCP_pred	TCP 协议下流量速度预测值	Pred_tcp	参数更新模块
TCP_α	TCP 协议下速度预测权重		
UDP_pred	UDP 协议下流量速度预测值	Pred_udp	
UDP_α	UDP 协议下速度预测权重		
TCP_Mean	TCP 协议下速度残差渐进式均值	Thre_tcp	
TCP_Vard	TCP 协议下速度残差渐进式方差中间值		
UDP_Mean	UDP 协议下速度残差渐进式均值	Thre_udp	
UDP_Vard	UDP 协议下速度残差渐进式方差中间值		
TCP_T	TCP 协议下限速时间戳	Stra_tcp	策略生成与下发模块
TCP_spd	TCP 协议下限速值		
TCP_L	TCP 协议下限速时间长度		
TCP_d	TCP 协议下伤害值		
UDP_T	UDP 协议下限速时间戳	Stra_udp	
UDP_spd	UDP 协议下限速值		
UDP_L	UDP 协议下限速时间长度		
UDP_d	UDP 协议下伤害值		

10.3 基于 MacIp 地址对的流速度统计

为了更好地进行流量速度统计和特征分析，本章采用了基于 MacIp 地址对的流速度统计方法。本方法旨在对高速网络边界中的流量进行系统抽样，并对 TCP 和 UDP 协议下的数据包数量及流量大小进行统计，再计算得到流量速度。在具体实现中，我们使用了两个 Sketch 表，即 *Stat_tcp* 和 *Stat_udp*。这两个表分别对 TCP 和 UDP 协议下的数据包进行计数和大小统计，并使用每个数据包的 MacIp 地址对作为 *flowkey* 进行映射。

基于 MacIp 地址对的流速度统计可以更细粒度地统计网络流量情况，特别是对于具有 IP 欺骗的泛洪 DDoS 攻击。通过对高速网络边界各 MacIp 地址对的流量大小及数量进行统计并进行处理得到速度，为后续预测流量速度并计算限速值生成限速防御策略提供依据。同时，由于我们采用了系统抽样的方法来处理，可以有效减少计算和存储资源的消耗，提高流量特征统计的效率。具体统计过程如算法 10.1 所示：

算法 10.1 基于 MacIp 地址对的流速度所需特征统计过程

```
输入：时间窗口 t 内数据包 packets，Sketch 表 Stat_tcp，Stat_udp，采样率 f
输出：Sketch 表 Stat_tcp，Stat_udp
1：Initialize Stat_tcp，Stat_udp；
2：sampled packets = Systematic sample packets；//系统采样
3：for p in sampled packets do
4：   macip= p. srcMAC+ p. dstIP;  //MacIp 地址对
5：   proto= p. protocol;
6：   if  proto == "TCP"：
7：          Stat_tcp[macip]. pkts += 1;
8：          Stat_tcp[macip]. size +=p. size;
9：   else if proto == "UDP"：
10：              Stat_udp[macip]. pkts+=1;
11：              Stat_udp[macip]. size +=p. size;
12：   end if
13：end for
```

首先在第 1 行对 Sketch 表进行初始化，在第 2 行进行系统采样。随后对所有数据包进行判断，在第 4～5 行获取数据包的地址信息与协议信息。在第 6 行根据数据包协议进行判断，如果是 TCP 协议进入 6～8 行，如果是 UDP 协议进入 9～11 行，对 Sketch 表中的数据包数量和流量大小进行统计。经过上面的步骤就实现了对当前时间窗口下流量大小的统计，此时得到的 $Stat\_tcp$ 及 $Stat\_udp$ 代表了当前时间窗口下中 TCP 协议与 UDP 下的数据包数量及流量大小情况。

通过基于 MacIp 地址对的流速度统计过程，获得了一个时间窗口内各 MacIp 地址对下的数据包数量特征与流量大小特征后，还需要对特征值进行平滑处理，以获得速度特征，并交由后续流量预测模型进行流量速度预测。平滑处理对统计得到的特征值进行处理，以获得更加平稳的速度特征值，帮助后续进行流量速度预测时减少突变数据的影响，提高预测的准确性[95]。简单移动平均方法是一种常用的平滑处理方法，它可以平滑地处理数据的波动，使得数据变化更加平稳，减少异常值的影响。相比于其他平滑方法，简单移动平均方法具有计算简单、易于实现、减少周期性波动的影响等优点。本章采用简单移动平均方法进行平滑处理，处理后得到数据包速度平均特征与流量速度平均特征，以提高流量预测的准确性，对速度特征的平滑处理如公式 10.1 与公式 10.2 所示。

$$spd\_pkt=\begin{cases}\dfrac{Stat\_tcp.pkts}{w*f} & (\text{TCP flow})\\[2ex] \dfrac{Stat\_udp.pkts}{w*f} & (\text{UDP flow})\end{cases}\qquad \text{公式 10.1}$$

$$spd\_size=\begin{cases}\dfrac{Stat\_tcp.size}{w*f} & (\text{TCP flow})\\[2ex] \dfrac{Stat\_udp.size}{w*f} & (\text{UDP flow})\end{cases}\qquad \text{公式 10.2}$$

其中，f 表示抽样率，w 表示时间窗口长度，spd_pkt 表示数据包速度，spd_size 表示流量大小速度，$Stat\_tcp.pkts$ 与 $Stat\_udp.pkts$ 表示 Sketch 表中 TCP 与 UDP 协议下 MacIp 地址对的数据包数量，$Stat\_tcp.size$ 与 $Stat\_udp.size$ 表示 Sketch 表中 TCP 与 UDP 协议下 MacIp 地址对的数据大小。

10.4 基于流量速度预测的限速值自适应生成与更新方法

本章提出的限速防御策略通过对各 MacIp 地址对流量速度的持续预测，当检测到某 MacIp 地址对发生 DDoS 攻击时，可以使用由该 MacIp 地址对流量速度的预测值计算的限速值，对该 MacIp 地址对的流量进行限速，从而实现自适应防御 DDoS 攻击的效果。相较于传统的对受害者 IP 地址进行固定限速的策略，本章的限速策略能够动态地调整限速值，更好地适应不断变化的网络环境。同时只对发生攻击的 MacIp 地址对进行限速，实现了细粒度防御，相比于对受害者的整体限速，不影响去往受害者 IP 地址的其他源 Mac 地址的流量。

本章使用单指数移动加权平均值算法，对各 MacIp 地址对的流量速度进行预测。同时，本章不仅预测速度，也会预测实际速度相对于速度预测值的变化范围，通过流量速度的预测值，与相对于预测值的变化范围阈值来得到限速值，以作为后续限速防御策略，其中相对于预测值变化范围的阈值用速度残差阈值来表示。本方法既保证了流量速度预测的准确性，又能够快速响应网络环境中流量的变化，从而保证限速防御策略生成的实时性。单指数移动加权平均值方法的基本思想是将历史预测数据与历史观测数据加权平均来预测未来数据，利用前一时刻的观测值与前一时刻的预测值来获取当前预测值。同时，本章以固定的时间窗口作为模型更新粒度，既保证了预测精度，又减小了模型更新的开销，使得本方法更加适用于实际应用场景。在每个时间窗口结束时，进行流量速度预测模型的自适应更新操作，通过对流量速度的预测值、速度残差阈值以及流量速度预测模型的内部参数进行更新，使得模型能够更好地适应不断变化的网络场景，提高流量速度预测的可靠性和鲁棒性。

10.4.1 MacIp 地址对的流量速度预测

本章提出的限速防御策略的核心在于对 MacIp 地址对流量速度的预

测,本文使用了单指数移动加权平均值算法来对网络流量速度进行预测。该算法在实时监测网络流量的基础上,对历史流量速度数据进行加权平均,从而获得对未来流量速度的预测值,相比于传统的固定类限速防御策略具有更高的自适应性,计算公式如 10.3 所示。

$$Spd\_Pred_{n+1} = \alpha * Spd\_Val_n + (1-\alpha) * Spd\_Pred_n$$

公式 10.3

其中 Spd_Pred_{n+1} 为下一时间窗口的流量速度预测值,Spd_Val_n 为当前时间窗口的流量速度,Spd_Pred_n 为当前时间窗口的流量速度预测值,α 为速度预测权重。

公式 10.3 中的速度预测权重 α 在单指数移动加权平均值算法中起着重要的作用,决定了历史数据对于速度预测的贡献程度。一般情况下,对于稳定的流量数据,可以设置较小的 α 值,这样可以平滑数据,并且使预测值对于异常数据的反应相对较慢。而当流量数据发生剧烈变化时,需要设置较大的 α 值,这样可以更快地反应变化,以适应新的流量情况[96]。然而,传统的设置固定 α 值的方法存在一些问题。一方面,由于流量数据的实时变化,固定的 α 值可能无法适应不同的流量场景;另一方面,如果选择一个固定的 α 值,会导致速度预测值对流量变化反应比较固定,从而无法准确适应流量变化情况。为了解决这些问题,本章采用了一种特定算法,如算法 10.2 所示,通过学习历史流量来更新速度预测权重 α。具体地说,该算法基于一定的历史数据窗口,对历史流量速度数据进行统计和分析,自适应地更新 α 值。这种方法可以使流量速度预测更加准确,同时也能更好地适应不同的流量变化场景。

其中,流量速度残差表示某一时间窗口下的实际流量速度与预测流量速度的差值。在第 1 行使用当前时间窗口的流量速度残差值与历史速度残差序列的平均值加两倍标准差相比较。如果大于则进行第 2～4 行,判断是否已经是权重范围的最大值,未达到最大值则加 $\Delta\alpha$。如果没有则进入第 5 行,判断是否小于等于历史速度残差序列的平均值加标准差,如果小于进入第 6～8 行,判断是否是权重范围的最小值,未达到最小值则减 $\Delta\alpha$。通过以上方式实现速度预测权重 α 跟随流量情况变化进行自适应改变。

算法 10.2 速度预测权重 α 更新算法

输入： 权重范围最大值 α_{max}，权重范围最小值 α_{min}，权重变化量 $\Delta\alpha$，当前时间窗口流量速度残差 spd_res，历史速度残差值序列平均值 $mean(Spd\_Res)$，历史速度残差值序列的标准差 $std(Spd\_Res)$

输出： 当前参数值 α

```
1: if spd_res>Mean(Spd_Res)+2 * Std(Spd_Res):
2:     if α<α_max:
3:         α = α + Δα;
4:     end if
5: else if res≤Mean(Spd_Res)+Std(Spd_Res):
6:         if α>α_min:
7:             α = α − Δα;
8:     end if
9: end if
```

10.4.2 速度残差阈值的预测

在实际情况下，由于流量变化的不确定性，速度预测值与速度实际值之间的偏差会不断变化，因此，速度残差分析是完善模型性能的重要方法之一。同时由于本章流量预测的目的是实现有效的限速策略，预测流量速度值的同时也应该预测相对于速度预测值的变化范围，从而以速度变化范围中的最大值作为限速值。这种方法可以确保最终选取的限速值能够应对未来流量的变化，从而提高限速策略的实际效果。因此需要预测速度残差阈值即速度实际值相对于速度预测值的变化范围阈值，从而保证预测结果的准确性。例如，流量大小的预测值使用 spd_pred 表示，预测的流量大小范围是 $[spd\_pred-\Delta p, spd\_pred+\Delta p]$，$\Delta p$ 即为速度残差阈值，该值可以帮助更好地理解预测误差，预测未来的流量速度变化范围。

对于某 MacIp 地址对的当前时间窗口速度残差阈值的预测与过去 n 个时间窗口中的速度残差序列（spd_res_1，spd_res_2，…，spd_res_n）有关，第 i 个时间窗口下的速度残差用 spd_res_i 表示，这些速度残差序列包含了历史上每个时间窗口下实际流量速度与预测速度流量的差异。当前时间窗口中相应的速度残差阈值由正态分布的 3σ 原则确定。因此，当前时间窗口下 MacIp 地址对相应的速度残差阈值预测由公式 10.4 计算得到。

$$Spd\_Thre_n = Mean_n(Spd\_Res) + 3 * Std_n(Spd\_Res)$$

公式 10.4

其中 Spd_Res 代表历史残差值序列，$Mean_n(Spd\_Res)$ 代表历史速度残差值序列的平均值，$Std_n(Spd\_Res)$ 是历史速度残差值序列的标准差。

对于某 MacIp 地址对的速度残差阈值的计算与更新，如果完整记录该 MacIp 地址对的过去所有时间窗口中所有历史速度残差值，然后再计算历史速度残差序列的均值和方差，将会消耗较大计算资源和浪费存储空间。因此为了尽可能节省资源，本章采用滚动更新的方式来实现速度残差阈值的更新，用渐进式的方差和均值代替了记录历史时间窗口中全部的均值和方差，每当新的时间窗口数据到达时，使用可以通过实时计算均值和方差来实现动态速度残差阈值的更新，从而避免了浪费存储空间和计算资源的问题。本章使用了渐进式的均值与方差计算方法，历史速度残差均值渐进式计算方法如公式 10.5 所示，历史速度方差渐进式计算方法如公式 10.6 与公式 10.7 所示。

$$Mean_n(Spd\_Res) = Mean_{n-1}(Spd\_Res) + \frac{spd\_res_n - Mean_{n-1}(Spd\_Res)}{n}$$

公式 10.5

其中，Spd_Res 表示流量速度残差值序列，spd_res_n 表示 Spd_Res 的第 n 个时间窗口下的速度残差值，$Mean_n(Spd\_Res)$ 表示最近 n 个历史时间窗口的速度残差平均值。

$$Vard_n(Spd\_Res) = Vard_{n-1}(Spd\_Res) + [spd\_res_n - Mean_{n-1}(Spd\_Res)][spd\_res_n - Mean_n(Spd\_Res)]$$

公式 10.6

$$Std_n(Spd\_Res) = \sqrt{\frac{Vard_n(Spd\_Res)}{n}}$$

公式 10.7

其中，Spd_Res 表示流量速度残差值序列，spd_res_n 表示 Spd_Res 的第 n 个时间窗口下的速度残差值（即最新时间窗口的数据），$Mean_n(Spd\_Res)$ 表示最近 n 个历史时间窗口的速度残差平均值，$Vard_n(Spd\_Res)$ 表示速度残差渐进式方差中间值，$Std_n(Spd\_Res)$ 代表最近 n

个历史时间窗口速度残差值序列的标准差。

为了进一步降低计算误差，本章在存储方式上采用了一种优化策略，即在存储时记录的是速度残差渐进式均值 $Mean_n(Spd\_Res)$、速度残差渐进式方差中间值 $Vard_n(Spd\_Res)$ 和当前时间窗口周期数 n，而不是存储每个时间窗口的速度残差均值 $Mean_n(Spd\_Res)$ 与速度残差标准差 $Std_n(Spd\_Res)$。这种优化策略通过记录中间值，能够显著减少存储空间的使用，并且在使用时只需要通过公式 10.6 与公式 10.7 进行简单计算即可实现对速度残差阈值预测的滚动更新。

10.4.3 自适应限速值的生成

对于某 MacIp 地址对的自适应限速值的生成，本章首先获取模型更新模块中的 Sketch 表 $Pred\_tcp$ 和 $Pred\_udp$ 来获取预测 TCP 和 UDP 协议下对应的流量速度预测值 Spd_Pred_n，并获取 Sketch 表 $Thre\_tcp$ 和 $Thre\_udp$ 中 TCP 和 UDP 协议下对应的速度残差渐进式均值 $Mean_n(Spd\_Res)$ 与速度残差渐进式方差中间值 $Vard_n(Spd\_Res)$ 来计算速度残差阈值 Spd_Thre_n，并将自适应限速值设定为预测值加速度残差阈值。具体地，限速值的计算方式如公式 10.8 所示，这种限速值的计算方式可以在保证流量不被过度限制的同时，最大限度地提高防御的准确性和有效性。

$$Limspd_n = Spd\_Pred_n + Spd\_Thre_n \qquad \text{公式 10.8}$$

其中，$Limspd_n$ 表示当前时间窗口下的限速值，Spd_Pred_n 表示当前时间窗口下的速度预测值，Spd_Thre_n 表示当前时间窗口下预测的速度残差阈值。

10.5 自适应限速防御策略的生成与更新

自适应限速防御策略的目的在于实时判断当前网络流量实际情况，根据流量情况对发生攻击的 MacIp 地址对的流量速度进行限制。结合上一章

所述的高速网络中面向 IP 欺骗 DDoS 攻击的检测方法来定位攻击流量的 MacIp 地址对，并根据该 MacIp 地址对生成自适应限速防御策略。对限速防御策略具体而言，自适应限速防御策略包括限速值的自适应和限速时长的自适应，限速值的自适应生成与更新在上一节进行了详述，本节将对限速时长的自适应进行详细说明，并系统地给出自适应限速防御策略的生成与更新流程。

10.5.1　基于伤害值的自适应限速时长机制

限速策略的长时间运行可能会影响网络及系统性能，特别是在高流量期间，长时间限速可能会导致系统长时间响应时间变慢，增加延迟和丢包率等问题。因此，本章提出一个基于伤害值（*Damage*）的自适应限速时长机制，该机制的主要思想是基于对攻击情况的评估，从而来动态地调整限速策略的时长。*Damage* 值体现的是检测到某 MacIp 地址对受到 DDoS 攻击的频繁程度。*Damage* 值较大代表近期该 MacIp 地址对被检测到 DDoS 攻击的频率较高。某 MacIp 地址对第 n 次被检测到 DDoS 攻击时的 *Damage* 值定义为 d_n，开始时所有 MacIp 地址对的 *Damage* 值均为 0，即 $d_0=0$。每次系统检测到 DDoS 攻击时，相应的 MacIp 地址对的 *Damage* 值都会被更新，更新方法如公式 10.9 所示。

$$d_n=(1-\lambda) * d_{n-1}+\frac{\lambda * \beta}{\left\lfloor\frac{T^n-T^{n-1}}{w}\right\rfloor} \quad n \geqslant 1 \qquad \text{公式 10.9}$$

公式 10.9 中 d_n 和d_{n-1} 分别表示第 n 次和第 $n-1$ 次更新时的 *Damage* 值，T^n 和T^{n-1} 分别表示第 n 次和第 $n-1$ 次更新 *Damage* 值的时间戳，T^n-T^{n-1} 表示两次更新 *Damage* 值之间的时间间隔，w 为时间窗口长度，$\left\lfloor\frac{T^n-T^{n-1}}{w}\right\rfloor$ 为两次更新间隔的向下取整的时间窗口个数，λ 是表示伤害值更新权重，β 为一个常数。

根据公式 10.9 可以看出 *Damage* 值的更新较为平滑，本章使用伤害值更新权重 λ 来平滑处理 *Damage* 值的更新，其中 $0 \leqslant \lambda \leqslant 1$。若 λ 值接近于零，表示新的 *Damage* 值和旧的 *Damage* 值相比变化不大，受到当下网络情况的影响比较小。若 λ 值接近于 1，则表示 *Damage* 值受当前网络情况影响比较大。同时，本章使用 $\frac{\beta}{\left\lceil \frac{T^n - T^{n-1}}{w} \right\rceil}$ 作为变化幅度，两次检测到 DDoS 攻击之间的时间间隔越短，两次时间间隔内的时间窗口数量越少，变化幅度 $\frac{\beta}{\left\lceil \frac{T^n - T^{n-1}}{w} \right\rceil}$ 就越大。

此外，当某 MacIp 地址对再次检测到 DDoS 攻击时，如果该 MacIp 地址对仍在限速中，则不对 *Damage* 值进行更新。由于限速时长是大于时间窗口长度 w 的，则两次更新 *Damage* 值的时间间隔大于时间窗口长度即 $T^n - T^{n-1} > w$，因此 $\left\lceil \frac{T^n - T^{n-1}}{w} \right\rceil \geqslant 1$。

对于检测系统检测到的每一次攻击，限速时间长度由上次限速时间长度与当前 MacIp 地址对的 *Damage* 值决定。定义某 MacIp 地址对在第 n 次的限速时长为 t_n，对于首次限速时长初始化为 δ，即 $t_0 = \delta$，且首次限速时长 δ 大于时间窗口长度 w，t_n 的更新方式如公式 10.10 所示。

$$t_n = \begin{cases} (1-\mu) * t_{n-1} + \mu * \partial * d_n & 1 \leqslant n \leqslant \gamma \\ \infty & n > \gamma \end{cases} \qquad \text{公式 10.10}$$

其中，t_n 表示限速时长，∂ 是一个常数，γ 为设定的限速时长更新次数，d_n 表示伤害值，μ 表示限速时长更新权重。

由公式 10.10 可以得出随着 *Damage* 值的变化，限速的时间也会变化，其中限速时长更新权重表示当前限速时长的更新对 *Damage* 值的重视程度，从而平滑处理限速时长的更新。其中 $0 \leqslant \mu \leqslant 1$。若 μ 值接近于零，表示新的限速时长 t_n 和旧的限速时长 t_{n-1} 相比变化不大，受到当下 *Damage* 值的影响比较小，限速时长变化幅度较小。若 μ 值接近于 1，则表示限速时长受当前网络情况下 *Damage* 值影响比较大，限速时长变化幅度大。

此外，由公式 10.10 可以看出，当某个 MacIp 地址对被检测出 DDoS 攻击的次数超过 γ 次时，防御系统将会永久限制该 MacIp 地址对的流量速度，直至网络管理人员对该 MacIp 地址对进行检查以后手动解除限速。这样的

机制既实现了有效避免限速时长的无限计算对防御系统性能造成的负面影响。同时，对于高频率发生攻击的 MacIp 地址对，采取永久限速的措施可以避免对于系统的持续威胁，保障网络的安全性和可靠性。

10.5.2　自适应防御策略生成与更新流程

本节对自适应防御策略的生成与更新流程进行系统说明。当 DDoS 检测系统发现攻击后并确定 MacIp 地址对以后，通过从参数更新模块获取预测值与阈值等参数进行计算后生成限速值，同时计算生成限速时长，最后对策略表进行更新，详细流程如算法 10.3 所示。

算法 10.3　细粒度自适应 DDoS 攻击限速防御策略生成与更新整体算法

输入： *Pred_sketch* 代表参数更新模块中的预测值 Sketch 表 *pred_tcp* 或 *pred_udp*；*Thre_sketch* 代表参数更新模块中的阈值 Sketch 表 *thre_tcp* 或 *thre_udp*；*Stra_sketch* 代表策略生成与下发模块中的策略 Sketch 表 *Stra_tcp* 或 *Stra_udp*；Spd_Val_n 为当前时间窗口流量速度；检测出攻击的 MacIp 地址对变量为 *macip*；α 为速度预测权重；检测出攻击的当前时间戳 T_n；∂，β 为常数；w 为时间窗口长度；λ 为伤害值更新权重；μ 为限速时长更新权重；当前时间窗口为第 n 个时间窗口，上一个时间窗口为第 $n-1$ 个，下一个时间窗口为第 $n+1$ 个；

输出： 本次限速时间长度 t_n，本次限速值 $Limspd_n$；

1：　//查询上个时间窗口限速的相关参数
2：　T_{n-1}，$Limspd_{n-1}$，t_{n-1}，$d_{n-1}=Stra\_sketch$. query(*macip*)；
3：　**if** $T_n<T_{n-1}+t_{n-1}$：
4：　　　**exit**
5：　**else**：
6：　　　//查询当前时间窗口的速度预测值
7：　　　$Spd\_Pred_n=Pred\_sketch$. query(*macip*). *Pred*；
8：　　　//计算下一时间窗口的速度预测值
9：　　　$Spd\_Pred_{n+1}=\alpha * Spd\_Val_n+(1-\alpha) * Spd\_Pred_n$；
10：　　 //更新 *Pred_sketch* 表中速度预测值
11：　　 *Pred_sketch*. update(*macip*). $Pred=Spd\_Pred_{n+1}$；
12：　　 //查询当前时间窗口的速度渐进均值和渐进方差中间值
13：　　 $Mean_n(Spd\_Res)=Thre\_sketch$. query(*macip*). *Mean*；
14：　　 $Vard_n(Spd\_Res)=Thre\_sketch$. query(*macip*). *Vard*；
15：　　 //计算出速度残差序列标准差
16：　　 $Std_n(Spd\_Res)=\sqrt{\frac{Vard_n(Spd\_Res)}{n}}$

（续表）

17:　　//计算得到当前时间窗口的速度残差阈值预测
18:　　$Spd\_Thre_n = Mean_n(Spd\_Res) + 3 * Std_n(Spd\_Res)$
19:　　//计算当前时间窗口的限速值并使用
20:　　$Limspd_n = Spd\_Pred_n + Spd\_Thre_n$
21:　　//更新速度渐进均值和渐进方差中间值
22:　　Update $Mean_{n+1}(Spd\_Res)$；
23:　　Update $Vard_{n+1}(Spd\_Res)$；
24:　　//更新 *Thre_ sketch* 表中速度渐进均值和渐进方差中间值
25:　　*Thre_ sketch*. update(*macip*). $Mean = Mean_{n+1}(Spd\_Res)$；
26:　　*Thre_ sketch*. update(*macip*). $Vard = Vard_{n+1}(Spd\_Res)$；
27:　　//计算当前时间窗口限速 Damage 值
28:　　$d_n = (1-\lambda) * d_{n-1} + \dfrac{\lambda * \beta}{\left\lceil \dfrac{T^n - T^{n-1}}{w} \right\rceil}$
29:　　//计算当前时间窗口限速时长并在策略中使用
30:　　$t_n = (1-\mu) * t_{n-1} + \mu * \partial * d_n$
31:　　//更新 Stra_sketch 表
32:　　*Stra_ sketch*. update(*macip*) $= T_n,\ Limspd_n,\ t_n,\ d_n$
33: **end if**

算法10.3首先在第2行先查询上个时间窗口的限速时间戳 T_{n-1}，上次限速值 $Limspd_{n-1}$，上次限速时间长度 t_{n-1}，上次伤害值 d_{n-1}。然后在第3行判断当前是否仍在限速时间内，如果在则退出，如果不在则进入第5～31行。在第7行查询当前时间窗口的速度预测值，在第9行计算下一时间窗口的速度预测值，在第4行更新 Pred_sketch 表中速度预测值，在第13～14行查询当前时间窗口的速度渐进均值和渐进方差中间值，在第16行计算出速度残差序列标准差，在第18行计算得到当前时间窗口的速度残差阈值预测，在第20行计算当前时间窗口的限速值并作为限速策略使用，在第22～23行更新速度渐进均值和渐进方差中间值，在第25～26行更新 Thre_ sketch 表中速度渐进均值和渐进方差中间值，在第28行计算当前时间窗口限速 Damage 值，在第30行计算当前时间窗口限速时长并在策略中使用，在第32行更新 Stra_sketch 表。根据表中的限速值 $Limspd_n$ 以及限速时长 t_n 生成

限速防御策略下发高速网络边界交换机实现自适应限速防御。

10.6 实验与分析

10.6.1 实验环境

SDN 网络具有更高的可编程性和可扩展性，可以通过对网络控制器进行编程来灵活地管理和控制网络设备，从而实现对流量的细粒度控制和管理，因此在本章采用了 SDN 环境来进行验证和测试。本章在虚拟机内实现了虚拟网络拓扑的搭建和对自适应防御系统的评估，虚拟机配置如表 10.3 所示，通过使用虚拟机更好地控制和模拟实验环境，提高实验的可重复性和可扩展性，同时也减少了实验成本和风险。

表 10.3　虚拟机配置

名称	类型
处理器内核总数	4
内存	80GB
虚拟机版本	VMware Workstation 16.1.0
操作系统	Ubuntu 20.04

在实验中，本章使用 mininet 工具来搭建一个虚拟网络实验拓扑，如图 10.2 所示。该拓扑包含了多个主机和路由器，其中虚拟主机 H2_1 至 H2_4 被用于发起 DDoS 攻击，其余虚拟主机用于重放正常背景流量。控制器 C1 采用 Ryu 4.34 版本控制器，用于管理和控制网络中的各个设备。SDN 交换机 S1 采用 openflow1.3 协议，用于实现流量转发和管理，而 H1 则作为实验拓扑中的服务器。在本章中，我们使用该虚拟网络拓扑来进行 DDoS 攻击防御实验，以验证基于 MacIp 地址对的自适应 DDoS 防御方法的有效性，实验拓扑中各设备信息如表 10.4 所示。

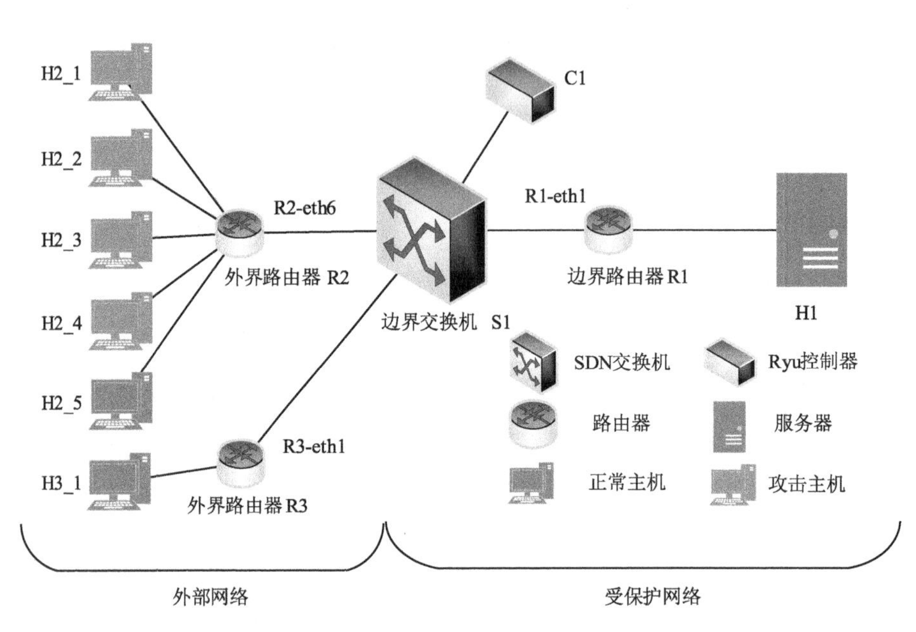

图 10.2 防御系统虚拟网络实验拓扑

表 10.4 实验拓扑中各设备信息

设备名称	IP 地址	设备作用
H1	192.168.15.1	受攻击服务器
H2_1	192.168.21.1	发起具有 IP 欺骗的 SYN Flood 攻击
H2_2	192.168.22.1	发起具有 IP 欺骗的 SYN Flood 攻击
H2_3	192.168.23.1	发起具有 IP 欺骗的 UDP Flood 攻击
H2_4	192.168.24.1	发起具有 IP 欺骗的 UDP Flood 攻击
H2_5	192.168.25.1	重放正常背景流量
H3_1	192.168.31.1	重放正常背景流量
R1-eth1	192.168.20.1	边界路由器 R1 与交换机 S1 相连的端口，接收交换机转发的来自 R2 与 R3 的流量
R2-eth6	192.168.20.2	外界路由器 R2 与交换机 S1 相连的端口，转发包含正常背景流量与攻击流量的混合流量给交换机 S1
R3-eth1	192.168.20.3	外界路由器 R3 与交换机 S1 相连的端口，转发正常背景流量给交换机 S1

10.6.2　实验数据集

为了研究在实际高速网络流量中防御 DDoS 攻击流量的有效性，本章采用公共流量数据集(WIDE Internet，MAWI)作为高速网络背景流量。该数据集中包含了真实的高速网络数据流量。同时，我们使用 Hping3 工具发起具有 IP 欺骗的 DDoS 攻击，模拟了现实中的攻击情景。通过将这些攻击流量与 MAWI 数据集进行混合，我们可以评估基于 MacIp 地址对的自适应防御方法对由高速网络背景流量和 DDoS 攻击流量组成的混合流量的防御能力。

(1) 高速网络背景流量 MAWI 数据集

MAWI 数据集是从 WIDE 骨干网络的 10 Gbps 互联网交换链路捕获的公共数据集，它包含了大量的真实互联网流量数据。在本章的实验过程中，我们使用了 Tcprewrite 和 Tcpreplay 这两个工具来实现对 MAWI 数据集的重放。在进行重放之前，我们对数据集中的 Mac 地址和 IP 地址进行了修改，以适应我们实验所使用的拓扑结构，以确保重放的数据包能够正确地流经我们搭建的网络实验环境，能产生有效的测试数据。在重放过程中对正常流量本章均采用相对固定的重放速率范围，以方便对限速实验效果的观察。同时，由于公开数据集为了保护隐私性，其数据包的负载会被去掉导致无法重放，于是本章也对数据包进行了填充，并对校验和进行了修改，以避免出现因为数据包损坏而导致测试结果不准确的情况。

(2) DDoS 攻击数据

本章主要研究的是具有 IP 欺骗的 DDoS 泛洪攻击，为了模拟现实攻击场景，我们使用 Hping3 工具发起具有 IP 欺骗的 SYN Flood 和 UDP Flood 攻击。Hping3 工具的使用可以更好地满足实验的要求，同时提供了对攻击流量的更好控制和定制。具体地，我们使用了以下两个命令语句：

```
hping3 -S -p 5566 - --flood --rand-source 192.168.15.1 &
hping3 --udp -p 6655 -d 25000 --flood --rand-source 192.168.15.1 &
```

语句使用了-S 参数指定了使用 SYN 标志位，使用了--udp 参数指定了使用 UDP 协议，-d 参数表示发送的攻击数据包长度，参数-p 指定了目标端口,参数--flood 指定了以最高速率发送数据包进行泛洪攻击,参数--rand-source 指定了使用随机源 IP 地址进行欺骗攻击,192.168.15.1 为受攻击的服务器 IP 地址,最后加上“&”符号表示将命令放入后台执行。通过这些参数的设置,我们成功地使用 Hping3 工具模拟了具有 IP 欺骗的 SYN Flood 攻击和 UDP Flood 攻击场景,并生成了大量的具有 IP 欺骗的攻击流量,攻击流量在 Wireshark 中查看的示例如图 10.3 所示。

No.	Time	Destination	Protocol	Source	Length	Info
2106…	5.964636190	192.168.15.1	UDP	0.0.252.244	1362	14475 → 6655 Len=25000
2106…	5.964650385	192.168.15.1	TCP	51.57.137.160	54	7484 → 5566 [SYN] Seq=0 Win=512 Len=0
2106…	5.964661200	192.168.15.1	TCP	213.164.208.218	54	13485 → 5566 [SYN] Seq=0 Win=512 Len=0
2106…	5.964677115	192.168.15.1	TCP	58.115.212.67	54	7485 → 5566 [SYN] Seq=0 Win=512 Len=0
2106…	5.964673940	192.168.15.1	IPv4	2.52.105.211	1514	Fragmented IP protocol (proto=UDP 17, off=0, ID=001d) [Reasse…
2106…	5.964674310	192.168.15.1	IPv4	2.52.105.211	1514	Fragmented IP protocol (proto=UDP 17, off=1480, ID=001d) [Rea…
2106…	5.964674670	192.168.15.1	IPv4	2.52.105.211	1514	Fragmented IP protocol (proto=UDP 17, off=2960, ID=001d) [Rea…
2106…	5.964675020	192.168.15.1	IPv4	2.52.105.211	1514	Fragmented IP protocol (proto=UDP 17, off=4440, ID=001d) [Rea…
2106…	5.964675380	192.168.15.1	IPv4	2.52.105.211	1514	Fragmented IP protocol (proto=UDP 17, off=5920, ID=001d) [Rea…
2106…	5.964675730	192.168.15.1	IPv4	2.52.105.211	1514	Fragmented IP protocol (proto=UDP 17, off=7400, ID=001d) [Rea…
2106…	5.964676070	192.168.15.1	IPv4	2.52.105.211	1514	Fragmented IP protocol (proto=UDP 17, off=8880, ID=001d) [Rea…
2106…	5.964676410	192.168.15.1	IPv4	2.52.105.211	1514	Fragmented IP protocol (proto=UDP 17, off=10360, ID=001d) [Re…
2106…	5.964676750	192.168.15.1	IPv4	2.52.105.211	1514	Fragmented IP protocol (proto=UDP 17, off=11840, ID=001d) [Re…
2106…	5.964677090	192.168.15.1	IPv4	2.52.105.211	1514	Fragmented IP protocol (proto=UDP 17, off=13320, ID=001d) [Re…
2106…	5.964677440	192.168.15.1	IPv4	2.52.105.211	1514	Fragmented IP protocol (proto=UDP 17, off=14800, ID=001d) [Re…
2106…	5.964677780	192.168.15.1	IPv4	2.52.105.211	1514	Fragmented IP protocol (proto=UDP 17, off=16280, ID=001d) [Re…
2106…	5.964678120	192.168.15.1	IPv4	2.52.105.211	1514	Fragmented IP protocol (proto=UDP 17, off=17760, ID=001d) [Re…
2106…	5.964678460	192.168.15.1	IPv4	2.52.105.211	1514	Fragmented IP protocol (proto=UDP 17, off=19240, ID=001d) [Re…
2106…	5.964678800	192.168.15.1	IPv4	2.52.105.211	1514	Fragmented IP protocol (proto=UDP 17, off=20720, ID=001d) [Re…
2106…	5.964679140	192.168.15.1	IPv4	2.52.105.211	1514	Fragmented IP protocol (proto=UDP 17, off=22200, ID=001d) [Re…
2106…	5.964679480	192.168.15.1	UDP	2.52.105.211	1362	7563 → 6655 Len=25000
2106…	5.964712425	192.168.15.1	TCP	34.83.39.55	54	7486 → 5566 [SYN] Seq=0 Win=512 Len=0
2106…	5.964712646	192.168.15.1	TCP	27.241.176.88	54	13497 → 5566 [SYN] Seq=0 Win=512 Len=0
2106…	5.964735630	192.168.15.1	TCP	100.141.51.70	54	13498 → 5566 [SYN] Seq=0 Win=512 Len=0
2106…	5.964739815	192.168.15.1	TCP	61.182.243.162	54	7487 → 5566 [SYN] Seq=0 Win=512 Len=0
2106…	5.964770754	192.168.15.1	TCP	142.214.33.179	54	7488 → 5566 [SYN] Seq=0 Win=512 Len=0
2106…	5.964800679	192.168.15.1	IPv4	159.18.89.48	1514	Fragmented IP protocol (proto=UDP 17, off=0, ID=001e) [Reasse…

图 10.3　实验中发起的 IP 欺骗 DDoS 攻击示例

10.6.3　基于 MacIp 地址对的自适应限速防御实验

为了测试基于 MacIp 地址对的自适应限速防御系统的效果,本章在搭建好的实验拓扑上进行具有 IP 欺骗的 DDoS 攻击实验,防御效果如图 10.4 示。在实验中,当具有 IP 欺骗的 DDoS 攻击发生时,通过高速网络中面向 IP 欺骗 DDoS 攻击的检测方法检测到攻击,并得到攻击所在的 MacIp 地址对后,自适应限速防御系统自动生成包含限速值和限速时长的限速防御策略,对检测出攻击的 MacIp 地址对的流量速度进行控制,实现了对具有 IP 欺骗的 DDoS 攻击的有效防御。同时,在实验过程中也进行了两次限速策略的自适应更新,包括限速值和限速时长的自适应更新,当同一 MacIp 地址对多次受到 DDoS 攻击时,限速时长不断延长。

具体来说,在防御实验效果图 10.4 中,“R1-eth1 接收流量速度(来自 R2+R3)”表示边界路由器 R1 由 R1-eth1 端口接收的去往服务器的流量速度,“R2-eth6 发送流量速度(攻击+正常)”表示外界路由器 R2 通过 R2-

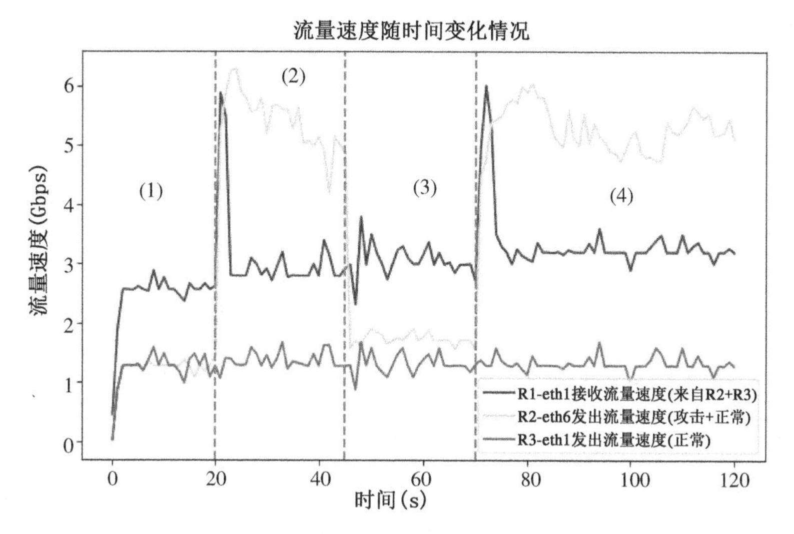

图 10.4　实验过程中各端口流量速度变化情况

eth6 端口发出到边界交换机 S1 的由正常背景流量和攻击流量组成的混合流量的速度,"R3-eth1 发送流量速度(正常)"表示外界路由器 R3 通过 R3-eth1 端口发送至边界交换机 S1 的正常背景流量速度。本章在实验中使用了 Open vSwitch 的控制命令行工具 ovs-ofctl 在 OpenFlow 交换机中配置流表,以实现对数据包处理和转发的控制,并在流表中使用 meter 机制实现带宽限速。

如图 10.4 所示,自适应限速防御实验具体过程如下:实验过程中前 20 s 为阶段(1),此阶段 R2 与 R3 只转发正常背景流量,以 1.3 Gbps 左右的流量速度进行背景流量的重放。随后进入阶段(2),自 20 s 开始攻击主机持续向服务器发起 DDoS 攻击,边界路由器 R1 接收流量速度瞬间提高到 6 Gbps 左右,外界路由器 R2 转发出的流量速度瞬间提高至 5 Gbps 左右。高速网络中面向 IP 欺骗 DDoS 攻击的检测方法检测到攻击,得到发生攻击的 MacIp 地址对,发现受害者为 192.168.15.1,且根据源 Mac 地址攻击来自 R2-eth6 端口,此时第一次自动生成自适应限速防御策略,包括自适应流量速度限速值与限速时长,进行限速流表下发,对 MacIp 地址对的限速值约为 1.6 Gbps,限速时长为 30 s。第一次自适应防御策略实施后,网络于第 23 s 左右恢复正常,由图 10.4 中可以看出,即使 R2-eth6 发出的包含攻击的混合流量速度在 5～6 Gbps 左右，边界路由器 R1 接收的流量速度仍为 2.7 Gbps左右，防御成功。

随后进入阶段(3)，到第 45 s 左右 DDoS 攻击停止，外界路由器 R2 通过 R2-eth6 只转发正常流量，此时为了验证限速值的自适应变化，设置的正常流量速度比阶段(1)有所提高至 1.5 Gbps 左右。由于第一次限速策略从 23 s左右开始，持续 30 s，到第 53 s 左右第一次限速防御策略取消。阶段(3)直至 70 s 左右一直保持无攻击状态，在此期间没有攻击事件，因此没有限速策略下发。

从 70 s 左右开始进入阶段(4)，攻击主机群再次开始持续向服务器发起 DDoS 攻击，外界路由器 R2 转发出的包含攻击流量的混合流量速度瞬间提高至 4.5 Gbps 以上，边界路由器 R1 接收流量速度瞬间提高到 6 Gbps 左右。检测系统发现 DDoS 攻击并迅速进行第二次限速防御，得到发生攻击的 MacIp 地址对，发现受害者仍为 192.168.15.1，且攻击流量仍来自 R2-eth6 端口，此时根据流量速度预测计算得到的限速值为 1.9 Gbps。并且由于对同一 MacIp 地址对再次发现了 DDoS 攻击，限速时间会通过基于伤害值的限速时长机制进行延长，第二次该 MacIp 地址对的限速时长延长为 86 s 左右。

从实验结果可以观察到，当 DDoS 攻击发生后，防御系统能够及时做出响应，自适应生成限速防御策略并下发，花费 3 s 左右达到防御效果。在防御策略的生成过程中，防御系统基于历史流量情况对流量速度进行预测与更新，自动计算生成了限速值。限速时长也进行了自适应地生成与更新，实验中当同一 MacIp 地址对再次受到 DDoS 攻击时，限速时长由 30 s 延长至 86 s，验证了当同一 MacIp 地址对多次受到攻击，限速时长会不断延长，达到设定次数则会永久限速。表 10.5 给出了实验过程中限速策略的更新情况包括限速值与限速时长的更新。

表 10.5　限速防御策略更新情况

第 N 次限速策略	策略开始时间	限速值(Gbps)	限速时长(s)
第一次	第 22 s	1.6	30
第二次	第 73 s	1.9	86

在本实验中限速防御策略根据流量情况进行自适应更新，对自适应的限速防御策略查看示例如图 10.5 所示，展示的是第二次限速策略，示例中检测出具有攻击流量的 MacIp 地址对中源 MAC 地址为 84:78:ac:3c:8b:03，目的 IP 地址为 192.168.15.1，meter 表的限制速度为 1.9 Gbps 左右，限速时长为 86 s。

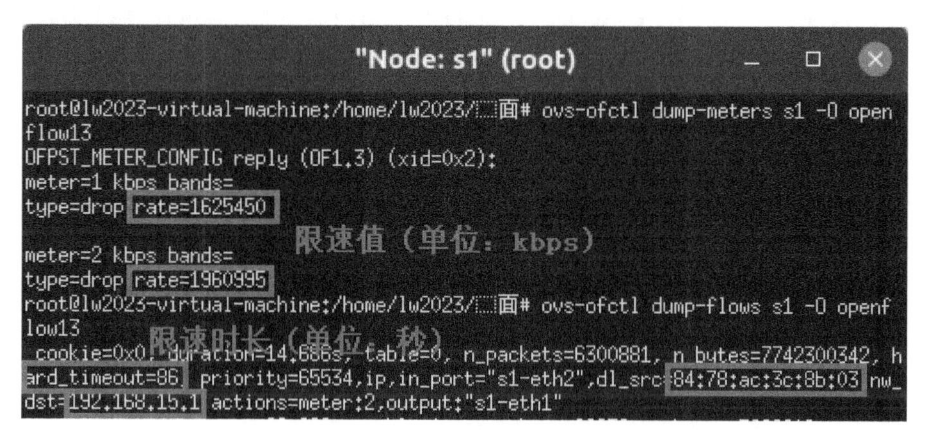

图 10.5　实验过程中 S1 交换机中 meter 表与流表查看示例

根据实验结果，本章实现了对具有 IP 欺骗 DDoS 攻击的有效防御，根据流量情况自动生成限速值与限速时长形成限速防御策略。此外，实验中限速策略的自适应更新表明本章会根据流量情况自适应变化限速值和限速时长，防御系统根据历史流量速度进行流量速度预测来自适应更新限速值，对于限速时长则在检测到同一 MacIp 地址对多次受到 DDoS 攻击时，限速时长会不断延长，甚至永久限速。

10.6.4　细粒度限速防御与整体限速防御对比实验

本章实现了一种基于 MacIp 地址对的自适应细粒度限速防御方法，相比于对受害者进行整体限速的防御方法，会使防御更加准确和高效，且不会影响其他正常端口去往受害者的流量，从而减少受害者损失。而整体限速的防御方法由于对受害者设置了总体限速值，攻击流量速度又相对较大，会直接占据大部分甚至全部限速值，对其他想到达受害者的正常流量所在端口的发送速度造成影响，以下实验对该结论进行了验证。

两种限速方法的实验对比情况如图 10.6 与图 10.8 所示，图 10.6 表示在整体限速方法下边界路由器 R1 接收的去往服务器流量速度变化情况，图 10.8 表示在基于 MacIp 地址对的自适应限速方法下，边界路由器 R1 接收的去往服务器的流量速度变化情况。特别地，在图 10.6 与图 10.8 中的流量均为边界路由器 R1 实际接收到的去往服务器的流量，根据流量来源不同分为来自外界路由器 R2 的流量速度、来自外界路由器 R3 的流量速度以及 R1 接收的总体流量速度。其中来自外界路由器 R3 转发的流量只有正常背景流量，来自外界路由器 R2 转发的流量是包含攻击流量的混合流量。

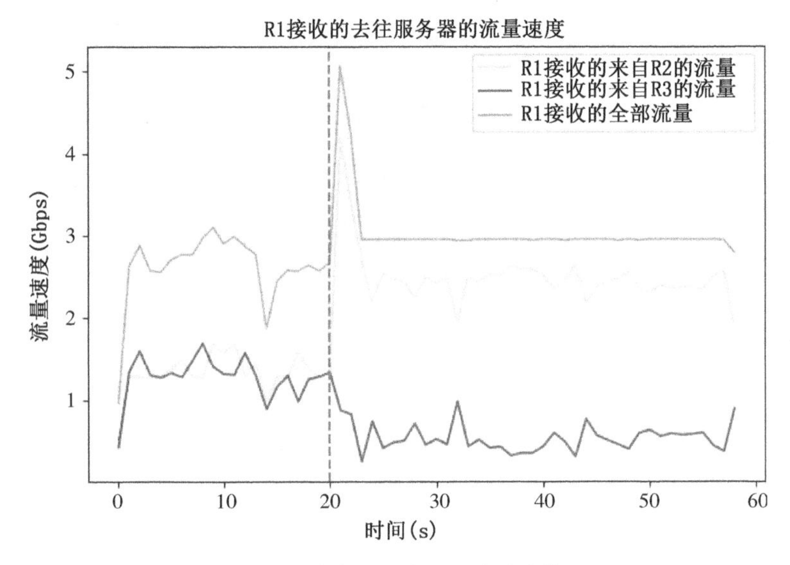

图 10.6　整体限速方法下的防御情况

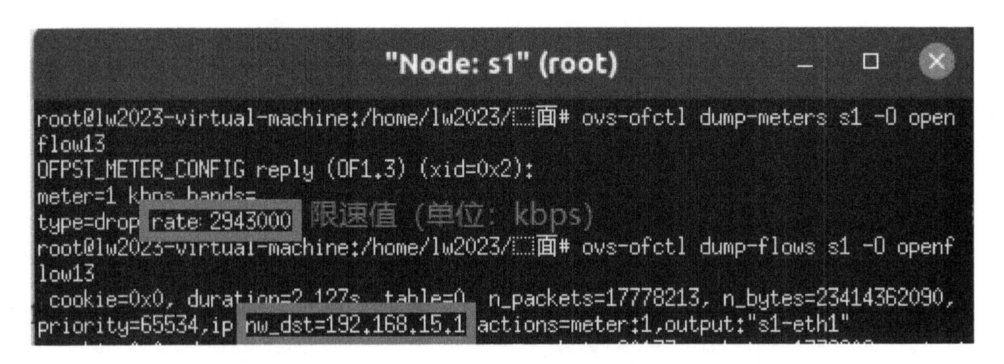

图 10.7　实验过程中 S1 交换机中整体限速流

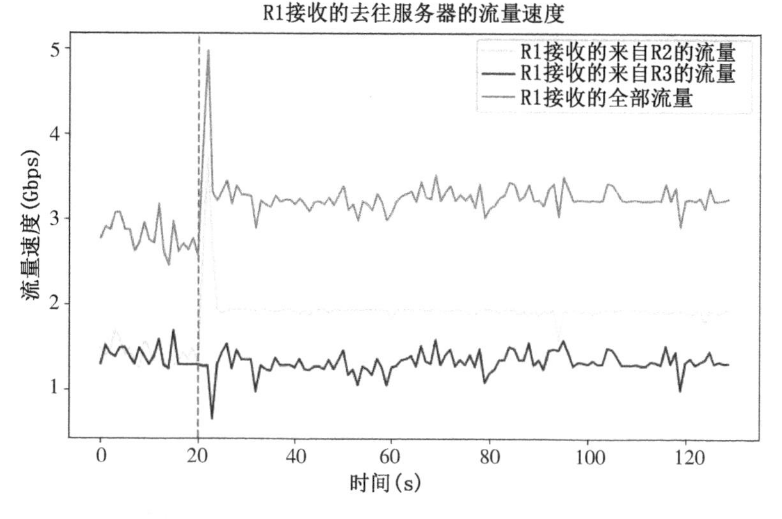

图 10.8　基于 MacIp 地址对的自适应细粒度限速方法下的防御情况

首先是整体限速方法的防御情况，如图 10.6 所示。实验过程中前 20 s 为无攻击阶段，外界路由器 R2 与外界路由器 R3 均只转发去往服务器的正常背景流量。从第 20 s 开始，攻击虚拟主机对服务器发起具有 IP 欺骗的 DDoS 攻击，来自 R2 的流量速度瞬间达到 4 Gbps，R1 接收总体流量速度瞬间达到 5 Gbps，检测系统发现攻击后对到达服务器的流量进行总体限速，根据流量情况自适应限速值为 2.9 Gbps 左右，实验中交换机 S1 中的限速流表如图 10.7 所示。限速策略下发后来自路由器 R3 的流量速度降低至 0.5 Gbps左右，而来自路由器 R2 的流量速度约为 2.5 Gbps 左右。与前 20 s 的无攻击阶段的流量速度相比可发现，来自 R3 路由器的正常流量受到较大影响，流量速度下降约 1 Gbps。而来源于路由器 R2 的流量速度大于 2 Gbps，占据了大部分限速值。因此，本实验表明当以对受害者的整体限速作为防御手段时，攻击流量会占据大部分限速值，而对其他正常流量所在端口造成影响，阻碍对正常端口的流量接收。

其次是基于 MacIp 地址对的自适应细粒度限速方法下的防御情况，如图 10.8 所示。实验过程中前 20 s 仍为无攻击阶段，R2 与 R3 只转发正常背景流量至服务器。从第 20 s 开始发起具有 IP 欺骗的 DDoS 攻击，R1 接收总流量速度瞬间达到 5 Gbps，高速网络中面向 IP 欺骗 DDoS 攻击的检测方法检测攻击并得到发生攻击的 MacIp 地址对，发现流量来源为 R2。此时基于 MacIp 地址对的自适应限速防御系统该 MacIp 地址对进行限速，根据流量情况自适应限速值为 1.9 Gbps 左右，实验中交换机 S1 中的限速流表如图 10.9 所示。限速策略下发后，在 23 s 左右恢复正常，来自 R2 的流量速度被限制在 1.9 Gbps，有效限制了攻击流量，达到了防御效果。而来自 R3 的流量速度仍与无攻击阶段的流量速度保持一致，约为 1.5 Gbps 左右，没有受到限速策略的影响。因此，本实验表明通过基于 MacIp 地址对的自适应细粒度限速防御方法，可以针对发生攻击的 MacIp 地址对进行限速，而对其他转发正常流量的端口没有影响，有效提高了系统的对于 DDoS 攻击的防御效果。

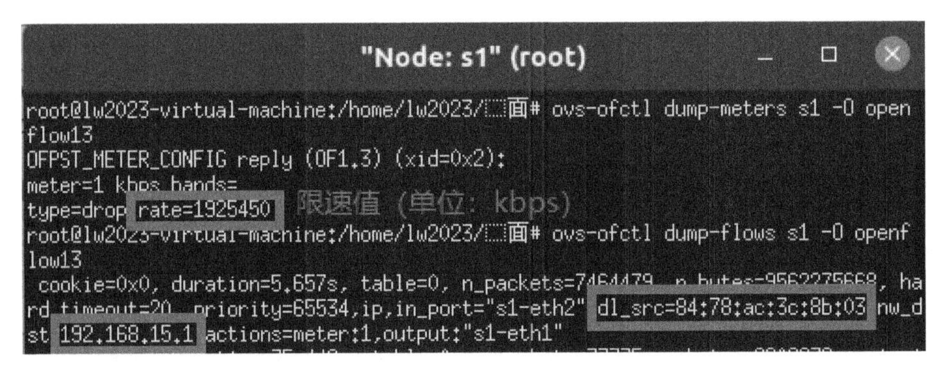

图 10.9　实验过程中 S1 交换机中细粒度限速流表

因此，根据实验结果，本章提出的基于 MacIp 地址对的自适应细粒度限速方法在使用限速策略对 DDoS 攻击进行防御时具有显著优势。本方法不会对去往受害者的正常流量所在端口造成影响，即对其他 MacIp 地址对造成影响，只会针对包含攻击流量的 MacIp 地址对实现自适应限速，从而可以有效提高在限速策略下防御 DDoS 攻击的效果。与传统的整体限速方法相比，本方法更为准确和高效，能够确保其他端口的正常流量传输，实现了细粒度防御。

10.7 本章小结

本章首先分析了当前高速网络中 DDoS 攻击防御方法存在的问题，特别是在面对具有 IP 欺骗的 DDoS 攻击时的问题。随后提出了基于 MacIp 地址对的自适应 DDoS 攻击限速防御方法，对其中的整体设计、基于 MacIp 地址对的流速度统计方法、基于流量速度预测的限速值自适应生成与更新方法、基于伤害值的自适应限速时长机制以及自适应防御策略生成与更新流程进行了详细说明。最后进行了相关实验设计与结果分析，说明了实验拓扑的具体情况与使用的数据集，也开展了基于 MacIp 地址对的自适应限速防御实验，并且开展实验对基于 MacIp 地址对的细粒度限速策略与对受害者进行整体限速的策略进行了对比。实验结果表明，本方法在面对具有 IP 欺骗的 DDoS 攻击时可以实现有效防御，可以根据实际网络情况实现对限速策略的自适应生成与更新，其中包括了限速值与限速时长的自适应；同时相比于整体限速策略，不会影响正常流量端口的流量传输，实现了对 DDoS 攻击的细粒度防御。

第11章 基于动态目标防御技术的DDoS攻击防御方法

11.1 DDoS防御中的基本问题

传统DDoS攻击防御方法都是采用被动防御的思路，即首先用DDoS攻击检测方法识别出攻击流量，然后采用远程触发黑洞路由技术RTBH(Remotely-Triggered Black Hole)[98]或者流量清洗技术对DDoS攻击报文进行丢弃处理，从而达到DDoS防御的目的。一方面，DDoS攻击的检测结果查准率和查全率将直接影响最终的DDoS防御效果。另一方面，由于服务器本身对外开放的IP地址和端口号具有固定性，只要端址不发生变化，攻击者就可以向服务器持续发送DDoS攻击流量，即使采取DDoS防御处置，也只能对攻击进行缓解。

动态目标防御作为一种主动防御技术[99][100][101]，为DDoS攻击防御提供了新的解决思路。例如使用端址跳变技术，通过对服务器的IP地址和端口号进行动态随机变换，使得服务器的网络配置呈现出随机性、不确定性，

一方面，可以提高攻击者发起 DDoS 攻击的复杂性和成本；另一方面，即使攻击者在某个时间段内设法对服务器成功发起 DDoS 攻击，由于攻击者无法掌握服务器 IP 地址和端口号变换的规律，在服务器实施下一次端址跳变后，DDoS 攻击流量无法抵达服务器，最终可达到 DDoS 攻击主动防御的目的。

当前，得益于 SDN 灵活的可编程性，动态目标防御技术可轻易地部署于 SDN 网络中。利用 SDN 网络，相关学者提出了基于端址跳变技术以及 SDN 集中式控制器来实现 DDoS 攻击主动防御[101]，其思路是首先 SDN 控制器会为服务器的真实端址分配一个虚拟端址，然后在 SDN 控制器上对该虚拟端址基于时间间隔进行主动变换，因此在每一个时间间隔内，只有使用当前时间段的虚拟端址访问服务器的报文会被认定为合法并转发，否则被认定为恶意攻击报文，直接丢弃，进而使得 DDoS 攻击流量无法进入 SDN 网络。

然而，攻击者仍然可以通过窃听合法用户使用 DNS 协议获取的服务器合法端址，或者通过猜测服务器当前使用的端址，来绕过 SDN 控制器的集中式安全过滤，进而发起 DDoS 攻击。在虚拟端址进行下一次变换之前，DDoS 攻击都是有效的，基于跳变的防御具有盲区，无法提供持续性的 DDoS 防御。

此外，由于 SDN 控制器通过检查报文端址合法性来实现对 DDoS 攻击报文的安全过滤，一旦大量需要检查的合法报文涌入控制器，导致资源耗尽，也会产生 DDoS 攻击效果。因此，需要针对上述问题设计新的 DDoS 防御方法。

11.2　基于端址跳变技术的 DDoS 防御系统整体设计

针对当前跳变技术无法提供持续的 DDoS 防御等问题，可以使用基于软件定义端址跳变的 DDoS 攻击防御方法 SD-PAH(Software-Defined Port and Address Hopping)，采用主动与被动相结合的端址跳变方式，在没有检测到 DDoS 攻击时，通过随机时间动态变换端址，提供 DDoS 主动防御；在检测到有 DDoS 攻击时，通过即时变换端址，提供 DDoS 被动防御。为了防止大量合法报文涌入导致 SDN 控制器遭受 DDoS 攻击的问题，由 SDN 交换机负责检查报文端址合法性，并对使用非法端址的 DDoS 攻击报文进行安全过滤。采用 DoH(DNS-over-HTTPS)协议加密传输用户请求的合法端址，避免攻击者通过窃听获得服务合法端址，进而发起 DDoS 攻击。图 11.1 展示了 SD-PAH 方法的整体框架。

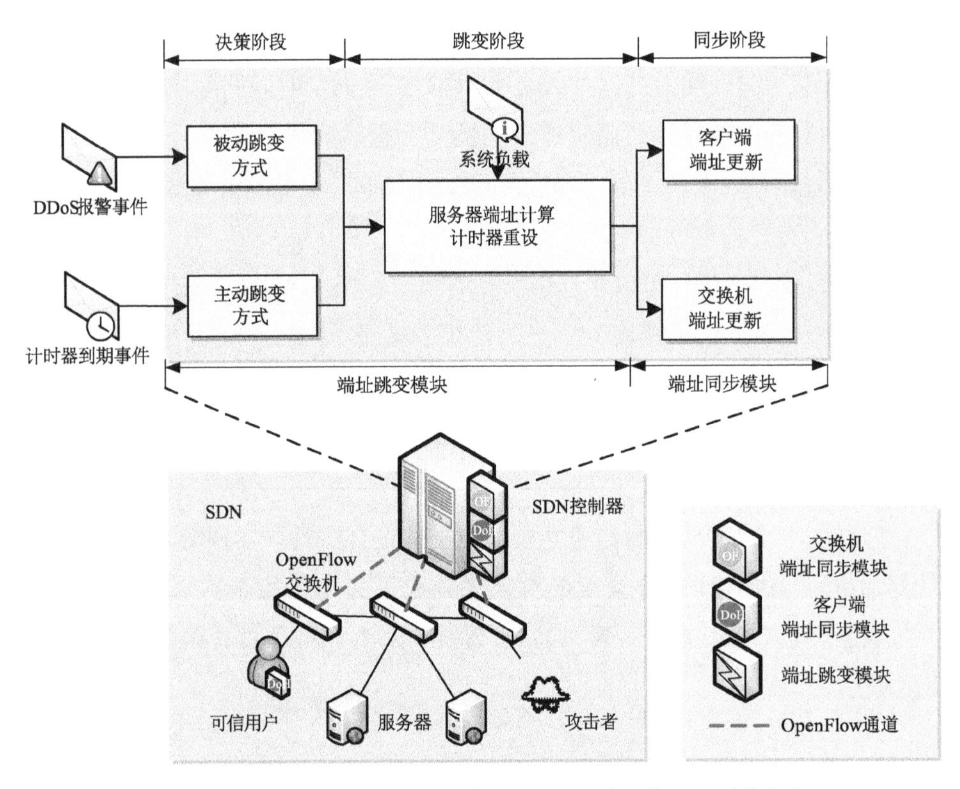

图 11.1　基于软件定义端址跳变的 DDoS 攻击防御方法整体框架

首先，在决策阶段，端址跳变模块根据输入的事件类型选择当前跳变方式，如果输入的是 DDoS 报警事件，说明网络中受保护服务器正在遭受 DDoS 攻击，需要选择被动跳变方式，实施被动防御，降低服务器所遭受的损失。如果输入的是计时器到期事件，说明服务器的合法 IP 地址和端口号已经使用了一段时间，为了及时降低当前的潜在安全风险，需要选择主动跳变

方式，提供主动防御。

然后，在跳变阶段，端址跳变模块根据当前的系统负载情况选择地址跳变的范围和跳变频率，然后为服务器计算新的 IP 地址和端口，并重新设置计时器。

最后，在同步阶段，端址同步模块负责及时地对客户端和交换机进行端址更新，保障数据通信的有效性和防御的即时性。

由于经过更新以后，交换机拥有服务器最新的端址，服务器使用的旧端址不再合法，若此时网络中检测到 DDoS 攻击，后续的 DDoS 攻击流量将被交换机丢弃阻断，从而实现被动防御。若此时网络中没有检测到 DDoS 攻击，服务器的端址将在新的计时器到期后重新变换，由于变换后的端址在时间和空间分布上都具有随机性，导致 DDoS 攻击者难以准确获取服务器当前使用的合法端址，进而提高攻击发起的难度和代价，实现主动防御。

11.3 端址跳变策略

在决策阶段，SD-PAH 方法采用端址自适应跳变策略，根据接收的网络事件来选择当前跳变方式。端址自适应跳变策略中定义了两种跳变方式，分别是基于计时器到期事件的主动式端址跳变 TAH（Timer-based Active Hopping）和基于 DDoS 报警事件的被动式端址跳变 ARH（Alarm-based Reactive Hopping）。图 11.2 展示了端址自适应跳变的过程。

11.3.1 基于计时器到期事件的主动式端址跳变（TAH）

TAH 跳变能够降低当前服务面临的潜在安全风险，并提供 DDoS 主动防御服务。当网络中没有检测到 DDoS 攻击时，受保护服务均采取 TAH 跳变，即随机时间对虚拟端址进行动态变换。

由于采用动态虚拟端址对外提供服务，攻击者需要在有限的时间内探测服务的合法虚拟端址，才能发起 DDoS 攻击。因为下一次跳变时间的随机

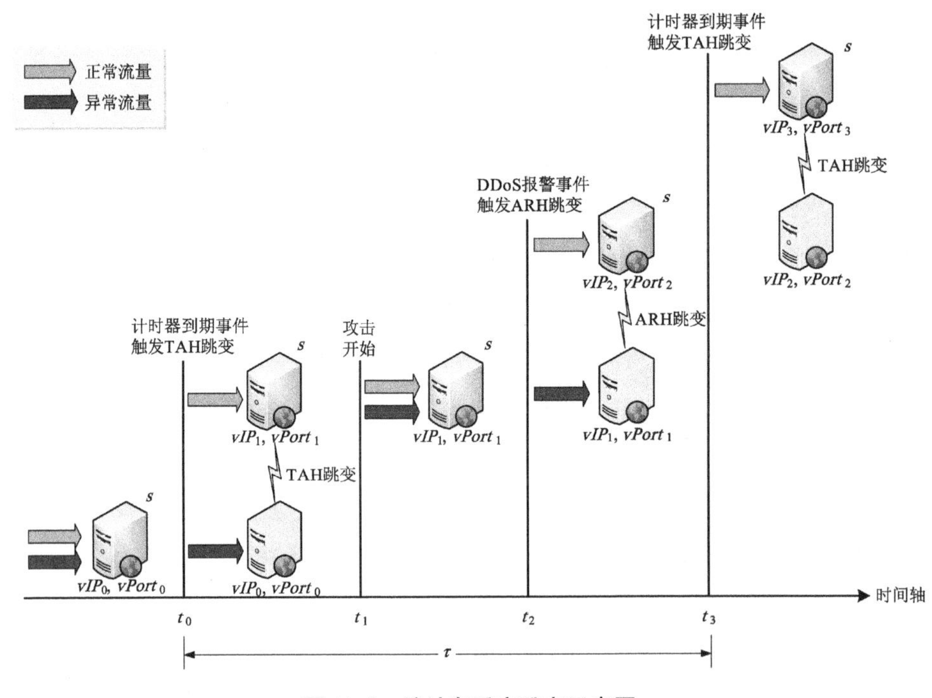

图 11.2 端址自适应跳变示意图

性，TAH 跳变可能在攻击者探测或 DDoS 攻击阶段实施，导致虚拟端址的改变，探测报文或 DDoS 报文因使用不再合法的端址，在 SDN 网络传输时被交换机丢弃，达到 DDoS 主动防御的目的。

SDN 控制器上的端址跳变模块为每一个服务 s 分配相应的计时器，用于记录下一次跳变执行的时间。当 s 的计时器到期后会产生一个计时器到期事件 Et(s)，如图 11.2 所示，在 t_0 时刻，由于端址跳变模块接收到计时器到期事件 $Et_0(s)$，触发服务 s 执行 TAH 跳变，跳变结束后，服务 s 的虚拟端址由(vIP_0, $vPort_0$)变为(vIP_1, $vPort_1$)，并且重新设置计时器为 τ。TAH 跳变导致服务 s 虚拟端址发生变化，原来网络中没有被检测到的异常流量(探测报文或 DDoS 攻击报文)使用不再合法的虚拟端址(vIP_0, $vPort_0$)，在交换机转发时被丢弃，实现主动防御。

11.3.2 基于 DDoS 报警事件的被动式端址跳变(ARH)

基于 TAH 的主动防御并不能为服务提供完全的 DDoS 防护。由于

TAH 跳变基于计时器触发，如果两次 TAH 跳变的时间间隔 τ 较长，如图 11.2 所示，攻击者有可能在计时器到期前完成对合法虚拟端址的探测并发动 DDoS 攻击。为了弥补 TAH 跳变主动防御的这一缺陷，可以采用基于 DDoS 报警事件的被动式端址跳变(ARH)。

借助网络中部署的 DDoS 攻击检测模块发出的 DDoS 报警事件，端址跳变模块可以知悉当前哪个服务正在遭受 DDoS 攻击，从而选择 ARH 跳变方式，对受害服务立即执行端址跳变，达到 DDoS 攻击被动防御目的。

如图 11.2 所示，由于 TAH 跳变时间间隔 τ 较长，在 t_1 时刻攻击者开始攻击，首先成功探测到服务当前合法端址(vIP_1，$vPort_1$)，随后使用该端址发动 DDoS 攻击。在 t_2 时刻端址跳变模块接收到来自 DDoS 检测模块的 DDoS 报警事件，因此触发 ARH 跳变，服务的虚拟端址从(vIP_1，$vPort_1$)变换为(vIP_2，$vPort_2$)。在 t_3-t_2 时间间隔内，DDoS 攻击流量由于仍使用(vIP_1，$vPort_1$)作为目标 IP 地址，在交换机转发时因端址非法而被丢弃，实现 DDoS 攻击的被动防御。而用户能够动态获取到服务的端址(vIP_2，$vPort_2$)，因而用户的正常流量能够抵达服务器。

11.4 基于系统负载的端址跳变算法

在跳变阶段，SD-PAH 方法采用基于系统负载的端址跳变算法计算服务器下一次使用的合法虚拟端址以及下一次跳变的时间。

考虑到与传统服务访问相比，端址跳变环境下的服务访问所需的系统开销更大，频繁对端址进行跳变将引入更多的计算开销并会延长服务访问时间，进而影响用户体验。而低频的跳变使得攻击者有充足的时间探测当前合法端址，以发起 DDoS 攻击，进而影响服务的安全性。因此提出基于系统负载的端址跳变算法，在进行下一次合法端址计算和下一次跳变时间时，根据当前系统负载情况合理调整跳变的频率以及 IP 地址的变换范围，从而在用户访问体验、服务安全性以及系统开销三者间取得一个平衡。

11.4.1 基于系统负载选择跳变频率和端址跳变范围

为了便于描述，当前系统负载记作 *loads*，λ_{low} 表示低系统负载阈值，λ_{high} 表示高系统负载阈值。f 表示端址跳变的频率，其取值如表 11.1 所示，每一个值对应一个跳变时间范围，通过调整 f 的取值可以调整跳变的频率。r 表示 IP 地址跳变的范围，其取值如表 11.2 所示，每一个值对应一个 IP 地址跳变范围，通过调整 r 的取值可以调整 IP 地址的跳变范围。此外，为了不与熟知端口的使用造成冲突，端口跳变范围固定为[1 024, 65 535]，意味着将在 64 512 个非熟知端口中随机选择一个整数作为跳变后的合法虚拟端口。

表 11.1　f 取值及其含义

f	含义	跳变时间(ms)范围	时间点个数
2	1 秒内高频率跳变	[100, 1 000)	900
1	1 分钟内中等频率跳变	[1 000, 60 000)	59 000
0	1 小时内低频率跳变	[60 000, 3 600 000)	3 540 000

表 11.2　r 取值及其含义

r	含义	IP 地址范围	IP 地址个数
2	A 类私有 IP 地址段的大范围跳变	10.0.0.0～10.255.255.255	16 777 214
1	B 类私有 IP 地址段的中等范围跳变	172.16.0.0～172.31.255.255	1 048 544
0	C 类私有 IP 地址段的小范围跳变	192.168.0.0～192.168.255.255	65 024

基于系统负载选择端址跳变范围和跳变频率的流程如图 11.3 所示，根据输入的 *loads* 的负载程度来确定端址跳变频率 f 以及 IP 地址的跳变范围 r。

当 $loads<\lambda_{low}$，表明当前系统负载低，拥有更多的计算资源可用于高频率跳变，因此将 f 设置为 2，表示在 1 s 内随机选择一个时间点作为下一次跳变时间。高频率跳变缩短了攻击者探测和 DDoS 攻击时间，提高了服务的安全性，因此将 r 设置为 0，表示在拥有 6.5 万个 IP 地址的 C 类私有 IP 地址段(192.168.0.0～192.168.255.255)进行小范围 IP 地址跳变。

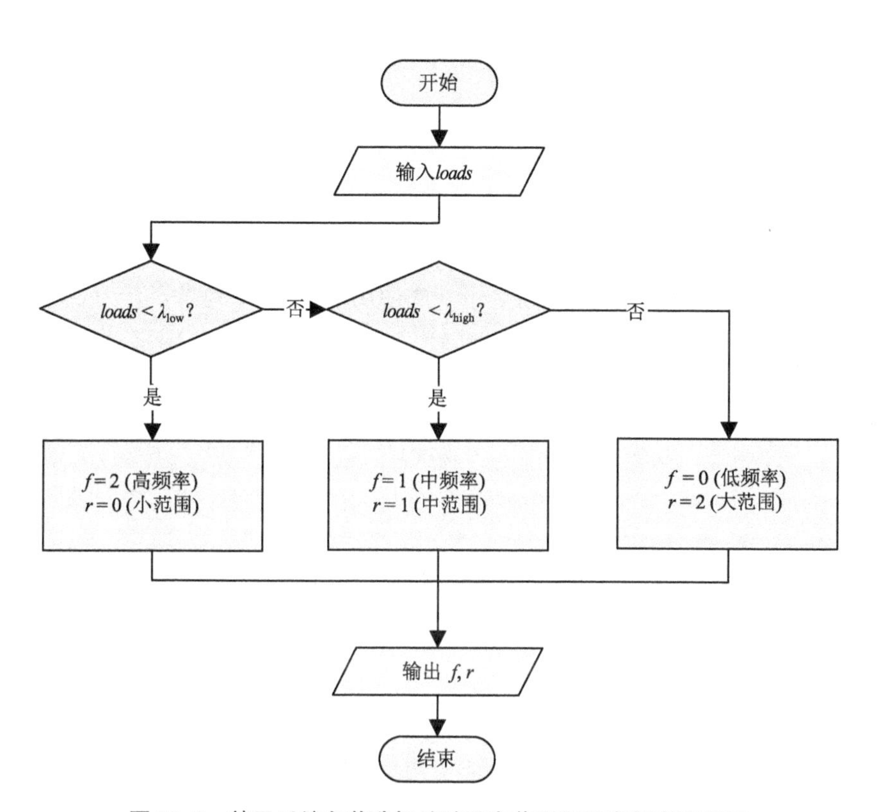

图 11.3　基于系统负载选择端址跳变范围和跳变频率流程图

当 $loads>=\lambda_{low}$ 且 $loads<\lambda_{high}$ 时，表明当前系统负载处于中等程度，如果继续实施高频率跳变，将会增大系统负载，因此将 f 调整为 1，表示调整在 1 min 内随机时间中等频率跳变。将 r 调整为 1，表示在有 104 万个 IP 地址的 B 类私有 IP 地址段(172. 16. 0. 0～172. 31. 255. 255)中随机选择 IP 地址。

当 $loads>=\lambda_{high}$ 时，表明系统负载高，为了防止系统负载过高导致可信用户体验变差，甚至无法获取服务，因此将 f 设置为 0，调整至在 1 h 内低频率跳变。另外，为了服务的安全性，将 r 设置为 2，表示将在 A 类私有 IP 地址段(10. 0. 0. 0～10. 255. 255. 255)中进行虚拟 IP 地址跳变，攻击者将需要在 1 677 万(IP 地址) * 64 512(端口)的大范围内探测当前合法虚拟端址。

11.4.2 端址和跳变时间计算

当确定好端址跳变范围 r 和跳变频率 f 后，就可以根据公式 11.1 计算下一次使用的合法虚拟端址以及下一次跳变时间，其中 ts 表示时间戳，s 表示服务，vIP 表示服务 s 当前使用的虚拟 IP 地址，$vPort$ 表示服务 s 当前使用的虚拟端口，vIP_{next} 表示服务 s 下一次使用的虚拟 IP 地址，$vPort_{next}$ 表示服务 s 下一次使用的虚拟端口，t_{next} 表示下一次服务 s 的端址跳变时间，$Next$ 表示端址和跳变时间的计算函数，$Hash$ 表示哈希函数。

$$(vIP_{next},\ vPort_{next},\ t_{next}) = Next(Hash(ts,\ s,\ vIP,\ vPort))$$

公式 11.1

哈希函数可以为任意长度的信息生成一个固定长度的信息指纹，由于哈希函数具有抗碰撞性，不同消息生成的信息指纹不同。因此，不同的服务即使在同一时间执行端址跳变，生成的下一次虚拟端址依然不一样。我们采用 SHA-256 算法，它可以将任意长度的输入生成一个不可逆转的 256 位大整数，通过对大整数进行切分，基于切分后的整数和当前的地址跳变范围、跳变时间范围可以构造出 vIP_{next}， $vPort_{next}$ 和 t_{next}。

对于端口跳变，端口号的取值范围为 0～65 535，其中 0～1 023 共 1 024 个端口号为系统保留的熟知端口，剩余的 1 024～65 535 共 64 512 个端口号可用于跳变，因此使用 16 位的整数可以表示所有跳变的端口号。

对于 IP 地址跳变，由于本方法中 IP 地址是根据 r 的取值，在不同的私有 IP 地址段上进行跳变，因此在不同地址段上实际变换的地址位是不一样的。

在 A 类私有 IP 地址段(10.0.0.0～10.255.255.255)进行跳变时，32 位的 A 类 IP 地址中网络号占 8 位，主机号占 24 位，其中实际可以变换的只有 24 位主机号，因此用 24 位的整数可以表示所有跳变的主机号。

在 B 类私有 IP 地址段(172.16.0.0～172.31.255.255)进行跳变时，32 位的 B 类 IP 地址中网络号占 16 位，主机位占 16 位，其中实际可以变换的有 4 位的网络号和 16 位的主机号，因此用 20 位整数可以表示所有跳变的网络号和主机号。

在 C 类私有 IP 地址段(192.168.0.0～192.168.255.255)进行跳变时，32 位的 C 类 IP 地址中网络号占 32 位，主机位占 8 位，其中实际可以变换的有 8 位的网络号和 8 位的主机号，因此用 16 位整数可以表示所有跳变的网络号和主机号。

对于跳变时间，由于本方法跳变时间是根据 f 的取值，在不同的跳变时间范围上进行选择，跳变时间的所有范围为[100, 3 600 000)，因此用 22 位的整数可以表示所有的时间点。

综上所述，在不同的 r 取值下，256 位大整数哈希值格式如图 11.4 所示，哈希值的低 22 位用于生成跳变时间。$r=0$ 时，哈希值的高 40 位用于生成虚拟端址。$r=1$ 时，哈希值的高 36 位用于生成虚拟端址。$r=2$ 时，哈希值的高 32 位用于生成虚拟端址。算法 11.1 描述了端址和跳变时间计算的完整过程。

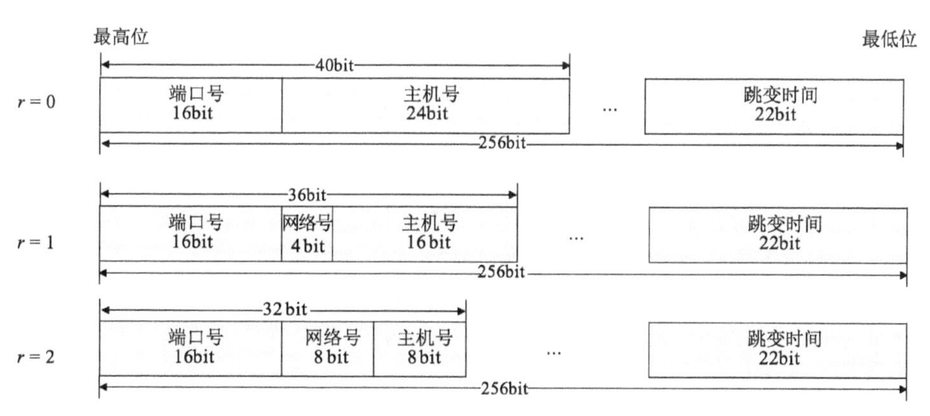

图 11.4　不同 r 取值对应的哈希值格式

算法 11.1　端址和跳变时间计算

输入：时间戳 ts

服务 s

当前地址 IP

当前端口 $Port$

跳变范围 r

跳变频率 f

（续表）

```
输出：服务 s
      下一次使用地址 IP_next
      下一次使用端口 Port_next
      下一次跳变时间 t_next
1.    function Next(ts, s, IP, Port, r, f)
2.        H ← Hash(ts, s, IP, Port);          // 获取 256 位大整数
3.        // 计算跳变后端址
4.        if r = 0 then                       // 构造 C 类 IP 地址和端口号
5.            addr ← H[0～31];
6.            Port_next ← (addr[0～15] mod 64 512) + 1 024;
7.            IP_next ← "192.168." + str(addr[16～23]) + "." + str(addr[24～31]) ;
8.        end if
9.        else if r = 1 then                  // 构造 B 类 IP 地址和端口号
10.           addr ← H[0～35];
11.           Port_next ← (addr[0～15] mod 64 512) + 1 024;
12.           IP_next ← "172." + str((addr[16～19] mod 16) + 16) + "." + str
              (addr[20～27]) + "." + str(addr[28～35]);
13.       end if
14.       else if r = 2 then                  // 构造 A 类 IP 地址和端口号
15.           addr ← H[0～39];
16.           Port_next ← (addr[0～15] mod 64 512) + 1 024;
17.           IP_next ← "10." + str(addr[16～23]) + "." + str(addr[24～31]) +
              "." + str(addr[32～39]);
18.       end if
19.       // 计算跳变时间
20.       if f = 0 then                       // 计算低频率跳变时间
21.               t_next ← (H[-1～ -22] mod 3 540 000) + 60 000
22.       end if
23.       else if f == 1 then                 // 计算中等频率跳变时间
24.               t_next ← (H[-1～ -22] mod 59 000) + 1 000
25.       end if
26.       else if f == 2 then                 // 计算高频率跳变时间
27.               t_next ← (H[-1～ -22] mod 900) + 100
28.       end if
29.       return s, IP_next, Port_next, t_next
```

11.5 基于 DNS-over-HTTPS 和 OpenFlow 流表的端址同步

当某个服务的虚拟端址发生跳变后，需要及时在客户端和服务器之间进行新的端址同步，使得双方使用的虚拟端址达到一致，以保障客户端和服务器之间的正常通信。在本章中使用的 DNS-over-HTTPS 的客户端端址同步方法，与传统的基于 ACK 应答的同步方法和基于 DNS 协议的端址同步方法相比，采用 HTTPS 加密保证了端址传输的安全性，可以防止被中间人截获或篡改端址。

11.5.1　基于 DNS-over-HTTPS 的客户端端址同步

SDN 控制器上部署的基于 DNS-over-HTTPS 的客户端端址同步模块，负责实现客户端的端址同步，使客户端能够获取当前服务的虚拟端址。

DNS 是一种提供域名解析服务的基础网络协议，DNS 报文格式如图 11.5 所示，DNS 服务器本地存储了一系列资源记录，DNS 客户端通过向 DNS 服务器发起查询获得对应的资源记录。

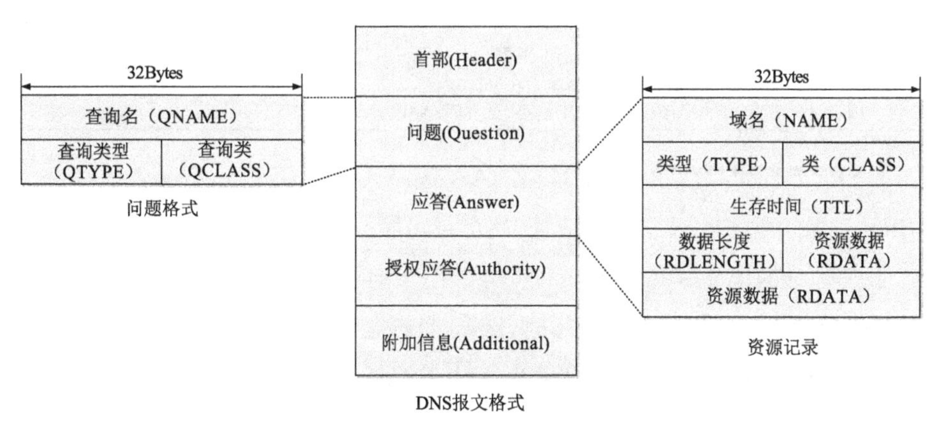

图 11.5　DNS 报文格式

以域名 example. com 解析 IPv4 地址为例，DNS 客户端基于 UDP 无连接协议向 DNS 服务器发送 A 记录请求报文(QNAME＝example. com，QCLASS＝IN，QTYPE＝A)，DNS 服务器查询本地缓存后，将域名对应的 A 记录(NAME＝ example. com，CLASS＝IN，TYPE＝A，VALUE＝10. 0. 0. 1)作为响应返回给 DNS 客户端，从而实现域名到 IPv4 地址的解析。

DNS 常见资源记录类型如表 11. 3 所示，其中 A 记录、AAAA 记录、CNAME 记录都只能获取到服务对应的 IP 地址，无法获取到端口号，因此在本方法中无法用于实现服务端址映射表的动态获取。而 SRV 记录和 TXT 记录均可以用于动态获取服务端址映射表。

表 11. 3　DNS 常见资源记录类型

DNS 资源记录类型	作用	例子
A	存储域名对应的 IPv4 地址	example. com IN A 1. 1. 1. 2
AAAA	存储域名对应的 IPv6 地址	example. com IN A 2001:0db8:85a3:0000:0000:8a2e:0370:7334
CNAME	存储域名的别名	web. example. com IN CNAME example. com
MX	将邮件定向到邮件服务器	example. com IN MX mx. example. com
NS	指定域名由哪个 DNS 服务器解析	example. com IN NS ns. example. com
PTR	存储 IP 地址对应的域名	1. 1. 1. 2. in-addr. arpa. IN PTR example. com
SRV	为特定服务指定主机和端口	_xmpp. _tcp. example. com. 86400 IN SRV 10 5 5223 server. example. com
TXT	允许管理员在记录中存储文本	example. com IN TXT This is a message

SRV 记录与常见的 A 记录、AAAA 记录、CNAME 记录不同之处在于，SRV 记录中除了记录服务的地址，还记录了服务的端口号，并且可以设置每个服务地址的优先级和权重，因此，可以用于动态获取服务端址映射表。当同一个服务存在多个 SRV 记录时，DNS 客户端可以根据优先级和权重从中选择一个地址进行访问。值得注意的是，SRV 记录中的地址(TARGET)并不是指的实际的 IP 地址，而是目标服务器的域名。如图 11. 6 所示，当用户需要访问 LDAP 服务时，DNS 客户端首先基于 SRV 记录从 DNS 服务器获

取到一个地址列表，在这个例子中，该地址列表只有一条地址。然后，DNS 客户端使用该地址发起 A 记录查询，将地址解析为 IPv4 地址，最终用户可以获得 LDAP 服务的 IP 地址以及端口号。可见，如果基于 DNS SRV 记录实现服务端址映射表的动态获取，客户端需要发起两次 DNS 查询(SRV 记录查询和 A 记录查询)，时间开销较大。考虑到在端址跳变环境下，客户端应该用较短的时间来实现完成端址同步，即服务端址映射表的获取。否则，可能会出现服务器已经完成下一轮端址跳变，而客户端获取到过期的虚拟端址，从而无法正常访问服务的情况。

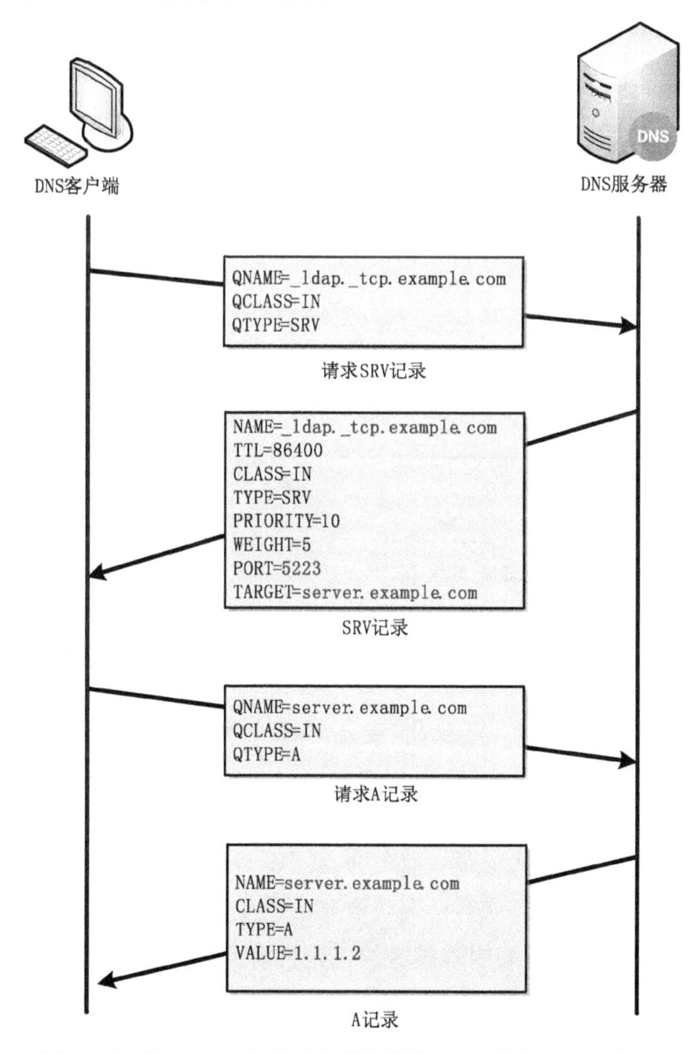

图 11.6　基于 SRV 记录动态获取服务 IP 和服务端口示意图

DNS的TXT记录中最多可记录65 535字节长度的字符串,因此可以用于携带服务端址映射表中的服务名、虚拟IP地址、虚拟端口号信息,使用TXT记录动态获取服务IP和服务端口号过程如图11.7所示,DNS客户端只需要通过一次DNS TXT记录查询,就可以获取服务对应的IP和端口号。与SRV记录相比,时间开销更小,更适合端址跳变环境,因此本方法采用基于DNS TXT记录实现客户端端址同步。此外,由于TXT记录中存储的是文本信息,可以使用兼容性高、便于快读写的轻量级数据交换格式JSON对服务端址映射表进行编码。

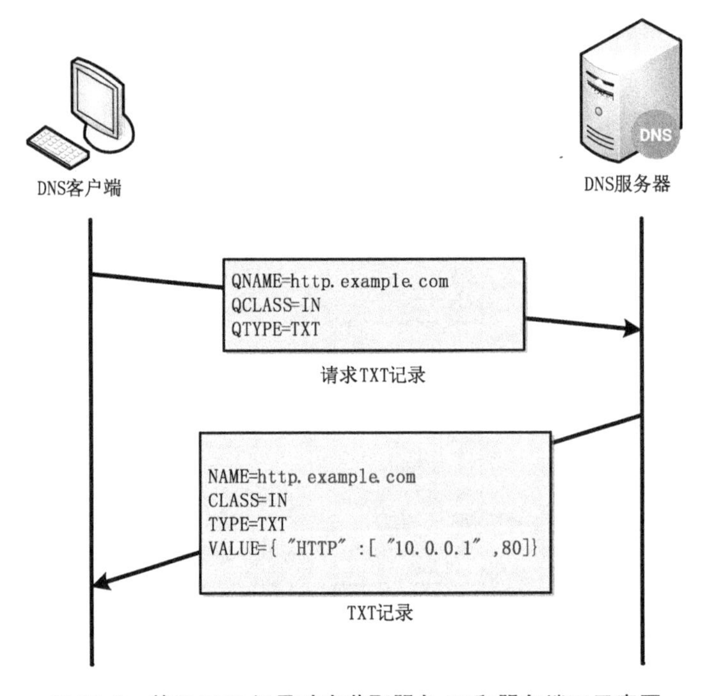

图11.7　基于TXT记录动态获取服务IP和服务端口示意图

由于DNS协议一般基于UDP协议对外提供服务,且不对携带的资源记录进行加密传输,因此很容易被中间人实施数据窃听和篡改,导致服务当前使用的虚拟端址泄漏,或客户端获取非法的虚拟端址而无法访问服务器。为了保证服务端址映射表内容传输的机密性和完整性,采用DoH协议来完成服务端址映射表的传输,DoH协议工作原理如图11.8所示,采用HTTPS协议发送DNS查询和响应报文,DNS报文隐藏在HTTPS流量中,使得中

间人无法获知传输的是 DNS 报文。另外，由于 HTTPS 基于 TLS 协议对数据进行加密传输，中间人无法解析出服务端址映射表的内容，具有很强的隐蔽性和加密性/安全性。

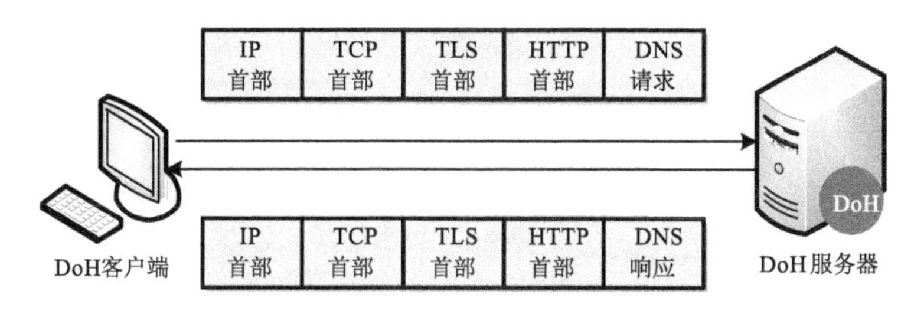

图 11.8　DoH 工作原理

综上所述，客户端端址同步模块采用 DNS-over-HTTPS 协议对可信用户提供服务虚拟端址动态发现服务，客户端根据访问需求向客户端端址同步模块动态请求服务当前使用的虚拟 IP 地址和虚拟端口号。其详细过程如图 11.9 所示，每当可信用户要访问服务时，首先向 SDN 控制器上的基于 DNS-over-HTTPS 的客户端端址同步模块发送 DoH-TXT 请求报文，客户端端址同步模块查询全局服务端址映射表，将用户所需的服务的虚拟 IP 和虚拟端口号以 JSON 数据格式封装在 DoH-TXT 响应报文中，最终客户端从 DoH-TXT 响应报文中获得当前服务最新的虚拟 IP 地址及端口，实现客户端测的虚拟端址同步，最后使用虚拟端址访问 Web 服务器获取 HTTP 服务。

11.5.2　基于 OpenFlow 流表的交换机端址同步

在 SD-PAH 方法中，服务器实际使用的真实 IP 地址和真实端口号并不会发生变化，而对外提供服务的虚拟 IP 地址和虚拟端口号，则会根据端址自适应跳变策略执行基于系统负载的端址跳变算法进行动态随机变换，这一跳变过程对于服务器而言是透明的，服务器无法感知，实际感知到服务器虚拟端址发生变化的是与服务器相连的 OpenFlow 交换机。

在 SD-PAH 方法中，OpenFlow 交换机提供如图 11.10 所示的三种服务：(1)基于报文虚拟端址合法性检查的 DDoS 防御；(2)虚拟端址与真实端

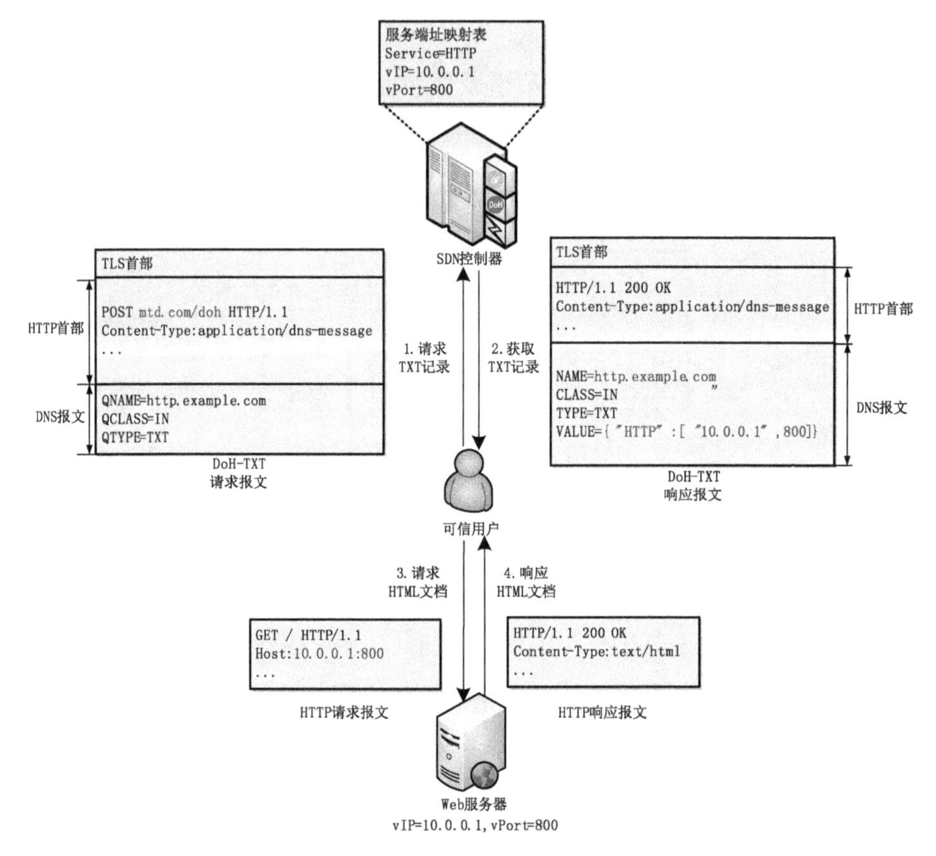

图 11.9　基于 DNS-over-HTTPS 的客户端端址同步示意图

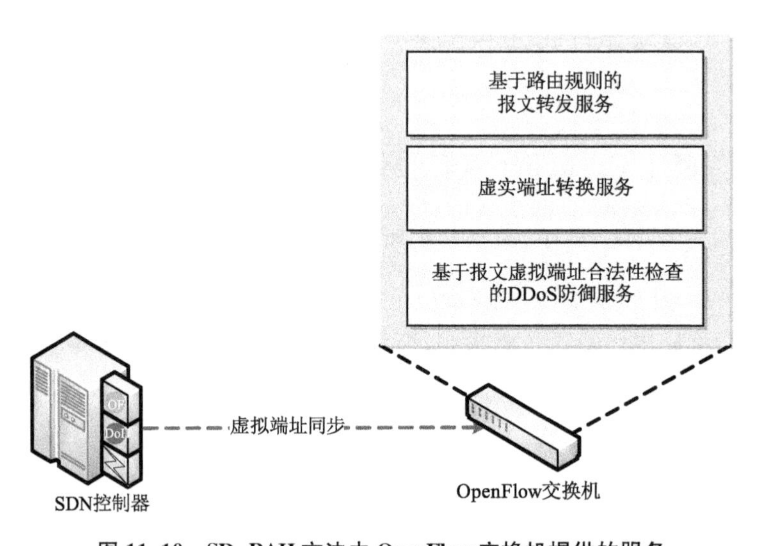

图 11.10　SD-PAH 方法中 OpenFlow 交换机提供的服务

址之间的动态转换;(3)基于路由规则的报文转发。这些服务均通过 OpenFlow 流表实现。

OpenFlow 流表由若干条流表项构成,用于定义流的处置规则,其在 OpenFlow1.5.1 版本的结构如图 11.11 所示,由匹配域、优先级、计数器、指令集、生存时间、Cookie 以及标志组成,其中匹配域用于定义一条"流",指令用于定义对流的处置规则,这些规则主要包含数据包转发和首部字段修改,因此通过构造流表可以实现路由、地址转换和过滤等功能。

匹配域 Match Fields	优先级 Priority	计数器 Counter	指令 Instructions	生存时间 Timeouts	Cookie	标志 Flags

图 11.11　OpenFlow 流表项结构

流表的规则匹配流程如图 11.12 所示,首先会提取报文首部字段(源 IP 地址、宿 IP 地址、源端口、宿端口等)根据匹配域的定义进行匹配,在没有设置 Table-Miss 规则的情况下,如果流表匹配失败,则对报文执行丢弃处理,如果流表匹配成功,则根据处置规则对报文进行处理。因此如果将匹配域

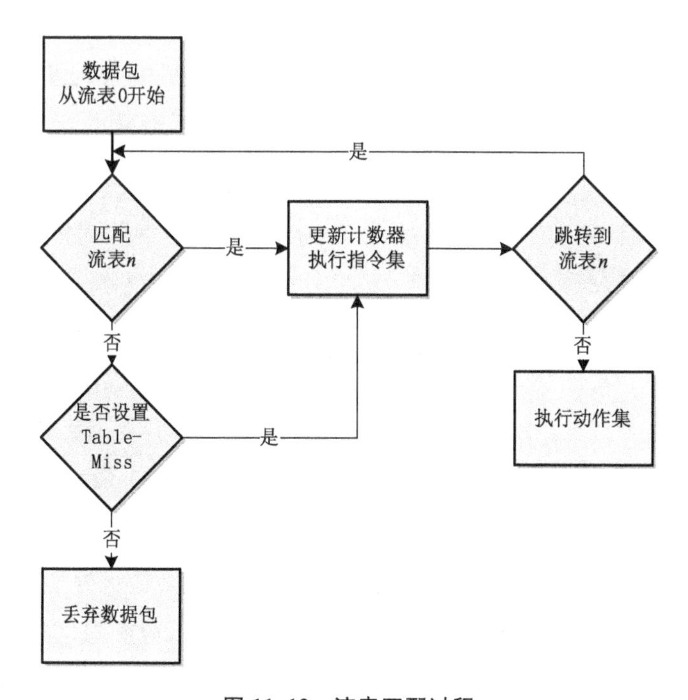

图 11.12　流表匹配过程

定义为服务器当前的合法虚拟端址，处置规则设置为虚实端址转换或者转发，那么使用服务器非法虚拟端址的探测报文或 DDoS 攻击报文将会因为流表匹配失败而丢弃，从而实现基于报文虚拟端址合法性检查的 DDoS 防御服务。而可信用户的报文则会因为流表匹配成功而在与服务器相连的 OpenFlow 交换机处实现虚实端址转换或转发至下一跳设备，实现虚实端址动态转换服务和基于路由规则的报文转发服务。

值得注意的是，与现有基于 SDN 的端信息跳变方案相比，基于报文虚拟端址合法性检查的 DDoS 防御服务下放至 OpenFlow 交换机，能够避免所有报文上传至 SDN 控制器进行端址检查和异常报文过滤导致的间接 DDoS 攻击，瘫痪整个网络的情况，另一方面还有助于减轻控制器负载。

由于 OpenFlow 流表的内容涉及当前的服务器虚拟端址，因此，每当 SDN 控制器上的端址跳变模块执行完跳变算法后，为了保证服务器的可达性与安全性，需要及时地对 OpenFlow 交换机上使用的服务器虚拟端址进行更新。

SDN 控制器上的交换机端址同步模块在端址跳变后，将向交换机下发包含最新虚拟端址的 OpenFlow 流表，从而实现交换机虚拟端址的同步，以及三种服务的可用性保障。图 11.13 展示了交换机端址同步的过程，当 SDN 控制器上的端址跳变模块计算完 Web 服务器最新的合法虚拟端址（vIP_s， $vPort_s$）后，首先根据全局网络视图构造路由表，然后基于服务端址映射表构造虚实端址转换表，最后按照路由表和虚实端址转换表内容构造 OpenFlow 流表规则，下发流表至网络中的各个 OpenFlow 交换机，即完成交换机虚拟端址同步。攻击者使用（$vIPs_1$， $vPorts_1$）作为目标端址并试图向 Web 服务器发送 DDoS 泛洪攻击报文，该报文抵达与攻击者连接的边缘交换机时，由于流表匹配失败因而被丢弃处理，实现 DDoS 攻击的主动防御。可信用户通过客户端端址同步模块获取到服务器的最新端址（vIP_s， $vPort_s$）并发送 HTTP 请求报文，请求报文在边缘交换机和中间交换机上因 OpenFlow 流表规则成功匹配，而正常转发至下一跳交换机处理。当请求抵达与 Web 服务器相连的边缘交换机时，按照匹配的流表规则，首先执行虚拟端址（vIP_s， $vPort_s$）到真实端址（rIP_s， $rPort_s$）的转换，然后请求被转发至

服务器。服务器随后使用自身的真实端址(rIP_s, $rPort_s$)发送 HTTP 响应报文,响应抵达边缘交换机时将真实端址(rIP_s, $rPort_s$)转换为虚拟端址(vIP_s, $vPort_s$)后转发至下一跳交换机,经过路径上的每一条交换机流表规则匹配并转发后,最终用户获得 HTTP 响应报文,实现 HTTP 服务的获取。

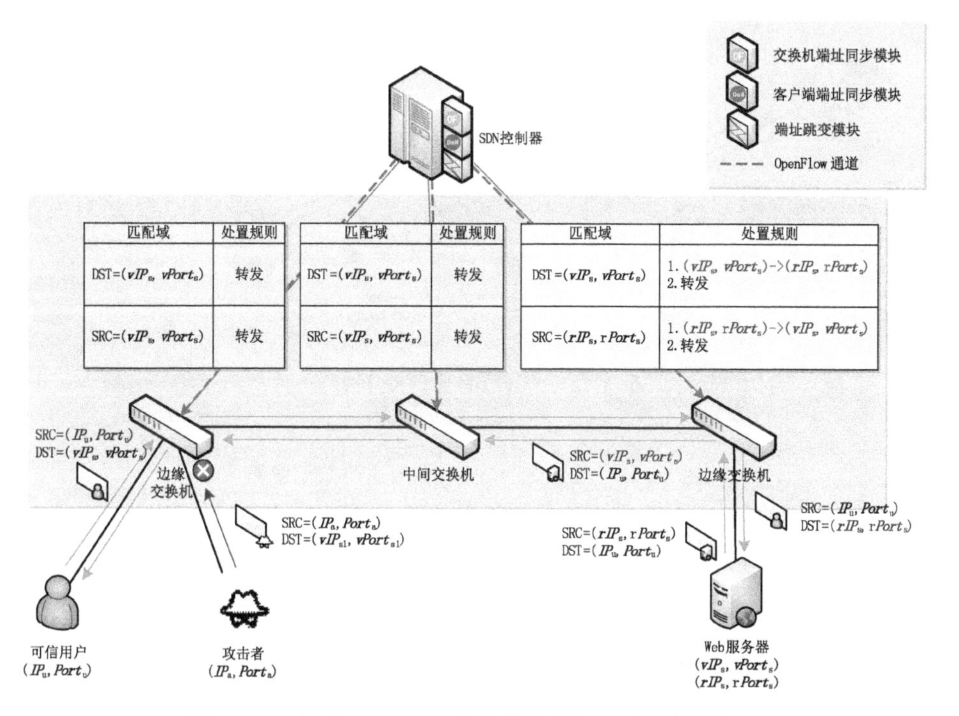

图 11.13　基于 OpenFlow 流表的交换机端址同步示意图

11.6 服务访问与 DDoS 攻击防御

由于 SDN 网络具有集中管控、灵活策略定制的独特优势,SD-PAH 方法采用 SDN 网络架构实现,如图 11.14 所示,在 SDN 控制器上部署有端址跳变模块、基于 DNS-over-HTTPS 的客户端端址同步模块,以及基于 OpenFlow 流表的交换机端址同步模块,受保护的服务器通过 OpenFlow 交换机接入 SDN 网络，获取基于软件定义端址跳变的 DDoS 攻击防御服务。

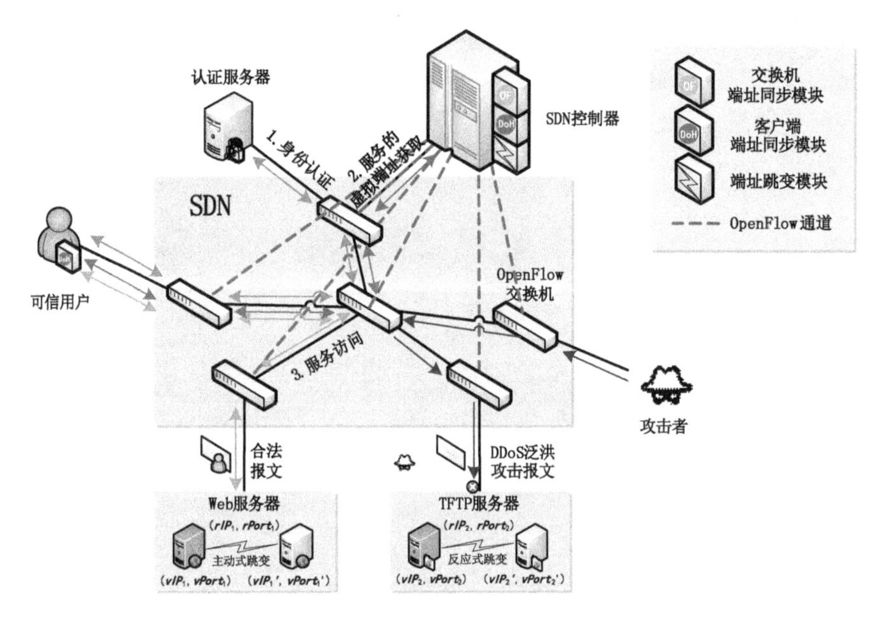

图 11.14　服务访问与 DDoS 攻击防御示意图

考虑到变换真实 IP 地址和端口，不仅需要在服务器上部署端址跳变模块实现端址的动态变更，而且真实 IP 地址和服务端口的变更会导致服务重启，进而导致服务的中断，因此只对服务器的虚拟 IP 地址和虚拟端口进行动态变换，同时服务器使用虚拟端址对外提供服务，一方面端址跳变模块部署在 SDN 控制器上，接入 SDN 网络的服务器无需部署任何模块就可以实现透明的端址跳变，另一方面，由于真实端址实际上并没有变换，动态变换的是虚拟端址，因此服务无需重启。此外，由于隐藏了真实端址，可以降低服务器遭受 DDoS 攻击的概率。

端址跳变模块，根据当前网络安全态势为受保护服务器动态选择跳变模式，动态计算和分配各个受保护服务器的合法端址，其分配结果记录在一张全局服务端址映射表中。该表记录了当前服务 s 的虚拟 IP 地址 vIP、虚拟端口号 $vPort$、真实 IP 地址 rIP、真实端口号 $rPort$ 的映射关系 $s \rightarrow (vIP, vPort, rIP, rPort)$。

每当新的端址计算完成后，基于 DNS-over-HTTPS 的客户端端址同步

模块根据用户请求，读取服务端址映射表并发送服务 s 的当前合法端址（vIP_s，$vPort_s$），使用户能够获取最新的端址发起服务访问，实现服务端址的同步与动态发现。基于 OpenFlow 流表的交换机端址同步模块则会将服务端址映射表转换为 OpenFlow 流表规则，下发至与服务器相连的 OpenFlow 交换机上，实现端址同步与虚拟端址和真实端址之间的正确转换，保证服务的可达性。此外，模块还会将最新计算的路由规则转换为 OpenFlow 流表规则，下发至服务器路径上的所有 OpenFlow 交换机上，指导合法报文的正确转发。

11.6.1 可信用户的服务访问

由于服务器采用虚拟 IP 地址以及端口号对外提供服务，因此只有认证合法的网络用户（可信用户）可以动态获取服务的虚拟端址进而访问服务。采用共享密钥方式进行身份认证，其认证过程如图 11.15 所示，在用户第一次访问服务时，需要使用共享密钥 key 向认证服务器加密发送用户标识 uid 和密码散列值 h，认证服务器通过读取本地包含用户标识及其密钥散列值的密码本进行匹配，从而验证身份的合法性。如果身份合法，认证服务器返回响应码 $rcode=1$；如果身份非法，返回响应码 $rcode=0$。

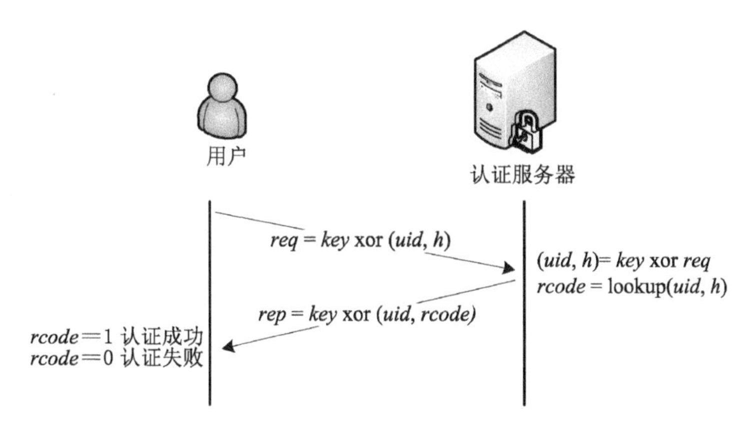

图 11.15 身份认证示意图

经过身份认证后的可信用户具有动态获取服务端址映射和服务访问的权利。图 11.15 展示了可信用户访问 HTTP 服务的过程，首先用户从 SDN

控制器上的客户端端址同步模块获取服务的当前合法虚拟端址(vIP_1', $vPort_1'$),然后使用该虚拟端址向服务器发起 HTTP 请求报文,该报文在抵达 SDN 网络中的 OpenFlow 交换机时,交换机将根据 SDN 控制器下发的 OpenFlow 流表对虚拟端址进行匹配,对匹配失败的报文(使用非法端址)丢弃处理,对匹配成功的报文(使用合法端址)基于流表中的路由规则进行正确转发。当报文抵达与服务器相连的最后一跳 OpenFlow 交换机时,根据流表中的虚实端址转换规则,将虚拟端址(vIP_1', $vPort_1'$)转换为真实端址(rIP_1, $rPort_1$),接着按照路由规则转发至服务器。最后服务器接收 HTTP 请求报文并返回 HTTP 响应报文,实现可信用户的服务访问。HTTP 响应报文转发至可信用户的过程与 HTTP 请求转发过程正好相反,在此不再赘述。

11.6.2 基于软件定义端址跳变的 DDoS 攻击防御

本章提出的基于软件定义端址跳变的 DDoS 攻击防御方法 SD-PAH 是指在 SDN 网络架构中利用端址跳变技术,对受保护服务器的虚拟 IP 地址和端口号在时间和空间两个维度上的动态化随机化跳变,实现 DDoS 攻击发生前基于端址动态变换的主动防御,DDoS 攻击发生后基于端址即时变换的被动防御。

具体说来,当网络中没有检测到 DDoS 攻击发生的情况下,端址跳变模块选择基于计时器到期事件的主动式端址跳变模式,即随机时间执行虚拟 IP 地址和端口号的随机空间跳变,由于端址在时间和空间上分布的随机性,导致攻击者难以在有限的时间内准确获取当前时间段内服务器使用的合法虚拟 IP 地址和端口号,提高攻击者发动 DDoS 攻击的代价,实现主动防御的目的。当网络中检测到有 DDoS 攻击发生的情况下,选择基于 DDoS 报警事件的被动端址跳变方式,即立即执行虚拟 IP 地址和端口号的随机跳变,由于跳变后的交换机端址同步,攻击者使用的旧的虚拟端址不再合法,OpenFlow 交换机在转发 DDoS 攻击报文时因虚拟端址检查非法而丢弃报文,最终实现及时的 DDoS 攻击的被动防御。

11.7 实验与分析

11.7.1 实验环境

图 11.16 展示了实验环境，物理主机之间采用二层交换机实现二层网络互联。物理主机 H1 上基于 Mininet 网络仿真软件虚拟出包含用户、攻击者节点的 LAN 网络，并且采用流量重放产生 DDoS 攻击流量。物理主机 H2 上基于 Mininet 网络仿真软件虚拟出包含 Web 服务器、TFTP 服务器节点以及控制器的 SDN 网络，在 SDN 控制器上部署 DDoS 防御所需的认证模块、端址跳变模块、客户端端址同步模块、交换机端址同步模块。物理主机 H3 上部署了 DDoS 检测模块，负责监控 H1 到 H2 之间的物理链路上传输的流量，从而进行 DDoS 旁路检测。一旦检测到有 DDoS 攻击流量时，向 SDN 控制器所在物理主机 H3 发送 DDoS 报警事件，指导服务器执行被动端址跳变，实现 DDoS 被动防御。

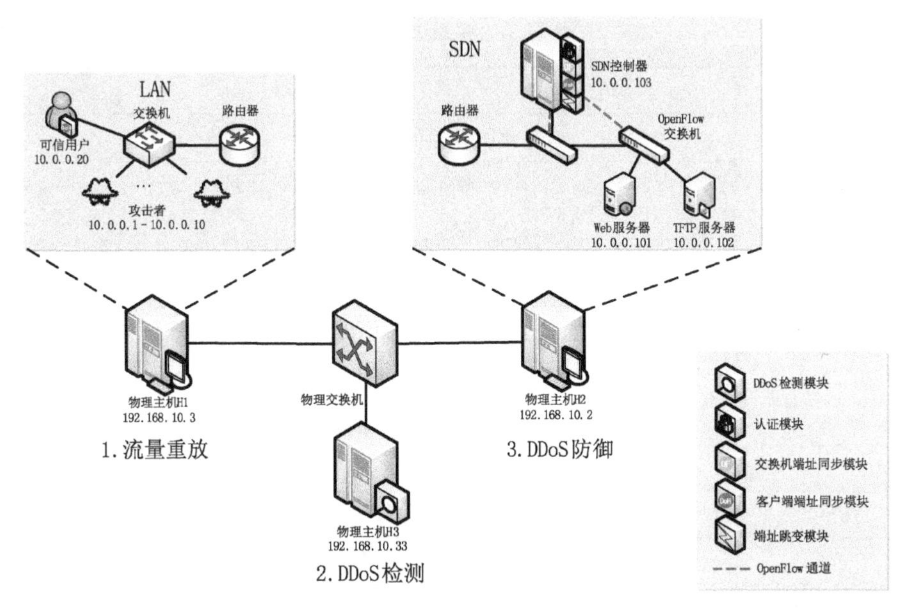

图 11.16　实验环境

11.7.2 数据集

实验采用 DDoS 数据集 SYN_Flood.pcap 进行 DDoS 攻击流量重放，详细信息如表 11.4 所示。该数据集采集自图 11.16 的实验环境，在 10 台攻击机上分别使用 Hping3 安全工具产生 10 分钟的伪造源 IP 地址的 SYN Flood 攻击流量，从而对 Web 服务器进行 DDoS 攻击。

表 11.4 DDoS 数据集

数据集	攻击总流量(GB)	攻击报文总数	攻击持续时间(min)
SYN_Flood.pcap	7.8	141 059 271	10

11.7.3 评价指标

1）主动防御成功率 ADSR

为了衡量基于主动式端址跳变防御 DDoS 攻击的有效性，使用主动防御成功率(Active Defence Success Rate，ADSR)作为主动防御的评价指标，并定义如表 11.5 所示的变量。

表 11.5 变量名及含义

变量名	含义
n_1	一台服务器的可用虚拟 IP 地址数
n_2	一台服务器的可用虚拟端口数
u_1	一台服务器上的合法虚拟 IP 地址数
u_2	一台服务器上的合法虚拟端口数
k	攻击者在一次跳变前探测合法虚拟端址的次数
m	进行下一次端址跳变前允许探测的次数
x	k 次探测中攻击者成功发现当前合法虚拟 IP 地址数
y	k 次探测中攻击者成功发现当前合法虚拟端口数
$P(x)$	k 次探测中成功发现 x 个合法虚拟 IP 地址的概率
$P(y)$	k 次探测中成功发现 y 个合法虚拟端口的概率

针对攻击者的能力和主动式端址跳变防御能力进行如下假设：

(1) 攻击者不知道服务器使用的真实 IP 地址和服务使用的真实端口。

(2) 攻击者知道服务器使用了端址跳变技术，并且会连续尝试 k 次探测服务器当前使用的合法虚拟端址，每一次探测只能探测 1 个 IP 地址和 1 个端口，如果攻击者能够使用(IP, $Port$)成功连接服务器，说明探测成功，(IP, $Port$)是合法端址，否则说明探测失败，(IP, $Port$)是非法端址。

(3) 攻击者的目标是在 k 次尝试中，至少成功探测到服务器的一个合法虚拟端址，然后成功发动 DDoS 攻击。

(4) 主动式端址跳变在跳变计时器到期后主动对服务 s 的虚拟端址进行随机变换。每一次跳变后，攻击者先前通过探测成功发现的合法虚拟端址都会失效。

在上述假设下，攻击者通过探测寻找当前合法虚拟端址的过程可以被看作是为又放回抽样的瓮模型，即攻击者每次探测的过程，相当于从端址集合中抽取一个端址然后再将其重新放回到集合中，那么一次探测合法虚拟 IP 地址成功的概率 p_1 和一次探测合法虚拟端口成功的概率 p_2，计算公式分别如公式 11.2 和公式 11.3 所示。

$$p_1 = \frac{u_1}{n_1} \qquad \text{公式 11.2}$$

$$p_2 = \frac{u_2}{n_2} \qquad \text{公式 11.3}$$

如果用随机变量 X 表示攻击者 k 次探测中成功发现合法虚拟 IP 地址的数量，用随机变量 Y 表示攻击者 k 次探测中成功发现合法虚拟端口的数量，那么由于每次探测结果彼此独立，攻击者发起 k 次探测的过程相当于做了 k 次独立重复的伯努利实验，X 和 Y 彼此独立且均服从二项分布，即 $X \sim B(k, p_1)$，$Y \sim B(k, p_2)$，因此当 k 次探测中成功发现虚拟 IP 数量为 x 和虚拟端口数量为 y 的概率分别如公式 11.4 和公式 11.5 所示。

$$P(X = x) = \binom{k}{x} p_1^x (1 - p_1)^{k-x} \qquad \text{公式 11.4}$$

$$P(Y = y) = \binom{k}{y} p_2^y (1 - p_2)^{k-y} \qquad \text{公式 11.5}$$

基于公式 11.4 和公式 11.5,攻击者经过 k 次尝试后发起 DDoS 攻击的成功率(Attack Success Rate, ASR)可根据公式 11.6 计算得到。

$$\begin{aligned} ASR &= P(X \geqslant 1, Y \geqslant 1) \\ &= P(X \geqslant 1) P(Y \geqslant 1) \\ &= [1 - P(X=0)][1 - P(Y=0)] \\ &= \left[1-\left(1-\frac{u_1}{n_1}\right)^k\right]\left[1-\left(1-\frac{u_2}{n_2}\right)^k\right] \end{aligned} \qquad \text{公式 11.6}$$

根据公式 11.6,DDoS 攻击失败率即为主动防御成功率 $ADSR$,可根据公式 11.7 计算得到。

$$\begin{aligned} ADSR &= 1 - ASR \\ &= 1 - \left[1-\left(1-\frac{u_1}{n_1}\right)^k\right]\left[1-\left(1-\frac{u_2}{n_2}\right)^k\right] \end{aligned} \qquad \text{公式 11.7}$$

2) 被动防御成功率 *RDSR*

为了衡量基于被动式端址跳变防御 DDoS 攻击的有效性,使用被动防御成功率(Reactive Defense Success Rate, RDSR)作为被动防御的评价指标,$RDSR$ 可以根据公式 11.8 进行计算,其中 Pck_{total} 表示 DDoS 攻击报文综述,Spd 表示 DDoS 攻击报文发送速率,t 表示被动防御成功执行所花费的时间,因此 $RDSR$ 表示的是成功防御 DDoS 攻击报文的比例。

$$RDSR = \frac{Pck_{total} - Spd \times t}{Pck_{total}} \qquad \text{公式 11.8}$$

11.7.4 探测次数对主动防御成功率的影响

当使用 SD-PAH 方法进行 DDoS 防御的情况下,当网络没有检测到 DDoS 攻击发生时,端址跳变模块将选择基于计时器到期时间的主动式端址跳变模式,为受保护的服务器提供主动防御服务,意味着虚拟端址在不断地变换,攻击者想要成功发起 DDoS 攻击,必须首先使用探测报文获取当前服务器的合法虚拟端址。假设,攻击者通过组合 IP 地址和端口号来尝试向服务器发送探测报文,若攻击者成功连接服务器,则表示当前合法端址探测成

功，并立即发起 DDoS 攻击，若连接失败，则表示当前合法端址探测失败，需要继续尝试探测。在服务器执行下一次跳变前，随着探测次数的增加，获取到当前合法虚拟端址的可能性会提高，成功发动 DDoS 攻击的概率也会随之提升，进而影响主动防御成功率 ADSR。

由于 SD-PAH 方法会基于系统负载调整虚拟 IP 地址的跳变范围 r 以及跳变频率 f，而不同的 r 和 f 也会影响主动防御成功率 ADSR，因此，分别在系统低负载（$r=0$，$f=2$）、中负载（$r=1$，$f=1$）、高负载（$r=2$，$f=0$）三种情况和参数设定如表 11.6 所示的情况下，测量不同探测次数 k 时的 ADSR。

表 11.6　实验参数设定

参数	值	含义
n_1	16 777 214($r=2$)	一台服务器的可用虚拟 IP 地址数
	1 048 544($r=1$)	
	65 024($r=0$)	
n_2	64 512	一台服务器的可用虚拟端口数
u_1	1	一台服务器上的合法虚拟 IP 地址数
u_2	1	一台服务器上的合法虚拟端口数

图 11.17 展示探测次数 k 对主动防御成功率 $ADSR$ 的影响，当 $k=0$

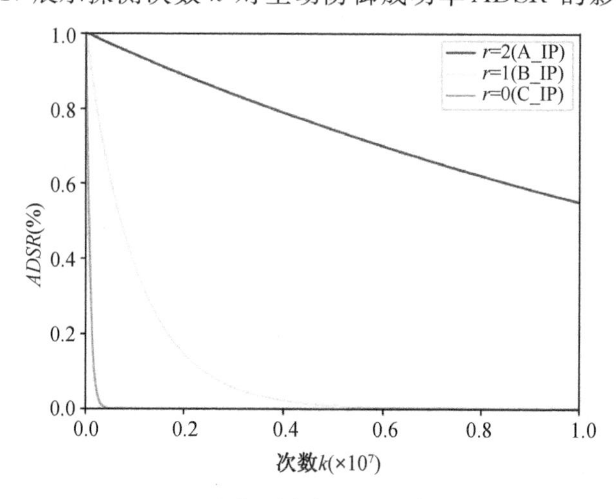

图 11.17　不同探测次数下的主动防御成功率

时，表示攻击者没有进行探测，因此没有发生 DDoS 攻击，此时 *ADSR* 达到 100%。随后主动防御成功率随着下一次跳变前探测次数的增加而降低，这是因为探测次数增大有助于获取到合法虚拟端址。图 11.17 也反映当探测次数 k 固定时，*ADSR* 随着 r 的增大而提高，表明增大虚拟 IP 地址跳变范围能够提高主动防御成功率。

此外，表 11.7 展示了在不同的系统负载场景下，攻击者成功实施一次 DDoS 攻击所需的最少探测次数。如表 11.7 所示，当系统处于高负载时，跳变范围 $r=2$，表示在 1 677 万个 A 类私有 IP 地址和 6.4 万个非熟知端口中主动进行端址跳变，当探测次数至少达到 6.2 亿次时，攻击者一定能找到当前合法端址并且成功发起 DDoS 攻击，此时主动防御完全失效。当系统处于中负载时，跳变范围 $r=1$，表示在 104 万个 B 类私有 IP 地址和 6.4 万个非熟知端口中主动进行端址跳变，探测次数至少达到 3.9 千万次时，才能使主动防御完全失效，即 *ADSR* 为 0%。当系统处于低负载时，跳变范围 $r=0$，表示在 6.5 万个 C 类私有 IP 地址和 6.4 万个非熟知端口中进行端址跳变，探测次数至少达到 243 万次时，才能使主动防御完全失效，即 *ADSR* 为 0%。可见，即使选择在 C 类私有 IP 地址段进行小范围地址跳变，攻击者也需要在端址跳变时间间隔 1 秒以内（$f=0$）执行至少 243 万次的探测，DDoS 攻击才会 100%成功。

表 11.7　DDoS 攻击成功所需的最少探测次数

系统负载	r	f	*ASR*(%)	*ADSR*(%)	k
高负载	2	0	100	0	627 970 300
中负载	1	1	100	0	39 247 000
低负载	0	2	100	0	2 433 900

11.7.5　攻击速率对被动防御成功率的影响

当使用 SD-PAH 方法进行 DDoS 被动防御时，由于 DDoS 检测模块会及时地产生报警事件，通知跳变模块立即执行 ARH 被动跳变，因此可以提供即时的被动防御。为了研究 DDoS 攻击发送速率对被动防御成功率的影

响，将跳变频率 f 设置为 1，表示在 1 分钟内进行主动跳变，并且在主动跳变的间隙使用 4.7.2 节中的数据集 SYN_Flood.pcap 重放 DDoS 攻击流量，测量 DDoS 攻击开始到 SD-PAH 方法执行被动防御所需时间，并根据公式 11.8 计算被动防御成功率。此外，使用固定 1 s 跳变策略的端址跳变方法作为基准进行对比。

图 11.18 展示了不同攻击速率下的被动防御成功率 *RDSR*，从中可以发现，*RDSR* 随着攻击速率的提高而降低，这是因为攻击速率的提高使得单位时间内可以发送更多的 DDoS 攻击报文。相同的被动防御成功执行时间内服务器会接收到更多的攻击报文，在攻击报文总数固定的情况下，成功防御 DDoS 攻击报文的个数下降，因而导致被动防御成功率下降。

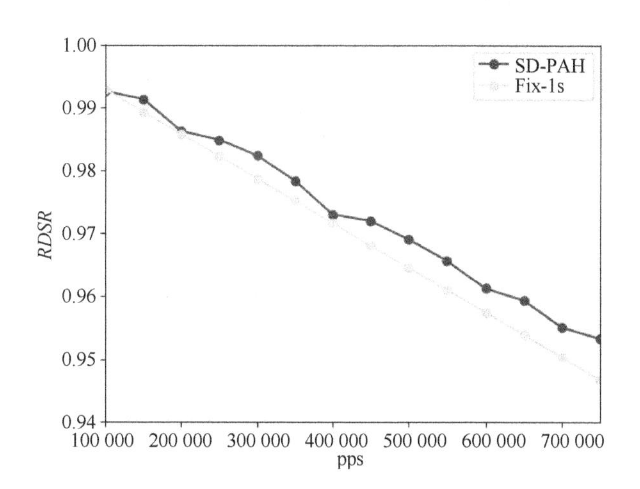

图 11.18　不同攻击速率下被动防御成功率

在相同的攻击速率下，采用本文的 SD-PAH 方法被动防御成功率高于固定 1 s 跳变策略的端址跳变方法，由于基于 AR-FAD 方法实现的 DDoS 检测模块具有精度高、检测速率快的优势，因此能够在 1 s 以内触发 SD-PAH 的被动跳变方式，提供及时的 DDoS 被动防御。而采用固定 1 s 跳变策略的端址跳变方法，由于缺乏 DDoS 感知，只能够等待攻击发起 1 s 后，通过主动跳变来防御 DDoS 攻击。此外，可以发现即使攻击速率达到 750 000 pps，SD-PAH 的 *RDSR* 仍然高达 95%。

11.7.6 服务访问的通信开销

与传统网络中用户使用DNS协议获取服务所在主机IP地址继而发起服务访问不同，在SD-PAH方法中用户采用DoH协议获取服务所用的虚拟端址，然后请求服务。由于DoH采用HTTPS进行加密传输，因此与传统网络采用无连接的DNS相比，DoH中TCP连接和TLS连接的建立会引入额外的通信开销。设 t_{SDPAH} 为SD-PAH方法中服务访问的通信开销，$t_{Non-SDPAH}$ 为非SD-PAH方法中服务访问的通信开销，t_{DoH} 为基于DoH协议请求和获取服务端址映射表的时间，t_{DNS} 为基于DNS协议请求和获取IP地址的时间，t_S 为请求和获取服务的时间。则通信开销 t_{SDPAH} 和 $t_{Non-SDPAH}$ 可分别用公式11.9和公式11.10表示。

$$t_{SDPAH} = t_{DoH} + t_S \qquad \text{公式 11.9}$$

$$t_{Non-SDPAH} = t_{DNS} + t_S \qquad \text{公式 11.10}$$

为了测量采用SD-PAH方法下服务访问的通信开销 t_{SDPAH}，在如图11.16的实验环境下，用户分别使用DNS协议和DoH协议发起1 000次连续的HTTP访问，并测量用户从请求地址开始到获取HTML文档结束所花费的时间。

图11.19(a)和图11.19(b)展示了传统网络环境(DNS+HTTP)和基于SD-PAH的跳变环境(DoH+HTTP)下服务访问的通信开销的概率密度函数(PDF)。设 X 为服务访问的通信开销，μ 为 X 的平均值，σ 为 X 的标准差，则服务访问的通信开销 X 的分布可以近似看成一个正态分布，记为 $X \sim N(\mu, \sigma^2)$。其中 μ 和 σ^2 基于1 000组实际测量的服务访问的通信开销计算得到，结果如表11.8所示。

表11.8 服务访问的通信开销均值和标准差

方法	服务访问时间均值 μ(ms)	服务访问时间标准差 σ
非SD-PAH	0.49	0.28
SD-PAH	7.86	3.27

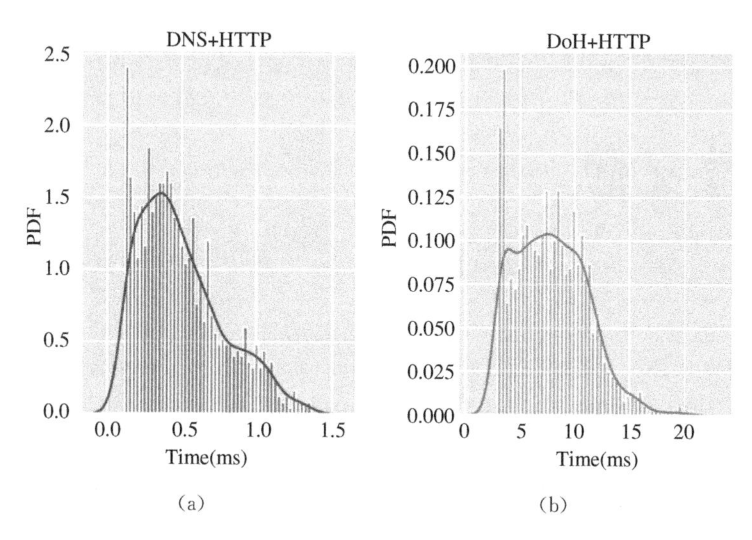

(a)　　(b)

图 11.19　不同环境下服务访问的通信开销的 PDF

根据正态分布的 3Sigma 原理（$P(\mu-3\sigma \leqslant X \leqslant \mu+3\sigma) \approx 99.73\%$）可知，SD-PAH 环境下服务访问的通信开销为 17.65 ms 的概率超过 99%，这在实际使用中是可以接受的，用户几乎察觉不出有延迟。

11.8　本章小结

本章首先介绍了当前动态目标防御技术应用于 DDoS 防御存在的问题，然后详细介绍了本文提出的基于软件定义端址跳变的 DDoS 攻击防御方法，包括端址自适应跳变策略、基于系统负载的端址跳变算法、基于 DNS-over-HTTPS 和 OpenFlow 流表的端址同步方法。接着举例说明了可信用户访问服务的过程，以及基于 SD-PAH 方法实现 DDoS 攻击持续防御的原理。最后，实验与分析表明，当端址跳变时间间隔在 1 s 以内时，攻击者需要进行至少 243 万次探测，才能实现一次成功的 DDoS 攻击，因此可以实现 DDoS 攻击主动防御。当攻击者成功发起 DDoS 攻击后，该方法能够基于 DDoS 感知在 1 s 以内完成被动端址跳变，实现 DDoS 攻击被动防御。此外，可信用户在 SD-PAH 方法下访问服务的通信开销为 17.65 ms，几乎察觉不出有延迟。

参考文献

[1] Augustin B, Friedman T, Teixeira R. Measuring multipath routing in the internet [J]. IEEE/ACM Transactions on Networking, 2010, 19(3): 830-840.

[2] Wang Y, Shen C, Hou D, et al. FF-MR: A DoH-Encrypted DNS Covert Channel Detection Method Based on Feature Fusion [J]. Applied Sciences, 2022, 12 (24): 12644.

[3] Ring M, Landes D, Hotho A. Detection of slow port scans in flow-based network traffic[J]. PloS one, 2018, 13(9): e0204507.

[4] Paxson V. Bro: a system for detecting network intruders in real-time [J]. Computer networks, 1999, 31(23-24): 2435-2463.

[5] Khraisat A, Gondal I, Vamplew P, et al. Survey of intrusion detection systems: techniques, datasets and challenges[J]. Cybersecurity, 2019, 2(1): 1-22.

[6] 绿盟科技，中国电信安全. 2021 年 DDoS 攻击态势报告[EB/OL]. https://www.nsfocus.com.cn/html/2022/92_0209/173.html, 2022-02-09.

[7] Cormode G, Muthukrishnan S. An improved data stream summary: the count-min sketch and its applications[J]. Journal of Algorithms, 2005, 55(1): 58-75.

[8] Mazziane Y B, Alouf S, Neglia G. Analyzing Count Min Sketch with Conservative Updates[J]. Computer Networks, 2022, 217: 109315.

[9] Estan C, Varghese G. New directions in traffic measurement and accounting: Focusing on the elephants, ignoring the mice[J]. ACM Transactions on Computer Systems (TOCS), 2003, 21(3): 270-313.

[10] u Nisa M, Kifayat K. Detection of slow port scanning attacks [C]//2020 International Conference on Cyber Warfare and Security (ICCWS). IEEE, 2020: 1-7.

[11] Ring M, Landes D, Hotho A. Detection of slow port scans in flow-based network

traffic[J]. PloS one, 2018, 13(9): e0204507.

[12] Roesch M. Snort: Lightweight intrusion detection for networks[C]//LISA, 1999, 99(1): 229-238.

[13] Paxson V. Bro: a system for detecting network intruders in real-time[J]. Computer networks, 1999, 31(23-24): 2435-2463.

[14] Liao S, Zhou C, Zhao Y, et al. A comprehensive detection approach of nmap: Principles, rules and experiments[C]//2020 international conference on cyber-enabled distributed computing and knowledge discovery (CyberC). IEEE, 2020: 64-71.

[15] Durumeric Z, Wustrow E, Halderman J A. ZMap: Fast Internet-wide Scanning and Its Security Applications[C]//USENIX Security Symposium. 2013, 8: 47-53.

[16] Graham R D. MASSCAN: Mass IP port scanner[J]. URL: https://github.com/robertdavidgraham/masscan, 2014.

[17] Google farmhash(2014). URL https://code.google.com/p/farmhash/.

[18] Wang J, Liu W, Zheng L, et al. A novel algorithm for detecting superpoints based on reversible virtual bitmaps[J]. Journal of Information Security and Applications, 2019, 49: 102403.

[19] John P. Transmission control protocol[J]. RFC 793, 1981.

[20] Hilton A, Hirschmann J, Deccio C. Beware of IPs in Sheep's Clothing: Measurement and Disclosure of IP Spoofing Vulnerabilities[J]. IEEE/ACM Transactions on Networking, 2022, 30(4): 1659-1673.

[21] Morsy S M, Nashat D. D-ARP: An Efficient Scheme to Detect and Prevent ARP Spoofing[J]. IEEE Access, 2022, 10: 49142-49153.

[22] Abu Al-Haija Q, Al-Dala'ien M. ELBA-IoT: an ensemble learning model for botnet attack detection in IoT networks[J]. Journal of Sensor and Actuator Networks, 2022, 11(1): 18.

[23] Google. farmhash [EB/OL]. https://github.com/google/farmhash, 2019/2023

[24] MAWI public dataset [EB/OL]. http://mawi.wide.ad.jp/mawi/samplepoint-G/2020/, 2020/2023.

[25] CIC DDoS public dataset [EB/OL]. https://www.unb.ca/cic/datasets/ddos-2019.html, 2020/2023.

[26] 绿盟科技，腾讯安全，中国电信安全. 2022 年 DDoS 攻击威胁报告[EB/OL]. https://www.nsfocus.com.cn/html/2023/92_0120/192.html,2023-01-20.

[27] 百度安全社区. 扫段攻击来袭,DDoS 防御面临新挑战[R]. https://anquan.baidu.com/article/1343, 2021-04-08.

[28] Li S, Luo L, Guo D. Sketch for traffic measurement: design, optimization, application and implementation[J]. arXiv e-prints, 2020: arXiv: 2012.07214.

[29] Google. Farmhash [EB/OL]. https://github.com/google/farmhash, 2019/2022.

[30] MAWI public dataset [EB/OL]. http://mawi.wide.ad.jp/mawi/samplepoint-G/2020/, 2020/2022.

[31] CIC DDoS Evaluation Dataset (CIC-DDoS2019)[EB/OL]. https://www.unb.ca/cic/datasets/ddos-2019.html, 2020/2022.

[32] Lu C Y, Liu B J, Li Z, et al. An End-to-End, Large-Scale Measurement of DNS-over-Encryption: How Far Have We Come? [C]//In Proceedings of the Internet Measurement Conference (IMC '19). Association for Computing Machinery, 2019, 22-35.

[33] Hu G, Fukuda K. Characterizing Privacy Leakage in Encrypted DNS Traffic [J]. IEICE Transactions on Communications, 2023, 106(2): 156-165.

[34] Zhan M, Li Y, Yu G, et al. Detecting DNS over HTTPS based data exfiltration [J]. Computer Networks, 2022, 209: 108919.

[35] Montazeri Shatoori M, Davidson L, Kaur G, et al. Detection of doh tunnels using time-series classification of encrypted traffic [C]//2020 IEEE Intl Conf on Dependable, Autonomic and Secure Computing, Intl Conf on Pervasive Intelligence and Computing, Intl Conf on Cloud and Big Data Computing, Intl Conf on Cyber Science and Technology Congress (DASC/PiCom/CBDCom/CyberSciTech). IEEE, 2020: 63-70.

[36] Csikor L, Singh H, Kang M S, et al. Privacy of DNS-over-HTTPS: Requiem for a Dream? [C]//2021 IEEE European Symposium on Security and Privacy (EuroS&P). IEEE, 2021: 252-271.

[37] Vekshin D, Hynek K, Tom, et al. DoH Insight: detecting DNS over HTTPS by machine learning[C]// 15th International Conference on Availability, Reliability and Security. 2020: 1-8.

[38] Banadaki Y M, Robert S. Detecting Malicious DNS over HTTPS Traffic in Domain

Name System using Machine Learning Classifiers[J]. Journal of Computer Sciences and Applications, 2020, 8(2): 46-55.

[39] Jafar M T, Al-Fawa'reh M, Al-Hrahsheh Z, et al. Analysis and investigation of malicious DNS queries using CIRA-CIC-DoHBrw-2020 dataset[J]. Manchester Journal of Artificial Intelligence and Applied Sciences (MJAIAS), 2021.

[40] McKinsey. Iot value set to accelerate through 2030: Where and how to capture it [EB/OL]. https://www.mckinsey.com/capabilities/mckinsey-digital/our-insights/iot-value-set-to-accelerate-through-2030-where-and-how-to-capture-it, 2022.

[41] Statista. Number of IoT connected devices worldwide 2019—2021, with forecasts to 2030 [EB/OL]. https://www.statista.com/statistics/1183457/iot-connected-devices-worldwide/, 2022-11-22.

[42] Statista. IoT global annual revenue 2020—2030 [EB/OL]. https://www.statista.com/statistics/1194709/iot-revenue-worldwide/, 2022-11-23.

[43] Bang A O, Rao U P, Visconti A, et al. An IoT Inventory Before Deployment: A Survey on IoT Protocols, Communication Technologies, Vulnerabilities, Attacks, and Future Research Directions[J]. Computers & Security, 2022: 102914.

[44] 腾讯安全应急响应中心. 现网发现新型 DVR UDP 反射攻击手法纪实[EB/OL]. https://security.tencent.com/index.php/blog/msg/146, 2020-03-31.

[45] Zscaler. Iot in the enterprise: Empty office edition [EB/OL]. https://www.zscaler.com/blogs/security-research/iot-enterprise-report-empty-office-edition, 2021-07-15.

[46] Statista. Number of IoT attacks 2021—2022, by country of origin and IP address [EB/OL]. https://www.statista.com/statistics/1364428/iot-attacks-by-country-of-origin-and-ip-address/, 2023-04-06.

[47] Liu Y, Wang J, Li J, et al. Machine learning for the detection and identification of Internet of Things devices: A survey[J]. IEEE Internet of Things Journal, 2021, 9(1): 298-320.

[48] Lyon G F. Nmap network scanning: The official Nmap project guide to network discovery and security scanning[M]. Insecure, 2009.

[49] Durumeric Z, Wustrow E, Halderman J A. ZMap: Fast Internet-wide Scanning and Its Security Applications [C]//USENIX Security Symposium. 2013, 8:

47-53.

[50] Wan Y, Xu K, Xue G, et al. Iotargos: A multi-layer security monitoring system for internet-of-things in smart homes [C]//IEEE INFOCOM 2020 - IEEE Conference on Computer Communications. IEEE, 2020: 874-883.

[51] Cheng Y, Ji X, Lu T, et al. Dewicam: Detecting hidden wireless cameras via smartphones[C]//Proceedings of the 2018 on Asia Conference on Computer and Communications Security. 2018: 1-13.

[52] Pacheco F, Exposito E, Gineste M, et al. Towards the deployment of machine learning solutions in network traffic classification: A systematic survey[J]. IEEE Communications Surveys & Tutorials, 2018, 21(2): 1988-2014.

[53] UNSW. IoT Analytics Database[EB/OL]. https://iotanalytics. unsw. edu. au/iottraces. html, 2018.

[54] MAWI Working Group Traffic Archive. Packet traces from WIDE backbone [EB/OL]. http://mawi. wide. ad. jp/mawi/.

[55] 中国互联网络信息中心. 第 47 次中国互联网络发展状况统计报告[R]. http://www. cac. gov. cn/2021-02/03/c_1613923423079314. html. 2021-02-03

[56] Akbari I, Salahuddin M A, Ven L, et al. Traffic classification in an increasingly encrypted web[J]. Communications of the ACM, 2022, 65(10): 75-83.

[57] Wu H, Chen X, Cheng G, et al. Bcac: Batch classifier based on agglomerative clustering for traffic classification in a backbone network[C]//2021 IEEE/ACM 29th International Symposium on Quality of Service (IWQOS). IEEE, 2021: 1-10.

[58] Shafiq M, Yu X, Laghari A A, et al. WeChat text and picture messages service flow traffic classification using machine learning technique[C]//2016 IEEE 18th International Conference on High Performance Computing and Communications; IEEE 14th International Conference on Smart City; IEEE 2nd International Conference on Data Science and Systems (HPCC/SmartCity/DSS). IEEE, 2016: 58-62.

[59] Höchst J, Baumgärtner L, Hollick M, et al. Unsupervised traffic flow classification using a neural autoencoder[C]//2017 IEEE 42Nd Conference on local computer networks (LCN). IEEE, 2017: 523-526.

[60] Zhao S, Xiao Y, Ning Y, et al. An optimized K-means clustering for improving

accuracy in traffic classification[J]. Wireless Personal Communications, 2021, 120: 81-93.

[61] Vlăduţu A, Comăneci D, Dobre C. Internet traffic classification based on flows' statistical properties with machine learning[J]. International Journal of Network Management, 2017, 27(3): e1929.

[62] Fu Y, Xiong H, Lu X, et al. Service usage classification with encrypted internet traffic in mobile messaging apps[J]. IEEE Transactions on Mobile Computing, 2016, 15(11): 2851-2864.

[63] Horchulhack P, Viegas E K, Lopez M A. A Stream Learning Intrusion Detection System for Concept Drifting Network Traffic[C]//2022 6th Cyber Security in Networking Conference (CSNet). IEEE, 2022: 1-7.

[64] Höchst J, Baumgärtner L, Hollick M, et al. Unsupervised traffic flow classification using a neural autoencoder[C]//2017 IEEE 42Nd Conference on local computer networks (LCN). IEEE, 2017: 523-526.

[65] Zhao S, Xiao Y, Ning Y, et al. An optimized K-means clustering for improving accuracy in traffic classification[J]. Wireless Personal Communications, 2021, 120: 81-93.

[66] Sandvine. THE GLOBAL INTERNET PHENOMENA REPORT JANUARY 2022 [R]. Sandvine, 2022.

[67] Ericsson. Ericsson Mobility Report[R]. Stockholm: Ericsson, Sweden, 2020.

[68] Barford P, Sommers J. Comparing probe-and router-based packet-loss measurement[J]. IEEE Internet Computing, 2004, 8(5): 50-56.

[69] Allman M, Paxson V, Blanton E. TCP congestion control[R]. 2009.

[70] Abdelmoniem A M, Bensaou B. Curbing timeouts for TCP-incast in data centers via a cross-layer faster recovery mechanism[C]//IEEE INFOCOM 2018 - IEEE Conference on Computer Communications. IEEE, 2018: 675-683.

[71] Park M Y, Chung S H. A simulation-based study on spurious timeouts and fast retransmits of TCP in wireless networks[C]//2010 Third International Joint Conference on Computational Science and Optimization. IEEE, 2010, 2: 273-277.

[72] Li Y, Miao R, Kim C, et al. FlowRadar: A Better NetFlow for Data Centers[C]// 13th USENIX symposium on networked systems design and implementation (NSDI

16). 2016: 311-324.

[73] Li Y, Miao R, Kim C, et al. Lossradar: Fast detection of lost packets in data center networks [C]//Proceedings of the 12th International on Conference on emerging Networking EXperiments and Technologies. 2016: 481-495.

[74] Tan L, Su W, Zhang W, et al. A packet loss monitoring system for in-band network telemetry: Detection, localization, diagnosis and recovery [J]. IEEE Transactions on Network and Service Management, 2021, 18(4): 4151-4168.

[75] Androulidakis G, Chatzigiannakis V, Papavassiliou S, et al. Understanding and evaluating the impact of sampling on anomaly detection techniques[C]//MILCOM 2006—2006 IEEE Military Communications conference. IEEE, 2006: 1-7.

[76] Li T, Chen S, Ling Y. Fast and compact per-flow traffic measurement through randomized counter sharing[C]//2011 Proceedings IEEE INFOCOM. IEEE, 2011: 1799-1807.

[77] Nyang D H, Shin D O. Recyclable counter with confinement for real-time per-flow measurement [J]. IEEE/ACM Transactions on Networking, 2016, 24 (5): 3191-3203.

[78] Tang Z, Xiao Q, Luo J. A memory-compact and fast sketch for online tracking heavy hitters in a data stream[C]//Proceedings of the ACM Turing Celebration Conference-China. 2019: 1-6.

[79] Jang R, Min D H, Moon S K, et al. Sketchflow: Per-flow systematic sampling using sketch saturation event[C]//IEEE INFOCOM 2020 - IEEE Conference on Computer Communications. IEEE, 2020: 1339-1348.

[80] Tang L, Huang Q, Lee P P C. Spreadsketch: Toward invertible and network-wide detection of superspreaders [C]//IEEE INFOCOM 2020 - IEEE Conference on Computer Communications. IEEE, 2020: 1608-1617.

[81] Batla N, Kaur A, Singh G. Relative Inspection of TCP Variants Reno, New Reno, Sack, Vegas in AODV[J]. International Journal of Research in Engineering and Applied Sciences (IJREAS), 2014, 4(5): 1-12.

[82] Gu Y, Grossman R L. UDT: UDP-based data transfer for high-speed wide area networks[J]. Computer Networks, 2007, 51(7): 1777-1799.

[83] Gratzer F, Gallenmüller S, Scheitle Q. Quic-quick udp internet connections [J]. Future Internet and Innovative Internet Technologies and Mobile

Communications, 2016.

[84] Li J, Cheng K, Wang S, et al. Feature selection: A data perspective[J]. ACM computing surveys (CSUR), 2017, 50(6): 1-45.

[85] Bloom B H. Space/time trade-offs in hash coding with allowable errors[J]. Communications of the ACM, 1970, 13(7): 422-426.

[86] Callado A, Kamienski C, Szabó G, et al. A survey on internet traffic identification [J]. IEEE communications surveys & tutorials, 2009, 11(3): 37-52.

[87] Bloom B H. Space/time trade-offs in hash coding with allowable errors[J]. Communications of the ACM, 1970, 13(7): 422-426.

[88] He Y, Hu L, Gao R. Detection of Tor traffic hiding under obfs4 protocol based on two-level filtering[C]//2019 2nd International Conference on Data Intelligence and Security (ICDIS). IEEE, 2019: 195-200.

[89] Soleimani M H M, Mansoorizadeh M, Nassiri M. Real-time identification of three Tor pluggable transports using machine learning techniques[J]. The Journal of Supercomputing, 2018, 74(10): 4910-4927.

[90] Legner M, Klenze T, Wyss M, et al. EPIC: Every packet is checked in the data plane of a path-aware Internet[C]//Proceedings of the 29th USENIX Conference on Security Symposium. 2020: 541-558.

[91] B. Wu, K. Xu, Q. Li, Z. Liu, Y. Hu, M. J. Reed, et al., "Enabling efficient source and path verification via probabilistic packet marking", 26th IEEE/ACM International Symposium on Quality of Service IWQoS 2018, pp. 1-10, June 4-6, 2018.

[92] Fu S, Xu K, Li Q, et al. MASK: Practical Source and Path Verification based on Multi-AS-Key[C]//2021 IEEE/ACM 29th International Symposium on Quality of Service (IWQOS). IEEE, 2021: 1-10.

[93] Liu Y, Zhi T, Shen M, et al. Software-defined DDoS detection with information entropy analysis and optimized deep learning[J]. Future Generation Computer Systems, 2022, 129: 99-114.

[94] Ahalawat A, Dash S S, Panda A, et al. Entropy based DDoS detection and mitigation in OpenFlow enabled SDN[C]//2019 International Conference on Vision Towards Emerging Trends in Communication and Networking (ViTECoN). IEEE, 2019: 1-5.

[95] Liu Z, Jin H, Hu Y C, et al. MiddlePolice: Toward enforcing destination-defined policies in the middle of the Internet[C]//Proceedings of the 2016 ACM SIGSAC Conference on Computer and Communications Security. 2016: 1268-1279.

[96] El-Maghraby R T, Abd Elazim N M, Bahaa-Eldin A M. A survey on deep packet inspection[C]//2017 12th International Conference on Computer Engineering and Systems (ICCES). IEEE, 2017: 188-197.

[97] Jing X, Yan Z, Jiang X, et al. Network traffic fusion and analysis against DDoS flooding attacks with a novel reversible sketch[J]. Information Fusion, 2019, 51: 100-113

[98] CISCO. Remotely Triggered Black Hole Filtering — Destination Based and Source Based. Cisco White Paper[EB/OL]. http://www.cisco.com/c/dam/en_us/about/security/ intelligence/blackhole.pdf, 2005/2022.

[99] Sengupta S, Chowdhary A, Sabur A, et al. A survey of moving target defenses for network security[J]. IEEE Communications Surveys & Tutorials, 2020, 22(3): 1909-1941.

[100] Zheng J, Namin A S. A survey on the moving target defense strategies: An architectural perspective[J]. Journal of Computer Science and Technology, 2019, 34(1): 207-233.

[101] 周余阳,程光,郭春生,等.移动目标防御的攻击面动态转移技术研究综述[J].软件学报,2018(9): 2799-2820.

[102] 张连成,魏强,唐秀存,等.基于路径与端址跳变的SDN网络主动防御技术[J].计算机研究与发展,2017, 54(12): 11.